新媒体传播理论与应用

精·品·教·材·译·丛

数据可视化实用教程

VISUAL INSIGHTS
A Practical Guide to Making Sense of Data

[美]凯蒂·伯尔纳 戴维·E.波利 | 著

嵇美云 余虹姗 支庭荣 | 译

清华大学出版社
北 京

北京市版权局著作权合同登记号　　　图字：01-2016-3541

本书封面贴有清华大学出版社防伪标签，无标签者不得销售。
版权所有，侵权必究。侵权举报电话：010-62782989　13701121933

图书在版编目(CIP)数据

　　数据可视化实用教程 / (美)凯蒂·伯尔纳，(美)戴维·E.波利 著；嵇美云，余虹姗，支庭荣
译.—北京：清华大学出版社，2017
　　(新媒体传播理论与应用精品教材译丛)
　　书名原文：VISUAL INSIGHTS: A Practical Guide to Making Sense of Data
　　ISBN 978-7-302-47912-3

　　①数…　Ⅱ.①凯…②戴…③嵇…④余…⑤支…　Ⅲ.①可视化软件—教材　Ⅳ.①TP31

　　中国版本图书馆 CIP 数据核字(2017)第 193249 号

责任编辑：陈　莉　高　岫
封面设计：周晓亮
版式设计：方加青
责任校对：牛艳敏
责任印制：沈　露

出版发行：清华大学出版社
　　　　　网　　　址：http://www.tup.com.cn，http://www.wqbook.com
　　　　　地　　　址：北京清华大学学研大厦 A 座　　　　　　邮　　　编：100084
　　　　　社 总 机：010-62770175　　　　　　　　　　　　　邮　　　购：010-62786544
　　　　　投稿与读者服务：010-62776969，c-service@tup.tsinghua.edu.cn
　　　　　质 量 反 馈：010-62772015，zhiliang@tup.tsinghua.edu.cn
印 装 者：三河市铭诚印务有限公司
经　　销：全国新华书店
开　　本：185mm×260mm　　印　张：14.75　　插　页：16　　字　数：282 千字
版　　次：2017 年 10 月第 1 版　　印　次：2017 年 10 月第 1 次印刷
定　　价：49.80 元

产品编号：064291-01

编 委 会

主任：林如鹏　暨南大学

主编：支庭荣　暨南大学

编委（按姓氏音序排列）：

李　彪　中国人民大学

李良荣　复旦大学

刘　涛　暨南大学

陆　地　北京大学

沈　阳　清华大学

谢耘耕　上海交通大学

张志安　中山大学

钟　瑛　华中科技大学

祝建华　香港城市大学

这是一个新兴媒体高歌猛进的时代。中国接入国际互联网二十多年，见证了网络社会的异军突起。"互联网+"计划和国家大数据战略的实施，进一步提升了新媒体的增长空间。截至2015年6月，全国的互联网普及率趋近50%，智能手机普及率超过七成。作为对比，北京地区电视机开机率保持在六成以上，从理论上说，如果电视机全部消失，对城市的影响已不太大，尽管还是会影响到相当一部分乡村地区的收视需求；同样，如果报纸全部消失，对大部分读报人口来说影响也不太大，尽管其阅读体验可能会下降不少。互联网和手机对于传统报纸和电视的替代性，越来越强。只要有手机在，没有报纸的日子并非难以忍受；只要有电脑、平板电脑和互联网，没有大屏幕彩电的日子也没那么难熬。人们对移动和社交的迷恋，甚至已逐渐成为一种"文化症候"。新媒体，正在成为人体的新延伸。

曾几何时，世界上最大的免费物品是空气和阳光，如今可能就要数互联网上的信息。网络信息的市场均衡价格，近乎为零。当然，免费也是世界上最昂贵的东西。免费带动付费，以至于数字经济蓬勃、野蛮生长。专业机构和众包生产参差不一的内容，一起被投进了免费的染缸，难分彼此。在报纸的黄金时代，读者挑错的来电来函络绎不绝。在互联网时代，用户对低劣信息的容忍度却增加了，见猎心喜，愿意忍受免费、新奇而营养价值或许欠奉的内容。总之，文明虽终将驯化野蛮，野蛮却正在征服文明。互联网以及整个新媒体家族，作为巨大的分布式的数据生产、复制工厂和推送、分享空间，具有一种吞噬性的力量。几乎人类有史以来创造的所有内容，都可以用极低的成本迅速数字化。这样一种近乎"黑洞"般的传播能力，使得任何单体的模拟制式的传播者黯然失色。新媒体以不可阻挡之势，席卷了内容、娱乐和各种各样的应用市场。

从产业结构层面来看，互联网以及新媒体世界的控制力，掌握在技术取向的大型平台和超级运营商的手中，这些大型平台和超级运营商，如谷歌、苹果、百度、腾讯、阿里等，逐渐囊括了信息聚合、信息储存、信息搜索、社交娱乐、地理位置服务、数据挖掘、智能制造、电子商务等环信息经济圈。新闻，只是它们的副业之一。

技术相对于内容的霸权，在目前这一信息技术革命不断升级的阶段是相当明显的。但是，人类社会终究由人们的认知、心态、想法、观念所主导，而非技术的奴隶。移动终端不过是增加了一些优越感和幸福感而已。好的内容，优质的新闻产品，始终有它的独特价值，并且能够在技术标准逐渐成熟后，再一次恢复自己的崇高声望。因此，技术不可或缺，内容也依然重要，它们彼此纠缠。计算机科学技术不等于新媒体的全部，新媒体传播的理论和应用，仍有许多独特的规律等待人们去探求。

　　大致说来，用户对新闻信息需求的核心本质，是对周围环境和未来不确定性恐惧的消除，相关联地，也包括交流和娱乐。如果人性不变，那么需求会长期存在。至于满足需求的方式、介质，新传播技术正在并还将创造出很多种可能。看起来，新媒体传播与传统新闻工作有着一定的相似之处，它们都取决于一个个睿智头脑的即时生产，标准化作业即使有，也是有一定限度的。语言的隔阂、用户的地缘兴趣随着距离的增加而衰减，决定了行业的规模边界。但是，机器人对人工操作的取代，在财经、天气等领域已初显身手。智能化技术将会解决很大一部分初级信息的生产和传播问题。技术的含量，与内容、产品、营销等类目相比，如果不是更重要，至少需要得到同等程度的重视。

　　与此同时，新媒体传播的理论和应用，也对深化和拓展传统新闻传播学的地盘提出了新要求。从历史的角度看，是互联网的出现承接、替代了媒体的功能，而不是媒体创造了网络。媒体是网络时代的追随者，是数字革命的后知后觉者，媒体恐怕做不到掌控网络的命运。互联网为各种各样的企业提供底层平台，也推动了商业、教育、娱乐和新闻信息等应用平台的成长。具有强大商业能力、创新能力的企业，乃是网络时代的弄潮儿。当媒体汇入了互联网的洪流中，意味着新闻行业就像文艺复兴之后的教会一样，必须适应这一商业化和世俗化进程，意味着新闻业的变革成为必然。实践呼唤着理论的回应，新媒体传播学科的进一步发展成为必需。

　　当然，人们不应忘记，渠道越发过剩，数据越发富集，信息越发泛滥，而优秀的产品始终稀缺。这是新媒体传播的价值和命脉所在。

　　鉴于时代的新变化和人才培养的新需求，我们与清华大学出版社又一次携手合作，瞄准世界前沿，组织了一套"新媒体传播理论与应用精品教材译丛"，以飨国内的读者。前路漫漫而修远，求索正未有穷期。

支庭荣

这本书是2014年1月修读《信息可视化》慕课(http://ivmooc.cns.iu.edu)的学生配套资源。为此，我们优先及时地推出了这本教材，虽然此教材已经由几位专家审读和两位编辑多次校对过，操作流程也已经由诸多新手和高级用户在不同的操作平台多次测试过，我们仍然感激那些将错误和故障报告发送到网址(cns-sci2-help-l@iulist.indiana.edu)的用户，这些问题将在本教材修订时得到纠正。

我们希望在本书中探讨的概念还有许多，但是因篇幅所限未能如愿。视觉感知、认知加工以及如何执行人类主体实验(human subject experiments)只是希望探讨的诸多概念中的几个。

最后，我们承认本书中尺寸比较大的以及具有互动性质的一些视觉画面，在印刷形式下并不能很好地对其进行探究。因此，我们在网站中增加了链接到高分辨率图形的页面(http://cns.iu.edu/ivmoocbook14)，按照章节和图形编号可以很方便地查询到这些图形。本书绿色放大镜图标表示在网上可查到这些图形，在图形标题中可以发现相关链接。

另外，为了更好地呈现某些图片，我们将其统一放于本书最后，作为彩插，展现给读者，这些图片是：图1.6、图1.7、图1.8、图1.9、图1.10、图1.11、图1.15、图1.16、图2.4、图2.11、图2.17、图3.2、图3.3、图3.9、图3.12、图3.14、图3.15、图3.17、图3.20、图3.22、图4.2、图4.3、图4.4、图4.12、图4.17、图5.4、图5.8、图5.9、图5.10、图6.2、图6.3、图6.5、图6.12、图6.21、图6.22、图6.41、图7.6、图7.20、图8.1、图8.4、图8.5、图9.2。

　　2012年9月，我同时接到美国印第安纳大学(IU)信息学和计算机学院院长罗伯特·B.施纳贝尔(Robert B. Schnabel)以及图书馆与信息科学学院院长黛博拉·拉尔夫·肖(Debora "Ralf" Shaw)的电话，他们都表达出希望我承担2013年春季大型网络开放课程(massive online open course，MOOC，通常称为慕课)的授课任务。因为这种"开放式教育"理念与网络科学中心(Cyberinfrastructure for Network Science Center，CNS)的网络基础设施建设，与我亲自领导的正在开发和推进的"开放数据"和"开放代码"非常契合，这个独特的机会让我立刻产生了浓厚的探索兴趣。过去十年里，我在多个国家的讲习班中讲授过开放数据和代码，而且十多万用户已经下载过我们的即插即用的宏观工具(macroscope tools)。[1] 戴维·E.波利(David E. Polley)最近加入了我们的团队，负责测试和录制软件，同时在印第安纳大学(IU)讲习班和国际研讨会上讲解过这些工具。事实证明，我的博士生斯科特·B.魏因加特(Scott B. Weingart)不仅是一位出色的研究者和魔术师，还是一位很能鼓舞人心的老师。到一月份开始上课似乎是可行的，特别是得到印第安纳大学广泛的支持，于是我应承在2013年春季学期讲授《信息可视化》慕课(Information Visualization MOOC，IVMOOC)。

　　我们很快了解到印第安纳大学已决定所有慕课的开发和教学，都使用谷歌课程制作(Google Course Builder，GCB)平台的开放源码。那时候，我们已经使用过GCB一次，向10多万学生讲授《谷歌强力搜索》[2] 课程。GCB平台不支持发送电子邮件或成绩评定；课程设置和评定采用的是低水平的编码和脚本处理。我希望《信息可视化》慕课的学生可以与我互动，与网络科学中心的其他人互动，与外部客户们互动，我们雇请了迈克·威德纳(Mike Widner)和斯科特·B.魏因加特为GCB开设内容管理(Drupal)论坛。为了满足评定成绩的需要，罗伯特·P.莱特(Robert P. Light)为IVMOOC设计了数据库，此数据库不仅可以给学生评分，还可以捕捉到谁与谁合作了，谁看了什么视频，看了多长时间诸如此类的信息。最终，慕课用户需要新的技术和工具才能达到最佳效果——老师需要理解数千名学

---

① Börner, Katy. 2011. "Plug-and-Play Macroscopes." *Communications of the ACM* 54, 3: 60–69.
② http://www.google.com/insidesearch/landing/powersearching.html

生行为的意义，学生需要浏览学习材料，并在跨学科和跨时区之间成功地实现合作学习，例如进行客户端项目研究(参见第9章慕课可视化分析)。

在为IVMOOC开发和录制材料期间，我正在研究《知识地图集》(*The Atlas of Knowledge*)，其副标题是"人人皆可绘制"，此灵感来自厨神奥古斯特·古斯多(Auguste Gusteau)的口号"人人都能当厨师"。该地图集的目标是突出永恒的知识(爱德华·塔夫特称之为"永远的知识")，原则是无所谓文化、性别、国籍或历史。相比之下，《信息可视化》慕课突出的是"适时的知识"，或者说运用当前的数据格式、工具、工作流程将数据转换成深刻见解。

具体而言，IVMOOC的材料分为7个单元，讲授时间需要7周多(参见本书第1~7章)。每周教学单元的理论部分由我负责，实践部分由戴维·E.波利负责。第一个理论单元介绍了理论性的可视化框架，旨在帮助那些非专家级人士整合高级的工作流分析并设计不同的可视化效果。为了更好地解释或者实现效果的最优化，该框架还可以应用于"剖析可视化"。接下来的5个单元关于工作流程和可视化的介绍，运用时间、空间、主题以及网络分析方面的多种技能，回答何时、何地和谁等问题。最后一个单元探讨了动态变化的数据可视化和不同媒介部署方式可视化的最优方案。实践部分深入地介绍了如何浏览和操作适用于信息可视化的软件程序。此外，学生们在学习种种技能后，需要将他们自己的数据可视化，他们还需要创建独特的可视化效果。在相应的地方有在线辅导课[①]的指示。理论部分和实践部分都是独立的。参与者们可以观察哪个部分是其首先感兴趣的，然后再回顾其他部分。观看理论课程视频之后需要做出自我测评，观看实践课程视频后，需要完成一份简短的家庭作业。

在修读此课程之前、期间或者之后，我们都鼓励学生创建并使用推特(Twitter)和闪烁(Flicker)账户，并贴上"IVMOOC"标签进行图片分享，同样也可以链接到更富有洞察力的可视化实践、研讨会、活动或者相关的职位，这些职位面向那些应用数据测量和可视化技术，回答各种实际问题，有能力创建独特的、实时数据流的最优的可视化技术人员、专家或公司开放。

此研究生水平的信息可视化课程，免费向世界各地的参与者开放，任何一个注册者都能自由访问学术数据库[②]，该数据库拥有26万份论文、专利和授权记

---

① http://sci2.wiki.cns.iu.edu
② http://sab.cns.iu.edu

录，以及有100+算法和Sci2 工具①。学习者还有机会与现实世界中可视化项目的真实客户合作。

IVMOOC最终成绩基于期中考试(30%)、期末考试(40%)和项目/家庭作业(30%)而评定。所有参与者只要掌握超过80%的知识要点，都将获得结业证书。

欢迎登录网站http://ivmooc.cns.iu.edu在线注册和学习课程内容。

凯蒂·伯尔纳

印第安纳大学信息学和计算机学院网络科学中心网络基础设施部

---

① http://sci2.cns.iu.edu

目录

第1章　可视化架构和工作流程
　　　　设计 ························· 1

(一) 理论部分 ···················· 1
　1.1　可视化架构 ··············· 2
　1.2　工作流程设计 ··········· 13
(二) 实践部分 ················· 20
　1.3　示例 ····················· 20
　1.4　下载并安装SCI2 ········ 21

第2章　"何时"：时间数据 ··· 25

(一) 理论部分 ··················· 25
　2.1　可视化示例 ············· 25
　2.2　概述和术语 ············· 31
　2.3　工作流程设计 ··········· 37
　2.4　激增检测 ··············· 43
(二) 实践部分 ················· 47
　2.5　时间条形图：美国国家科学基
　　　　金会资助概况 ········· 47
　2.6　出版物标题激增检测 ····· 49

第3章　"何地"：地理空间
　　　　数据 ······················· 57

(一) 理论部分 ··················· 57
　3.1　可视化示例 ············· 57
　3.2　概述和术语 ············· 61
　3.3　工作流程设计 ··········· 67
　3.4　色彩 ····················· 69

(二) 实践部分 ················· 72
　3.5　用比例符号图和地区分布图可
　　　　视化USPTO的数据 ······· 72
　3.6　使用选区进行地理编码 ··· 75
　3.7　运用通用地理编码器编码NSF
　　　　数据 ····················· 78

第4章　"什么"：主题数据 ··· 84

(一) 理论部分 ··················· 84
　4.1　可视化示例 ············· 84
　4.2　概述和术语 ············· 88
　4.3　工作流程设计 ··········· 91
　4.4　分类系统的设计和更新：
　　　　UCSD科学地图 ··········· 96
(二) 实践部分 ················· 100
　4.5　图绘PNAS中的主题激增 ····· 100
　4.6　UCSD科学地图 ··········· 102

第5章　"与谁"：树形数据 ··· 104

(一) 理论部分 ················· 104
　5.1　可视化示例 ············· 104
　5.2　概述和术语 ············· 109
　5.3　工作流程设计 ··········· 110
(二) 实践部分 ················· 115
　5.4　用SCI2可视化目录结构(分层
　　　　数据) ··················· 115

第6章 "与谁"：网络数据 … 123

(一) 理论部分 ···················123
  6.1 可视化示例 ··············123
  6.2 概述和术语 ··············128
  6.3 工作流程设计 ············131
  6.4 聚类和主干识别 ··········139
(二) 实践部分 ···················144
  6.5 佛罗伦萨家族网络的
       可视化 ···············144
  6.6 作者共现(合著者)网络········148
  6.7 定向网络：论文-引用网络···154
  6.8 对分网络：杰弗里·福克斯
       获得NSF资助情况 ·······155

第7章 动态可视化和部署 … 158

(一) 理论部分 ···················158
  7.1 动态可视化 ··············158
  7.2 交互式可视化 ············160
(二) 实践部分 ···················166
  7.3 从Gephi中用Seadragon导出
       动态可视化 ············166

第8章 案例研究 … 174

案例一 了解非紧急呼叫系统的
         扩散 ···············174
案例二 探索《魔兽世界》玩家活动
         的成功 ·············178
案例三 用观察相机研究学生-教师
         互动 ···············183
案例四 Phylet：交互式"生命
         之树"可视化 ·········189
案例五 Isis：绘制科学期刊史地理
         空间和主题分布 ·······194
案例六 蜂巢纽约学习网络影响的
         可视化 ·············198

第9章 讨论与展望 … 204

  9.1 IVMOOC 评价 ············204
  9.2 IVMOOC数据分析 ·········206
  9.3 IVMOOC 拓展计划 ·········211

附 录 … 213

可视化架构和工作流程设计

(一) 理论部分

欢迎来到信息时代，在这个时代，我们每个人每天通过微博、电子邮件、新闻以及其他数据流接收到的信息要多于我们在24小时内能处理的信息；任何一次互联网连接都可以访问大部分的人类知识。我们的办公室充满各种信息，我们的电子邮箱也不堪信息泛滥(见图1.1左)。我们迫切地需要更高效的方式了解这些大量的数据，浏览并掌控信息，识别出合作者与朋友，确认模式和趋势(见图1.1右)。

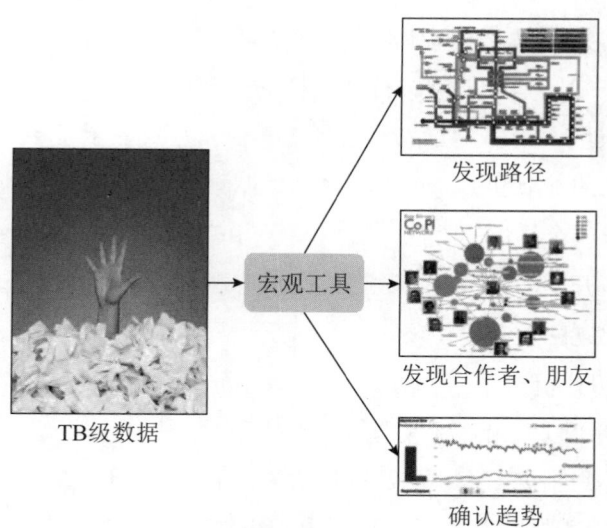

图1.1　将数据转换为随时备用的深刻见解

本书将教你运用先进的数据挖掘技术和可视化技术将数据转化为深刻的见解。每一章都包括理论与实践两个部分，理论部分配有自我测评内容，实践操作部分则包括了课后作业。

　　第1章介绍了理论性的可视化架构，此架构有助于选择最恰当的算法，以及将这些算法组合到有效的工作流之中。实践操作部分介绍了所谓的宏观工具[①]，此工具让任何人都能够阅读、处理、分析数据，并将数据可视化。

1.1　可视化架构

　　本节介绍的这个架构有助于形成结构并将可视化结果分组，还可以支持识别何种类型、何种层级的分析，最适合于处理特定用户的需求。运用分组来形成架构，在信息可视化领域之外具有悠久的历史。事实上，科学往往始于对事物进行分组或者归类。例如，动物学家对动物的分类，老虎、狮子、美洲虎最终都同归为猫科(大型猫科动物)。德米特里·门捷列夫(Dmitri Mendeleev)根据化学性质和原子量将化学元素做了分类，由此创造了化学元素周期表，周期表中留下的那些"洞"，表示尚未发现的元素。同样，系统分析和信息可视化分类有助于设计新的可视化界面，也能诠释在期刊、报纸、书籍以及其他出版物中出现的视觉效果。

　　有多种方式对可视化进行分组，如图1.2所示。可视化可以根据用户的洞察需求、用户的任务类型，亦或是根据数据的可视化形式进行分组。可视化也可以基于数据挖掘技术，基于能够维持什么样的交互性，或者基于发布的类型(如，可视化是通过报纸、动画发布的，还是在其他交互式显示设备上发布的)。现有分类层级和架构的细节和参考可以在《知识图集》(*Atlas of Knowledg*[②])中找到。在此，我们介绍一个实用的方法，可以教学习者设计出一种有意义的可视化。从用户问题的类型开始，建构支持数据挖掘和可视化工作流程的选项，也支持用于回答这些用户问题的发布选择项。

分析层级和分析类型

　　可视化架构可以做出三种级别的分析：微观、中观和宏观。可视化架构在**微观级别**或者个体级别上，由小的数据集组成，通常介于1到100条记录之间，例如一个人以及他/她所有的朋友。其次是**中观级别**，或者说是群组层级，数据集介于101到10 000条记录之间，如在一所大学或某个研究领域的研究人员的信息。

① Börner，Katy. 2011. "Plug-and-Play Macroscopes." *Communications of the ACM* 54，3: 60–69.

② Börner，Katy. 2014. *Atlas of Knowledge: Anyone Can Map*. Cambridge，MA: The MIT Press.

最后，最广泛的分析层级是**宏观**级别，有时也称之为全局的或总体层级。这个级别的项目分析数据集往往超过10 000条记录，例如关于整个国家某一方面的数据或所有学科的数据。

图1.2　《场所与空间：科学图集》中展示的地图集(1)

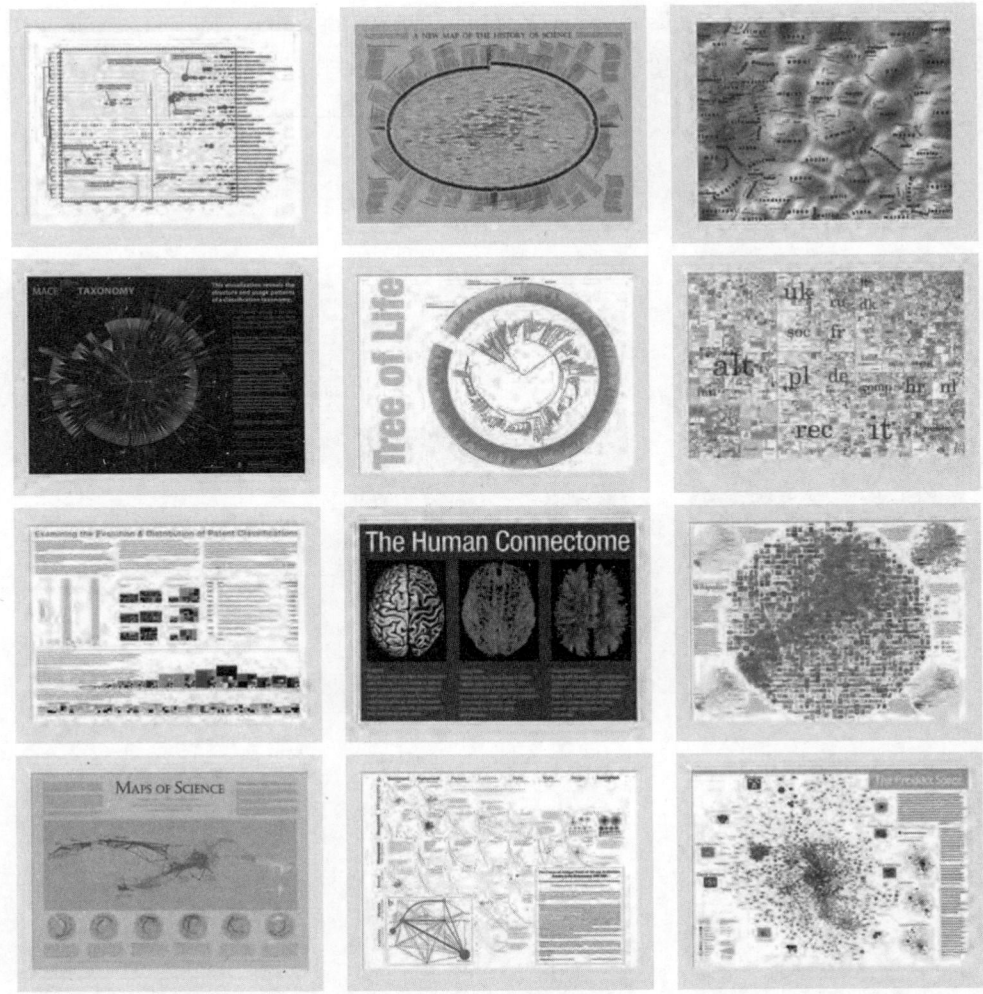

图1.2　《场所与空间：科学图集》中展示的地图集(2)

在每一层级的分析中，可能有五种分析类型：统计分析/剖析、时间分析、地理空间分析、主题(topical)分析和网络分析。每种类型的分析都试图回答一种具体类型问题。例如，时间分析有助于回答关于"何时"的问题，地理空间分析则回答"何地"的问题。可以用一个表格展示分析的层级和类型，最左边一列为分析的类型，表格上面一行显示的是分析的层级(见表1.1)。

微观或个体层级项目的分析偶尔可以手工操作完成。例如，可以用笔和纸绘制出5个朋友的网络。但是，中观或地方级别的项目分析在实际操作中不可能手绘完成，通常需要使用计算机。宏观/全球层级的项目分析，往往需要超级计算机来执行必要的计算。

表1.1 分析类型与分析层级

	● 微观/个体层级 (1~100 记录)	●中观/地方性层级 (101~10 000 记录)	●宏观/全球层级 (10 000+ 记录)
统计分析/剖析	个人及出版物、专利、资助金额的数量	大型实验室、研究中心、大学、研究领域或州的专业概况	所有国家科学基金、全美国以及所有学科的统计
时间分析 (何时)	个人基金组合的不断发展	20年里美国国家科学院院刊主题激增情况描摹 	113年间的物理研究
地理空间分析 (何地)	个人的职业轨迹	图绘某个州的知识景观 	国际合作和引用网络
主题分析 (做什么)	从一份出版物汲取的基础知识	20年里美国国家科学院院刊主题激增情况 	113年间的物理研究
关系网络分析 (和谁)	国家科学基金会项目负责人网络 	合著者网络 	中国科学院全球合作网络

有些项目需要回答多个问题。例如，在对超过113年的物理研究主题演变进行可视化时，时间和主题都得到了回答。表1.1中的几个可视化样本出现了两次。随后，我们讨论了表1.1中精选的全部可视化形式。对于每一种可视化形式，其时间性的、地理空间性的、主题性的以及网络数据的类型和覆盖范围，以及相应的分析类型和层级，均呈现在该图形下方。

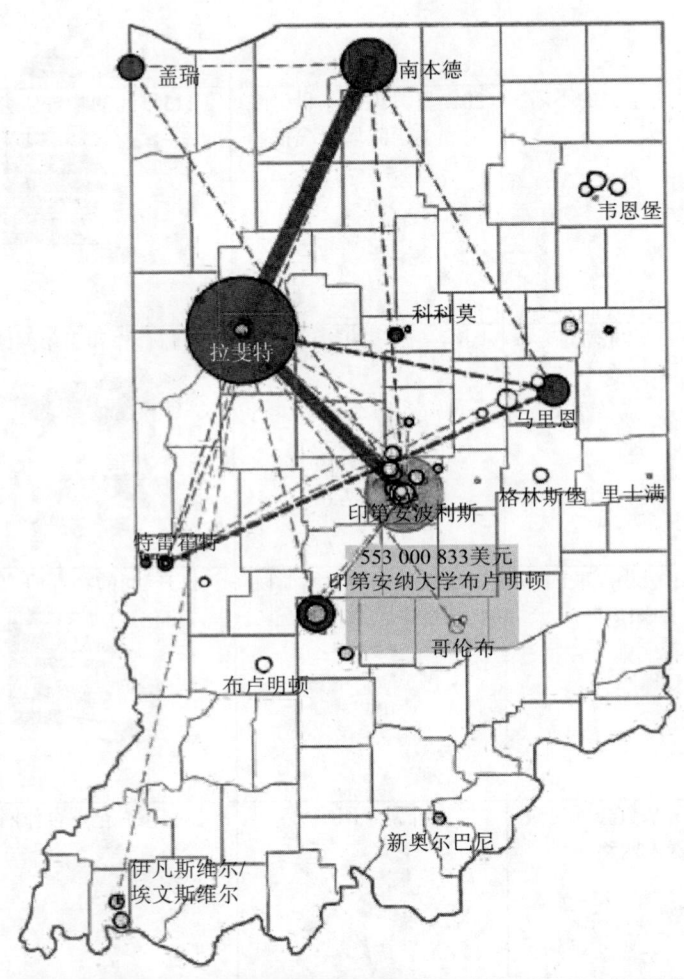

数据类型和覆盖范围		分析类型/层级		•	●	⬤
🕐 时间范围	2001—2006	🕐 时间的			×	
✦ 区域	印第安纳州	✦ 空间的			×	
≣ 主题领域	生物医药学研究	≣ 主题的				
🔗 网络类型	学术-产业合作	🔗 网络的			×	

图1.3　图绘印第安纳州知识分子空间分布

范例

第一幅可视化形象，如图1.3所示。我们创建的这一图像，旨在展示美国印第安纳州的创新情况以及将创新理念转化为产品的诸多途径。该可视化图像示例表明了中观层级的地理空间分析和网络分析。

对于这一可视化，我们既使用了基金资助的项目数据集，也呈现了未获资助的投标(proposals)。每一个项目都需要业界和学术界的合作，目的是鼓励将研究成果转化为可盈利的产品。将产业、学术机构根据地理空间进行编码的可视化，并将它们的位置和合作网络叠加在印第安纳州的地图上，据此我们创建了这幅可视化图像。也就是说，图中的黑色节点代表学术机构，深灰色节点代表的是产业合作者。节点大小是根据全部收益总金额进行编码的。节点之间的连接表示合作；黑色的连接线表示学界与学界之间的合作，深灰色线表示业界与业界之间的合作，浅灰色线表示学界与业界之间的合作。

由于此数据集主要涵盖生物医学研究，拉斐特的普渡大学以及印第安纳波利斯的普渡大学分校区(简称IUPUI)在该研究领域具有多种学术和产业活动，所以节点是最大的。拉菲特和印第安纳波利斯之间，以及拉菲特和南本德(圣母大学主校区)之间有着最强的合作关系。

互动性的在线页面支持搜索(例如，可以根据名称和主题查找，按照年份和机构进行筛选，以及用于检索特定的项目和投标的详细信息)。该图像有助于回答以下问题：创意转换为产品的主要途径是什么？何种创意出自何处？这些创意是如何转换为产品并产生收入的？

第二个可视化形象(见图1.4)旨在传达一个数据集的激增情况，该数据集取自美国国家科学院院刊(PNAS)20年的论文发表情况。首先，我们选择了被引用次数最高的前10%的出版物/论文。然后我们通过在第2.4节详细解释的激增检测算法，识别出排名前50最频繁的词语和"激增"[①]词语。我们列出这50个词语及其共同出现的关系作为一个网络，再简化此网络，然后对其进行可视化编码(有关完整的分步工作流程参见第2.6节)。每一个圆圈代表50个单词中的一个，圆圈的大小是根据词语激增权重编码而得的(例如，突然发生频率的增加)。节点的颜色

---

① Kleinberg, Jon. 2002. "Bursty and Hierarchical Structure in Streams." In *Proceedings of the 8th ACM/SIGKDD International Conference on Knowledge Discovery and Data Mining*, 91–101. New York: ACM.

代表激增情况开始出现的年份。如果需要确定特定节点爆发出现的年份，则需要使用该可视化图像右下角的说明。节点边框的颜色对应的是该词语累计最多频次的年份，同时提供了激增情况排在第二位和第三位的年份。值得注意的是，节点圆圈内的颜色通常都要比外部边框颜色更亮，这表示该词语词第一次出现后，获得了更广泛的使用。

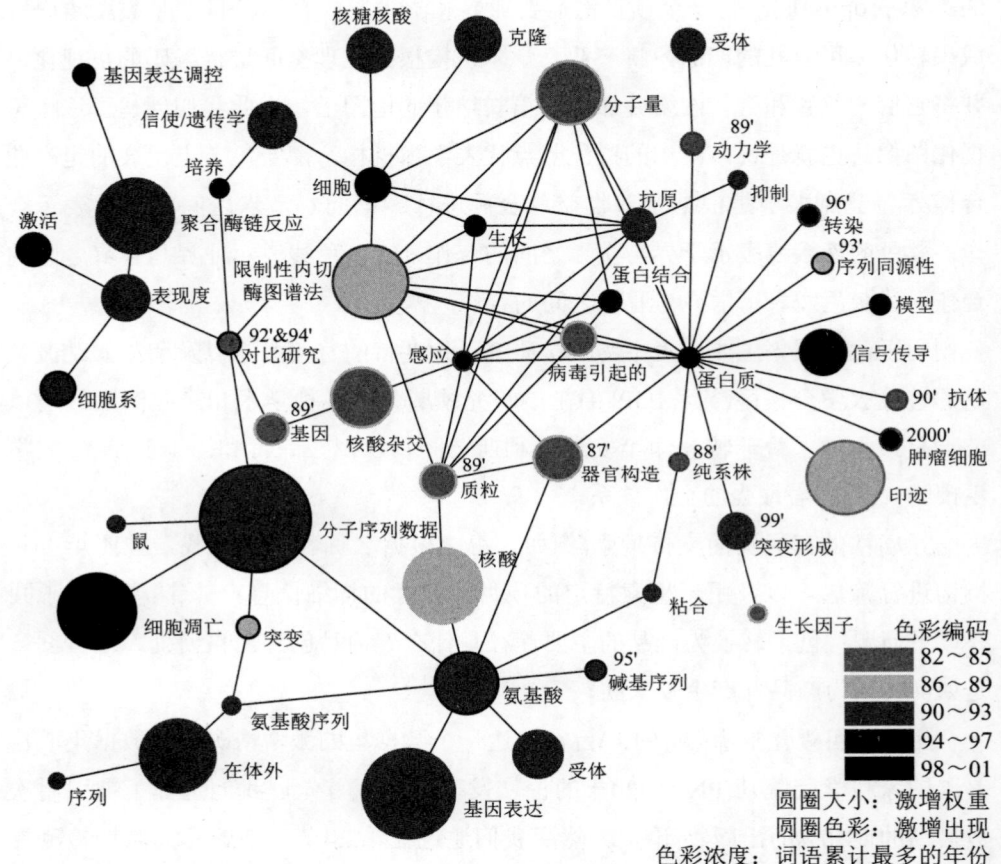

图1.4　图绘美国国家科学院院刊主题激增情况

如果你将该数据集与2001—2012年间收集的相同数据集做个对比,以"蛋白质"这个词为例,看看在随后的十年里,该词是否得到了广泛的使用。目前,可视化仅限于一种期刊中论文的发表情况;如果增加更多数据以反映一个研究团队所有论文的发表情况,或者一个学科领域中的全部论文的发表情况,那么将具有更大的价值。

第三个可视化形象(见图1.5)使用相同的20年间美国国家科学院院刊的数据集,以了解在互联网时代学者的地理位置是否仍然重要。学者是否仍然需要在主要的研究机构中学习和工作,才能在研究领域中取得高度成功(例如,通过被引用的次数进行测量)?由于数据集捕捉到了互联网的引入和广泛使用情形,我们可能期望看到随着时间的推移,互联网的问世,彼此地理距离无关联的各大研究机构相互引用的数量也会随之增加(见图1.5中右侧的对数坐标图)。换言之,这条曲线将会变得更扁平,因为互联网改善了学者获取研究文章的机会,相应地,他们的引用也会跨越愈加遥远的距离。然而,随着时间的推移,这条曲线的升降却变得更加急剧——随着互联网的问世,研究者对当地文献的引用更多了。

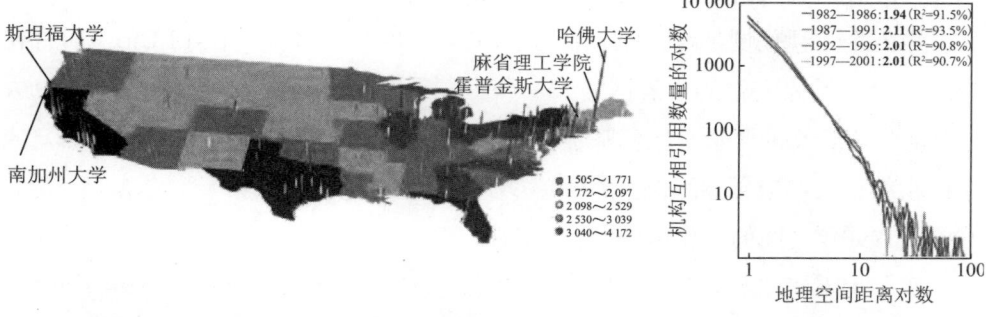

时间类型和覆盖范围		分析类型/层级	•	●	⬤
🕐 时间范围	1982—2001	🕐 时间的		×	
✦ 区域	美国	✦ 空间的		×	
☰ 主题领域	以生物医学为主	☰ 主题的			
⬡ 网络类型	引用的网络和地点	⬡ 网络的		×	

图1.5　美国主要研究机构中时空信息的生产和消费

这个结果与大家的直觉相反,其中,支持该结果的最令人信服的理由是由巴里·威尔曼(Barry Wellman)、霍华德·怀特(Howard White)和南希·纳扎尔

(Nancy Nazer)提出的，他们使用不同的数据获得了类似的结论①。他们认为，随着我们越来越多地被信息淹没，社交网络的重要性日益增加。在本地创建和维护社交网络更容易，因此人们倾向于引用周围同事的论文。

第四个例子(见图1.6)展示了微观层级上的分析，了解的是与凯蒂·伯尔纳(Katy Börner)这位学者在项目中具有合作关系的情况。通过研究她在2001—2006年期间获得的国家科学基金资助的全部项目的数据，我们提取出一个共同研究者网络。这个二重网络的节点有两种类型：项目(绿色)和研究者(用小的白色节点或者如果可以提取到的话，用他们的照片表示)。项目节点通过颜色来编码。颜色是基于该项目获得立项的年份而定，从黑色的节点(2001年)到亮绿色的节点(2006年)。节点大小则与项目获得资助的总额相关。通过设计，数据集中包含了既定时间范围内伯尔纳获得的所有项目(例如：她的节点是最大的且位于网络的中心位置)。只有部分项目是与他人合作的。不过，很容易看出谁在什么项目中是合作关系。例如，努希尔·康崔科特(Noshir Contractor)在该时间范围内参与了三个项目。其中之一，最左边节点标签为NSF IIS-0513650②的，是由网络工作台(Network Workbench)资助开发的，这是第一个基于OSGi/CIShell的宏观工具。③

第五个可视化例子(见图1.7)显示了1974—2004④年之间，在IEEE信息可视化会议上合作发表文章的作者网络。每一个作者节点由其姓氏作为标签，节点大小代表发表论文的数量，颜色基于作者被引用的数量。连接线表示合作关系，线条的粗细代表在论文方面合作的数量多少，颜色则表示他们第一次合作的年份。1986—1990年之间的合作用橙色表示。

总体上看来，马里兰大学的本·史奈德曼(Ben Shneiderman)是最大的节点，这表示在所选取的数据集中，他发表的论文最多。之外，他的节点又呈暗色，这

———————

①　White，Howard D.，Barry Wellman，and Nancy Nazer. 2004. "Does Citation Reflect SocialStructure? Longitudinal Evidence From the 'Globenet' Interdisciplinary Research Group." *Journal of The American Society for Information Science and Technology* 55，2: 111–126.

②　National Science Foundation. 2005. "NetWorkBench: A Large-Scale Network Analysis，Modeling，and Visualization Toolkit for Biomedical，Social Science，and Physics Research，" Award no. 0513650.　http://www.nsf.gov/awardsearch/showAward?AWD_ID=0513650 (accessed September 4，2013).

③　Börner，Katy. 2011. "Plug-and-Play Macroscopes." *Communications of the ACM* 54，3: 60–69.

④　Ke，Weimao，Katy Börner，and Lalitha Viswanath. 2004. "Major Information Visualization Authors，Papers and Topics in the ACM Library." Analysis and Visualization of the IV 2004 Contest Dataset. Presented at IEEE Information Visualization Conference，Houston，Texas，October 10–12，2004. This entry won first prize.

说明他的文章得到了广泛引用。而其他的节点，例如约翰·斯特思科(John Stasko)的节点很大但颜色很浅。换言之，像他这类的研究者发表了大量的论文，但是被引用的次数较少。就斯特思科的情况而言，他的论文大部分是近期发表的，还没有出现引用情况。如果再纳入更多年份的数据，这张可视化图像看起来可能完全不同。

整个网络由众多在同一机构工作的研究者紧密联系的子网络组成。只有少数机构型(地理空间型)的网络是互联的。例如，卡内基梅隆大学通过斯蒂芬·艾克(Stephen Eick)与帕洛阿尔托研究中心(缩写为PARC)网络相连接。本·史奈德曼与乔克·麦金利(Jock Mackinlay)和斯图尔特·卡德(Stuart Card)有着紧密的合作关系，而他的学生本·贝德森(Ben Bederson)与贝尔实验室合作很紧密，这进一步增强了相互之间的联系以及马里兰大学团队的影响。

注意史奈德曼在大学的合作网络与乔克·麦金利的"三角"合作关系相当不同。斯图尔特·卡德和乔治·罗伯森在帕洛阿尔托研究中心工作。大多数大学里只有为数很少或者根本没有信息可视化研究人员与其学生一起工作和发表论文，而大部分国家级实验室则具有专门的、已经密切合作了几十年的可视化研究团队。

第六个可视化(见图1.8)使用了相同的数据集，试图了解今天的科学是否是由个别多产的专家或是有很高影响力的合作团队推动的[①]。这张合作网络节点边线条的粗细代表所引用的程度(例如：粗的线条代表合作很成功，被更多的人引用)。这种表示引用程度的新方法，使得考察这一领域研究者相互之间的合作导致的被引用的程度更清晰了，使得在特定领域里，彼此有着合作关系的具有学术成就的研究者之间的引用情况成为了可能。原始论文还提出了一种更新颖的以作者为中心的平均信息量(entropy)，用以识别真正多产的研究团队。结果表明，有效合作的研究人员比单独研究的人员，获得引用的次数更多。

第七个可视化例子(见图1.9)呈现了113年来《物理学评论》(*Physical Review*)的论文发表情况[②]。此图展示了宏观层面的主题分析和引用分析，分析范围是

---

① Börner, Katy, Luca Dall'Asta, Weimao Ke, and Alessandro Vespignani. 2005. "Studying the Emerging Global Brain: Analyzing and Visualizing the Impact of Co-Authorship Teams." In "Understanding Complex Systems," special issue, *Complexity* 10, 4: 57–67.

② Herr II, Bruce W., Russell J. Duhon, Katy Börner, Elisha F. Hardy, and Shashikant Penumarthy.2008. "113 Years of Physical Review: Using Flow Maps to Show Temporal and Topical CitationPatterns." In *Proceedings of the 12th International Conference on Information Visualization*, *London*, *UK*, *July 9–11*, 421–426. Los Alamitos, CA: IEEE Computer Society Press.

全球性的。从1893年到2005年，左至右显示的《物理学评论》发表的389 899篇论文。1893—1976年的论文数量占据了所绘图像左边的1/3。1977—2000年的217 503篇论文，其中部分是物理学引用情况及天文学分类方案(缩写为PACS)[①] 的数据，占据了图像中间部分的1/3。2001—2005年的80 634篇论文，完整的引用情况和可得到的PACS数据占据了该图像最后的1/3。PACS编码数字在图中最右侧迅速上升。对于每一个不同的PACS编码(例如PACS0：总体)，我们可以看出有多少论文发表在什么期刊上(右边的编码颜色图例)。那些在PACS编码之外的论文则在图像的底部出现。基础性图像的上方，涵盖了2005年出版的论文的所有引用情况。有趣的是，物理学家引用文献在时间层面上跨度很大，上可追溯至19世纪。

　　每年汤森路透(Thomson Reuters)预测的三位诺贝尔物理学获奖者，都是基于其发表论文的被引频次、高影响力论文以及值得特别重视的论题或发现。小小的诺贝尔奖牌表明了所有获得诺贝尔奖的论文价值，而汤森路透的正确预测再次强调了其价值。

　　第八个可视化例子(见图1.10)旨在展示美国国家卫生研究院资助的不同项目类型的影响，由研究者发起的资助烟草用途研究出版的论文数量和合著者网络演变与烟草使用跨学科研究中心(缩写为TTURC)资助的同一时间跨度及研究主题项目的对比情况。图1.10中的顶端显示的是确认得到R01基金资助的论文中提取的合著者网络。图中相当密集的合著者网络是从TTURC资助的研究项目中提取的。两个网络中的节点颜色编码代表不同的项目。例如，所有确认受LR01-5资助的(在图1.10的最左上角)作者呈现为蓝色。这其中的一部分作者与多位承认受R01-13资助的作者的合作则用黄色节点表示。

　　研究者发起的资助和TTURC的资助都推进了烟草使用的研究。虽然研究者发起的资助似乎具有较高的投资回报率，但此可视化图像中却显示每支出一美元引用的次数[②]，而TTURC资助产生了更密集的、更多跨学科的网络，这些网络可以支持跨学科领域信息的更快扩散。

　　最后一个可视化示例(见图1.11)展示的是北京的中国科学院(CAS)的研究人员

---

　　① 　PACS was introduced in 1977.

　　② 　Note that TTURC funding is also used for infrastructure development, education, training, or workshops.

全球合作网络[①]。该学院的合作联系围绕在国家层面(例如：中国与美国之间的合作关系呈现为从北京到美国之间大部分相连的点)。国家的颜色是基于对数规模上合作的数量而定，从红色过渡到黄色。北京的中国科学院最深的红色，表示中国科学院的研究者们与全球各地的研究者有3395次合作关系。流向图的布局用于勾勒边界，增强了易读性。每一根线的粗细程度与研究人员之间合作关系的数目成比例。正如可视化显示的那样，中国科学院与美国合作的次数最多。

综上所述，数据分析和可视化可以表现从微观到宏观的不同层级。合著者网络(见图1.6和图1.11)可以通过网络布局或基本的地理空间地图来呈现。在创造可视化图像之前，需要确定旨在回答什么问题以及达到何种层级的分析，确定其时间性、地理空间性、主题和网络范围，因为这有助于阐释可视化并最终将所传达的信息用于决策过程。

1.2 工作流程设计

本节将介绍如何设计满足用户需求的工作流程。我们探究的可视化类型包括表格、图形、网络和地理空间地图。数据叠加，可以加载在不同的基本的地图上。数据叠加可以使用图形的可变类型对附加信息进行编码，比如颜色、形状和大小的编码。深刻理解可视化类型、数据叠加和图形可变类型，不仅是可视化设计的需要，也是解释可视化的需要。

需求驱动工作流程设计的迭代过程，如图1.12所示。第一步是要找出相关决策者在其生活中的所想和所需，以及数据挖掘和可视化技术如何能够改善他们的决策过程。在了解用户种种需求之后，就可以确定分析的类型和层级。下一步是获得最高品质和覆盖最多的数据，而这往往受预算和时间所限而不得不做出一些妥协。数据经常由相关决策者提供，或者从重要的数据提供商处购买，或从公开的资源中检索获得。需要解析和阅读数据(**读取**)，也可能需要广泛地整理和预处理数据。需要做时间的、主题的以及其他类型的分析，以确认趋势和模式(**分析**)。可视化阶段(**可视化**)包括三个主要步骤。首先，必须确定适当的参考系统。该参考系统需要成为基础性地图以稳定地承载分层数据。第二，参考系统可能

---

① Duhon，Russell Jackson. 2009. "Understanding Outside Collaborations of the Chinese Academyof Sciences Using Jensen-Shannon Divergence." In *Proceedings of the SPIE Conference onVisualization and Data Analysis 2009*，*San Jose*，*CA*，*January 19*，edited by Katy Börner and JinahPark. Bellingham，WA: SPIE Press.

被调整(例如，可能会将美国的一张地图做变形处理，以显示选举结果；具体例子可以见第3.2节的图3.9)。第三，使用不同的图形对附加的数据变量进行视觉编码。最终，必须将可视化图像发布出去(印刷出来、在网上发布等)，最后，呈现的可视化要能够为相关决策者所验证和解释。

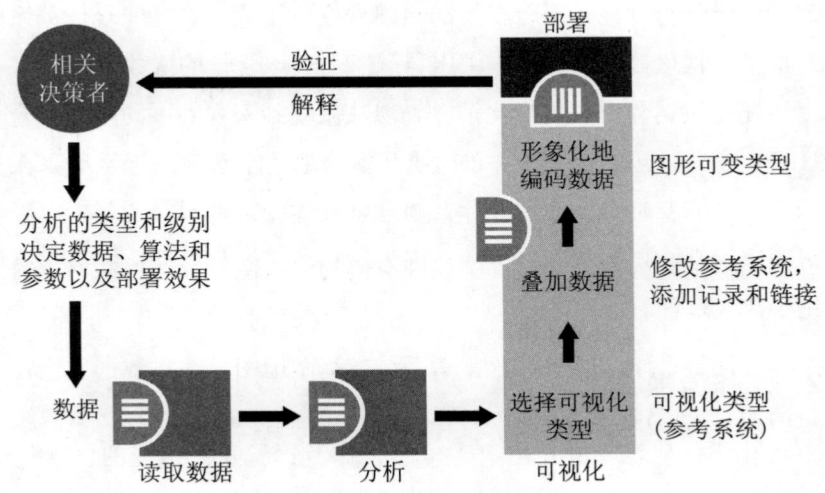

图1.12　需求驱动的工作流程设计

重要的是，应记住信息可视化是一个迭代过程，在验证和解释阶段，相关决策者可能会认识到缺失的数据或提出新的要求。随着用户需求的变化，需要不断重复设计过程：获取新数据，读取数据，进行分析，重新设计可视化和再次发布，最后与相关决策者分享新的可视化效果。

可视化类型

在本书中，我们讨论五种主要的可视化类型：**图表、表格、图形、地理空间地图和网络图**。图1.13中分别展示了这五种可视化类型。

图表是指无固有参考系统的可视化方式(见图4.5)，如饼图和文字云。

表格是一种简单但非常有效的传达数据的方式(见图1.9)。表格单元格可以通过颜色进行编码或排序，也可以包含图形符号或者微型图标(见图4.6)。有些表格支持使用分类轴浏览数据层次结构(见图4.6)。

图形是最常用的可视化类型，可以显示定量或定性的数据，如时间轴、条形图和散点图。本书提供了许多图形的例子。

地理空间地图使用经纬度作为参考系统，如世界地图、城市地图和地形图等。

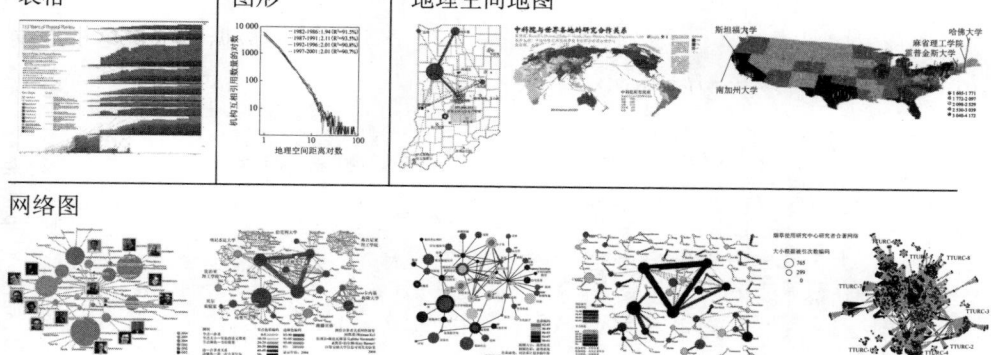

图1.13 各种可视化结构下的可视化效果

第五种类型是**网络图**，如层次结构或分类的树状图、社会网络或迁移流动的网络图等。

每个可视化类型定义了自身的参考系统或基本地图，并将数据呈现在可视化结果中。例如一个机构必须提供其所在纬度和经度信息，才能将其呈现在一幅地理空间地图上。

确定适当的可视化类型和参考系统后(见图1.12的**选择可视化类型**步骤)，就可以叠加数据了。对数据属性进行视觉编码的方式主要有三种：(1)对基本地图进行变形；(2)场所记录；(3)通过视觉变量类型进行编码。在图1.12所示的工作流程设计中，类型(1)和类型(2)称为**叠加数据**，而类型(3)称为**视觉编码数据**。

此外，为了给可视化图像提供必要的语境，时常需要添加标题、标签、图例和说明文字。适当地交代图形创作者，用户可以向作者反馈其意见和建议，或者让地图创作者更好地为其服务。

以下是来自《场所与空间：测绘科学》中展示的例子(http://scimaps.org)。第一个例子(见图1.14)[①]显示了一个地理区域范围，也称为**统计地图**的变形情况。统计地图可视化的前提假设是熟悉地理区域的实际形状和范围。在这里，大地图通过对国家大小的变形来代表人们的生态足迹，也就是这些人实际上需要多少面积才能维持其生活方式。把变形过的地图和位于左下角的原始地图进行比较，可以看到美国还有相当大的面积，而非洲许多国家只有非常小的面积。

---

① Dorling. Daniel. Mark E. J. Newman，and Anna Barford. 2010. *The Atlas of the Real World: Mappingthe Way We live*. Revised and expanded. London: Thames & Hudson.

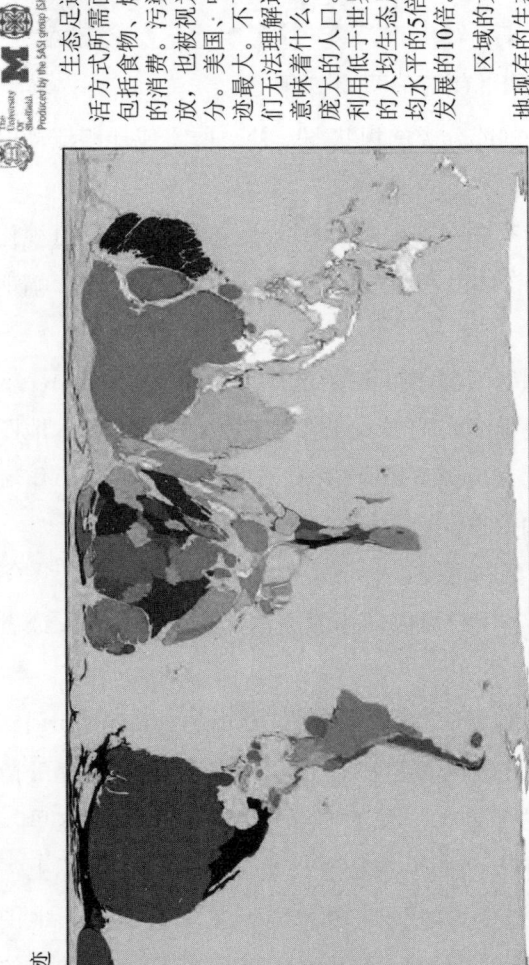

图1.14　《生态足迹(2006)》，作者是丹尼·多林(Danny Dorling)、马克E. J. 纽曼(Mark E. J. Newman)、格雷厄姆·奥尔索普(Graham Allsopp)、安娜·巴福德(Anna Barford)、本·惠勒(Ben Wheeler)、约翰·普里查德(John Pritchard)和大卫·道灵(David Dorling)(http://scimaps.org/IV.6)

我们还可以使用世界地图和视觉编码的地图创建一个**地区分布图**。例如，由世界银行数据中心(World Bank Data Group)、国家地理和联合国联袂出品的《千年发展目标》(*The Millennium Development Goals Map*)(见图1.15)[①]，使用颜色编码显示2004年全球相对收入水平，以美元计的人均国民总收入(GNI)。颜色从红色过渡到深绿色，代表低收入(825美元或更低的)地区过渡到高收入(10 106美元或更高)的地区。

下一个例子(见图1.16)，将推特(Twitter)的数据做地理定位并叠加在欧洲地图上。图中的各个点是按照语言进行颜色编码，如有许多荷兰语的推文(淡蓝色)大多数分布在荷兰。同样，意大利语的推文(深蓝色)主要分布在意大利。此外，法国的巴黎和其他省会城市在这些地图上占主导地位，显然，城市地区的推文多于农村地区。

下一个例子[②]展示了2005—2009年间，世界性的科学合作联系图叠加在一幅世界地图上(见图1.17)。利用爱思唯尔的斯高帕斯(Elsevier Scopus)数据库确认谁与谁存在合作关系，可以立即识别出一些合作模式。例如，美国的研究人员相互合作的现象相当常见，欧洲和亚洲也是如此。不仅各大洲之间合作十分普遍，而且不同大陆间的合作也很多，特别是那些使用相同语言的人们之间。

到目前为止，讨论的所有示例都使用了一个或几个定义清晰的参考系统，如图表、表格、图形、地理空间图和网络图等。数据叠加的主要方式包括修改基本图(例如，统计地图)、场所记录和联系、运用图形变量类型进行视觉变量编码(点、线、区域、外观)。

图形变量类型

我们已经介绍了多种不同的视觉编码方式并用于数据可视化的编码。对于不同方式详细的评论和比较，请参阅《知识图集》[③]。通常，图形变量类型包括**位置**、**形式**和**颜色**。不太常用的图形变量类型包括**质地(texture)**和**光学效果**，参见图1.18的综述部分。

---

① Department of Public Information，United Nations. 2010. *We Can End Poverty 2015: Millennium Development Goals*. http://www.un.org/mullenniumgoals (accessed August 2，2013).

② Beauchesne，Olivier H. 2011. *Map of Scientific Collaborations from 2005 to 2009*. http://collabo.oIinb.com/ (accessed August 2，2013}.

③ Burner，Katy. 2014. *Atlas of Knowledge: Anymore Can Map*. Cambridge，MA.:The MIT Press.

2005—2009年科学合作地图
计算机利用爱思唯尔斯高帕斯(Elsevier Scopus)的数据制作

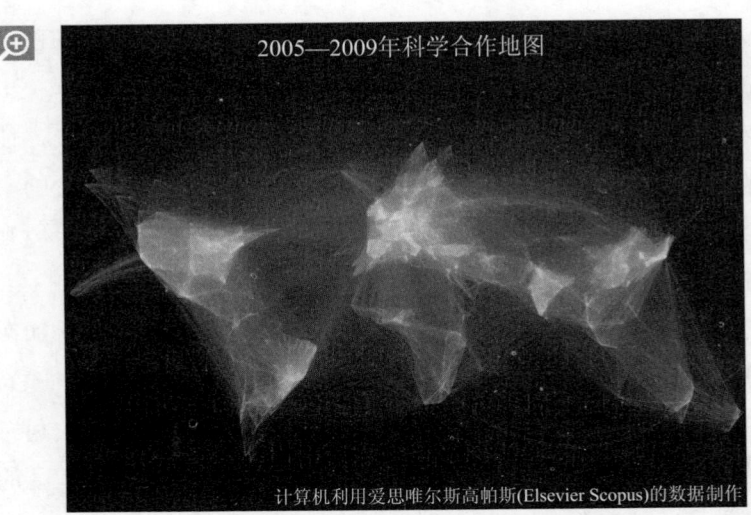

图1.17　奥利维尔・H. 鲍彻斯尼(Olivier H. Beauchesne)制作的世界城市之间的科学合作地图(2012)(http://scimaps.org/VII.6)

位置

如果是三维的可视化，**位置**通常包括x，y坐标，有时还有z坐标。请记住，三维可视化很难阅读，因为很容易出现相互遮挡数据点的情况，透视图呈现的近处对象往往大于远处的对象，还有近处物体的颜色比远处的物体更明亮。如果以三维呈现物体，由于聚光灯和阴影的原因，要想识别真实的颜色难度会更大。

位置
・知道x、y的位置，可以确定z的位置　定量
形式
・大小　定量
・形状　定性
・方向(旋转)　定性
颜色
・值(明亮)　定量
・色调(浅色调)　定性
・饱和度(强度)　定量
质地
・形态，旋转
粗糙度，粒度
密度梯度　定量
光学
・清晰，透明度
透明度，遮蔽　定性

图1.18　使用颜色进行可视化编码

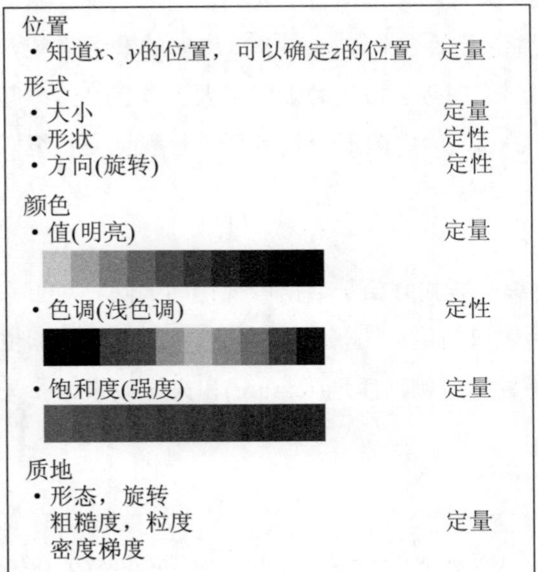

形式

形式包括大小和形状两种特别常用的视觉编码形式。此外，视觉编码可承载一定的意义。例如树形图图标垂直放置的话，则表示继续发挥作用，如果图标是水平放置的，则说明已经被淘汰了。

颜色

颜色有三个属性值：明暗、色调和饱和度(见图1.18)。

质地

质地可以用来编码数据属性的类型，包括形态、旋转、粗糙程度、粒度(size)或密度梯度。

光学效果

光学效果包括清晰、透明和遮蔽等。

数据测量类型

有四种数据测量类型：定类测量、定序测量、定距测量和定比测量(见图1.19)。

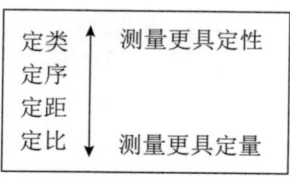

图1.19 从定性到定量的数据变量类型

定类

定类变量是定性的，也称为定类变量或类别变量。一般认为类别是非重叠的，如构成名称及描述人、地、物或事件的词语或数字。

定序

定序变量是定性的，数据以序列或按等级排序，例如星期几。李克特量表也是一种排序类型，比如从非常贫穷到非常富裕。

定距

区间测量，也称为数值数据，是一种定量测量，其中任何两个相邻值或间隔之间的距离相等，但零点是任意的，如以摄氏度为单位的温度或以小时为单位的时间。

定比

定比测量是定量的，被称为比例范围。定比表示数值是按一种顺序排列的，如重量或高度。在定比变量中，有一个具有实际意义的零点。

运用图形变量类型对数据进行视觉编码，必须考虑数据变量类型的测量范围。例如，定类变量，比如职业，可以使用色调进行编码，这是定类和定性测量。性别不应该使用定量的颜色变量，诸如对色值或饱和度进行编码(见图1.18)。更多的例子将在第1.3节讨论。

🏠 **自我测评**

1. 研究学者的职业轨迹需要什么样的层级分析？

    a. 微观   b. 中观   c. 宏观

2. 什么样的"分析类型"最适合研究和可视化前100名研究型大学的研究人员数量？

a. 时间的　　　b. 地理空间的　c. 主题的　　　d. 网络的

3. 哪些可视化类型具有量化的或质化的轴线?

a. 图表　　　b. 表格　　　c. 图形　　　d. 地理空间图

e. 网络图

（二）实践部分

1.3　示例

我们必须知道不同数据变量类型的测量范围，才能有效地应用图形变量类型（见第1.2节）。某些图形变量类型更适合定性数据的编码，因此，我们应该使用其他数据变量对定量数据进行编码。

定性图形变量类型包括色调和定向，我们可以将之用于定类或定序数据的编码。值得注意的是，有一些形状人们无法命名，而且人们不善于对某些形状旋转的程度做出评估。

大小和色值都是定量的，通常将之用于基于定距或定比数据基础上的几何符号的大小和值的编码。

举一个具体的例子，表1.2中列出的不同数据属性——名称、年龄、邮政编码和专业，确定它们是定量的还是定性的。其中有些变量相当明显，如年龄是定量的，专业是定性的。邮政编码看起来是定量的，因为是用数字表示的。然而，美国邮政编码的数字是不连续的，它们是定性的参考编号。只有当邮政编码被转换成经度和纬度的数值时，才会变成定量的。

表1.2　数据量表类型示例

姓名	年龄	邮编	职业
伊娃	30	47401	教师
布鲁斯	46	47405	工程师
定性	定量	定性	定性

表1.3显示不同的数据属性以及可以使用不同的图形变量类型进行视觉编码。在可视化过程中创建出这些图形（见图1.20中的工作流设计）。也就是说，原

始数据或计算处理过的数据变量被绘制到图形变量类型之中。不同数据变量的数据量表类型影响到所采用的视觉编码。

表1.3　图形变量与数据量表类型

	姓名	年龄	邮编	职业
方位		×	×	
范围		×	×	
色调	×			×
外形	×			×
	定性	定量	定量	定性

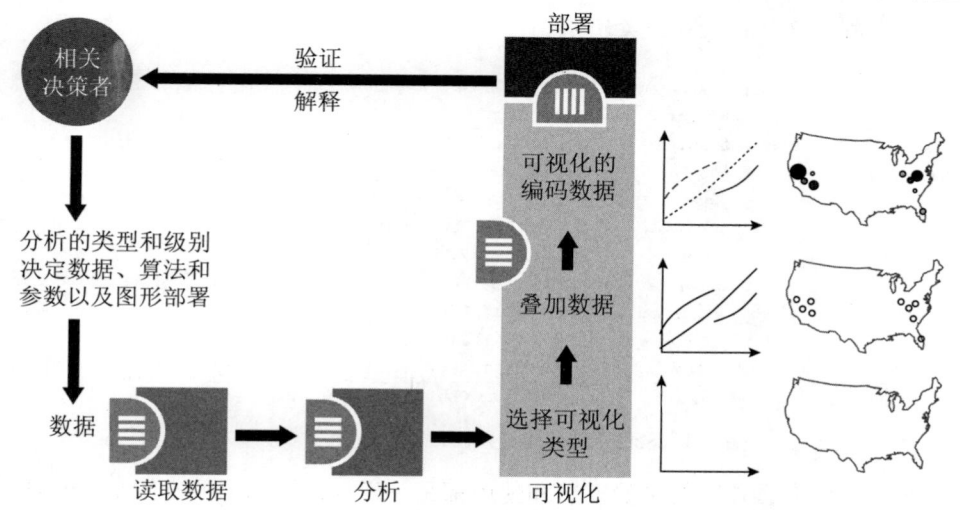

图1.20　在图形和地理空间地图上的视觉编码过程示例

图1.20中例示了以下内容：

(1) 选择可视化参考系统；

(2) 数据叠加；

(3) 使用线型、颜色和大小将以上内容编码到一幅简单的图形和地理空间图中，对数据变量进行视觉编码。遵循下面的步骤，会让可视化过程的设计更容易。

1.4　下载并安装SCI2

我们将使用Sci2工具1.1版本开展时间分析(第2章)、地理空间分析(第3章)、主题分析(第4章)和网络分析(第5、6章)，并呈现视觉效果。Sci2工具是一个所谓的即插即用的宏观工具[①]，可以轻松扩展和定制以满足不同的需求，参见附录如何添加其他插件部分。Sci2是一个独立的桌面应用程序，可在所有常见的操作系统中安装和运行。该软件需要预装Java SE 5 32位1.5.0版本或更高级的版本[②]。

要下载Sci2工具，请转到Sci2主页[③]并单击"下载Sci2工具"按钮。注册是免费的，只需要几分钟就可以安装好下载的工具。单击"立即注册"按钮后，检查电子邮件确认说明，创建密码，通过您选择的操作系统下载工具。Sci2工具及其相关文件将被压缩在一个文件中，保存这个压缩文件，下载完成后解压，双击Sci2图标(sci2.exe)运行程序(见图1.21)。请确保在文件目录中保存和运行该程序，其中该工具具有创建新文件(如，日志文件)的权限。此后桌面将会运行程序，但是程序文件目录有时会出错。

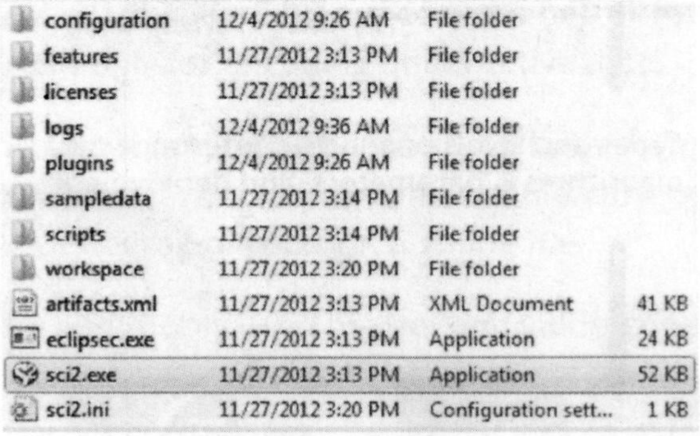

configuration	12/4/2012 9:26 AM	File folder	
features	11/27/2012 3:13 PM	File folder	
licenses	11/27/2012 3:13 PM	File folder	
logs	12/4/2012 9:36 AM	File folder	
plugins	12/4/2012 9:26 AM	File folder	
sampledata	11/27/2012 3:14 PM	File folder	
scripts	11/27/2012 3:14 PM	File folder	
workspace	11/27/2012 3:20 PM	File folder	
artifacts.xml	11/27/2012 3:13 PM	XML Document	41 KB
eclipsec.exe	11/27/2012 3:13 PM	Application	24 KB
sci2.exe	11/27/2012 3:13 PM	Application	52 KB
sci2.ini	11/27/2012 3:20 PM	Configuration sett...	1 KB

图1.21　Sci2下载目录显示Sci2(sci2.exe)图标被选中

Sci2在所有操作系统中的安装和使用都是一样的，这本书的实践部分是使用PC端进行演示，但对于Mac和Linux操作系统，每个操作流程都是相同的。

运行Sci2后，闪现画面出现后不久Sci2界面将会弹出。界面分为4个部分，顶部的菜单，底部的"控制台"，左下角的是"调度"，右边则是"数据管理器"(见图1.22)。

该菜单提供了"文件"加载及"数据准备""预处理""分析""建模"和"可视化"算法的便捷访问。主菜单从左到右按照一个正常工作流程中的常见步骤而组织，在每个菜单中，算法按分析类型组织(例如，时间分析，地理空间分析，主题分析，网络分析)。

---

① Burner，Katy，2011．"Plug-and-Play Macroscopes："Communications of the ACM 54，3：60-69．
② 可在Java网站运行测试版: http://www.java.com/en/dawnload/installed.jsp
③ http://sci2.cns.iu.edu

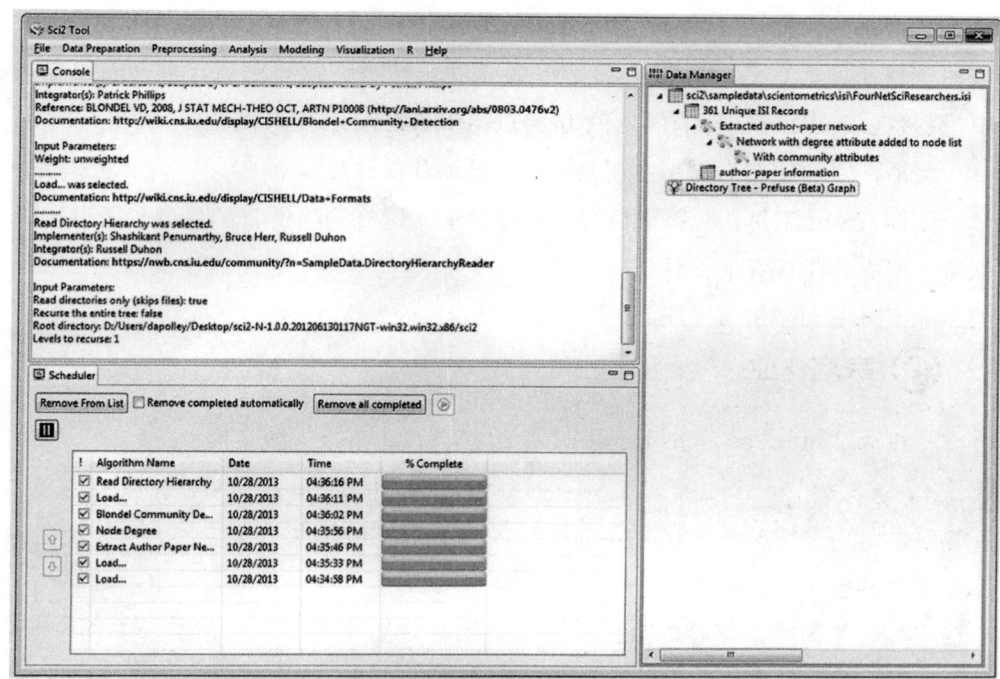

图1.22 Sci2用户界面

数据管理器跟踪全部加载到Sci2的所有文件，以及在分析期间生成的所有后续文件。在一个文件上执行的所有操作都以树状结构嵌套在原始文件之下，加载文件的类型由其图标说明。

文本：文本文件

表格：表格数据(电脑化文件)

矩阵：数据(Pajek.mat)

绘制：可以使用常用指令(Gnuplot)绘制图形的纯文本文件

网络：网络数据(内存图形/网络对象或保存为Graph/ML，XGMML，NWB，Pajek.net或Edge列表格式的网络文件)

树：树状数据(树状图)

右键单击文件并选择"保存"或"查看"后，可以从"数据管理器"中轻松查看和保存文件。要从"数据管理器"中删除文件，请单击"右键"并选择"删除"。如果删除了一个文件，该文件下嵌套有其他文件，那么所有嵌套文件都将被删除。

"控制台"将会记录会话期间执行的所有操作；它还显示错误消息和警告，致谢该算法原始作者、开发人员、集成商以及参考文献等信息，并在Sci2维基中[1]链接在线文档。同样的信息也储存在你的Sci2目录/日志目录里。

最后，"调度器"显示在工具中执行的操作的进度。

要卸载Sci2工具，只需删除你的Sci2目录。这将删除所有子目录，所以请确保备份所有你想保存的文件。

🏠 家庭作业

在Sci2(http://sci2.cns.iu.edu)上注册和下载工具。安装后运行它。使用文件>加载，加载一个电脑化(CSV)文件(如，加载KatyBorner.nsf[2])。在"数据管理器"中右键单击该文件，选择"查看"，用微软电子表格打开它，或选择"查看……"，在另一个电子表格程序打开它。在"获得资助金额日期"这一列的类别中，回答的是：资助金额最高的是什么项目？然后，在"数据管理器"中右键单击该文件，将该文件"重命名"，然后"删除"该文件。

---

[1] http://sci2.wiki.cns.iu.edu
[2] your sci2directory/sample data/scientometrics/nsf

"何时"：时间数据

（一）理 论 部 分

第2章至第6章介绍不同类型的分析和可视化的结果，以回答特定类型的问题。本章旨在使用时间数据及其可视化来回答"何时"的问题。主要目标是理解数据集对象的时间分布，以识别增长率、高峰期的延迟或衰减率；观察时间序列数据中的模式，例如趋势性的、季节性的或突发性的。

之后5个章节的理论部分，都会从一个可视化范例的讨论开始，随后会有关键术语的综述和界定，再对常规工作流程做简单介绍。本章还介绍了激增检测，这种方法广泛用于识别突然爆发的活动或激增的兴趣。

2.1　可视化示例

第一个可视化图(见图2.1)[①]显示了几部流行电影中不同的叙事，这些叙事描绘了电影人物的轨迹， 例如《魔戒》(*Lord of the Rings*)或《星球大战》(*Star Wars*)。时间是从左到右排列的，水平线追踪事件的时间，垂直线表示人物分组和分离，旨在减少线条的重叠和交叉。

在最上面的《魔戒》的地图是五张图表中最大的，根据中土世界的种族对人物做了颜色编码。有霍比特人、小精灵、矮人、人类、巫师和树精。底部稍小一点的图表，使用相似的方法对电影剧情做出了风趣的评论。

下一个可视化图是《科学与社会平衡》[②](见图2.2)，由两个图形组成。左边的图显示了美国的总人口和科学家数量，右图显示了美国的国民生产总值以及用于研究与开发的经费数额(同时显示了研发经费在国民生产总值中所占的比例)。

---

① Munroe，Randall. 2013. *xkcd*. http://www.xkcd.com(accessed September 3).
② Martino，Joseph P. 1969. "Science and Society in Equilibrium." *Science* 165，3895: 769–772.

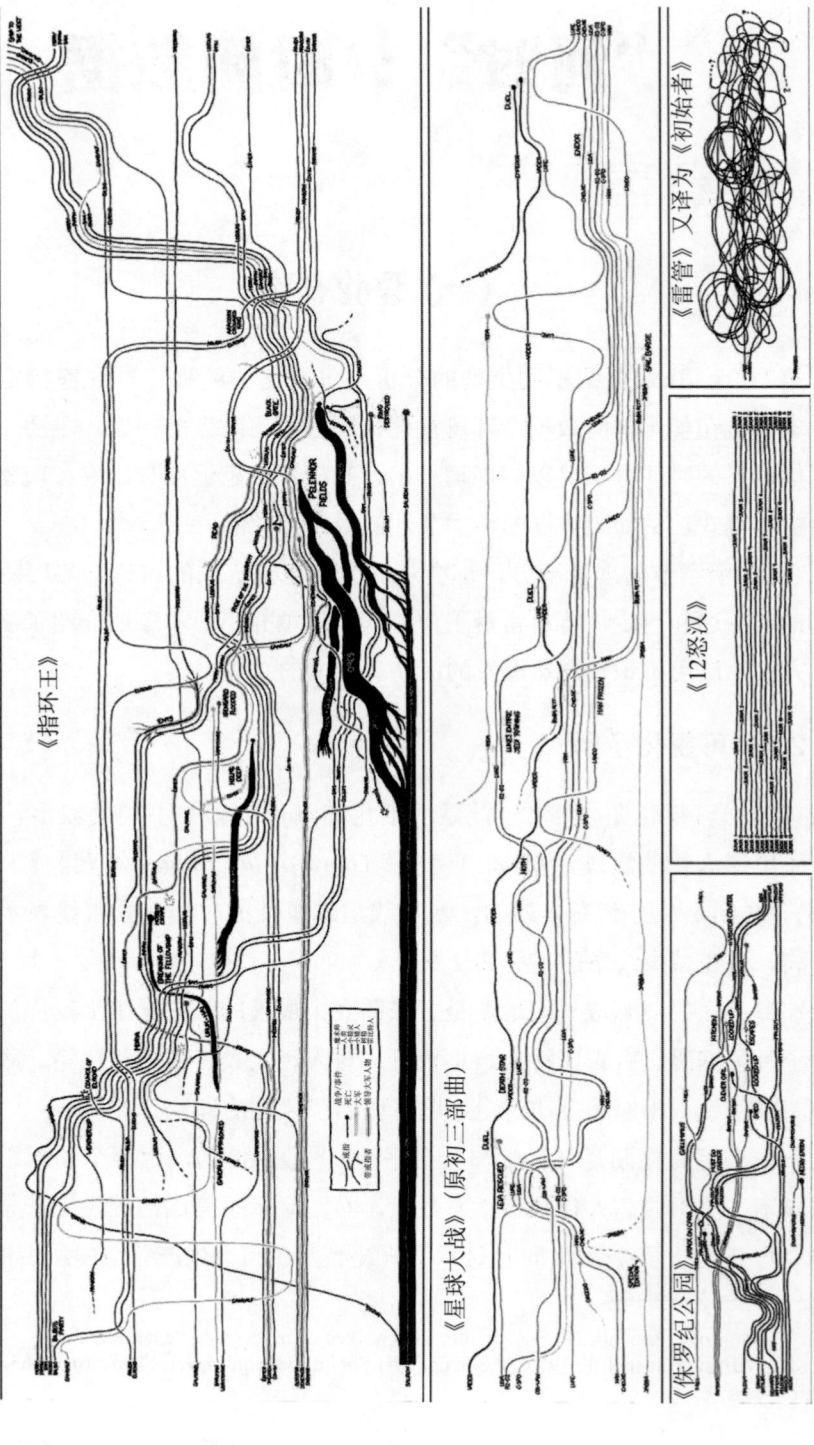

图2.1 电影叙事图(漫画#657)(2009)，作者兰德尔·芒罗(Randall Munroe)(http://scimaps.org/VIII.2)

横轴表示时间，
垂直成组的线条表明表在特定时间内，哪些人物是在一起的

这些图显示电影人物的相互影响，

　　这两幅图比较了1940—1975年间，科学家数量占总人口的比例以及研发经费占国民生产总值的比例。

科学与社会平衡

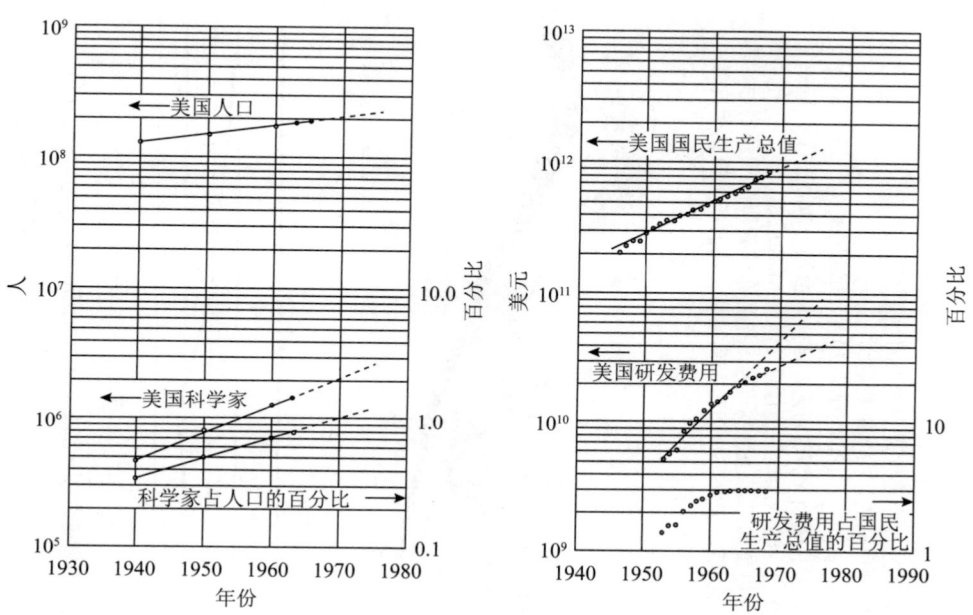

图2.2　《科学与社会平衡》(1969)，作者约瑟夫·马丁诺(Joseph P. Martino)(http://scimaps.org/V.1)

　　第三个可视化图(见图2.3)经常用于显示统计图形的优越性。查尔斯·约瑟夫·米纳德(Charles Joseph Minard)于1869[①]年创建了统计图，展示了1812年冬天拿破仑在俄国战场的撤退情况。左边显示的是从波兰边境动身的422 000名士兵，顶部灰色带展示向莫斯科的长途行军。其宽度代表士兵的数量，当60 000名士兵行动滞后了，宽度随之减弱。横渡莫斯科河造成了27 100人伤亡，其中大部分人因为掉进冰河中溺死或冻死，只有大约100 000名士兵到达莫斯科，在战争开始时只有不到322 000人。最后，因为气温下降，出现了一场长时间的、损失惨重的撤退。很多士兵虽然最后回到了家乡，但是手指和脚趾都已经冻伤，他们永远无法忘记这场撤退。撤退大军与之前落在后面的60 000名士兵汇合，最终共有10 000人回到了家乡，只占出发总人数的4%。

---

　　① Tufte，Edward R. 1983. *The Visual Display of Quantitative Information*. Cheshire，CT: Graphics Press.

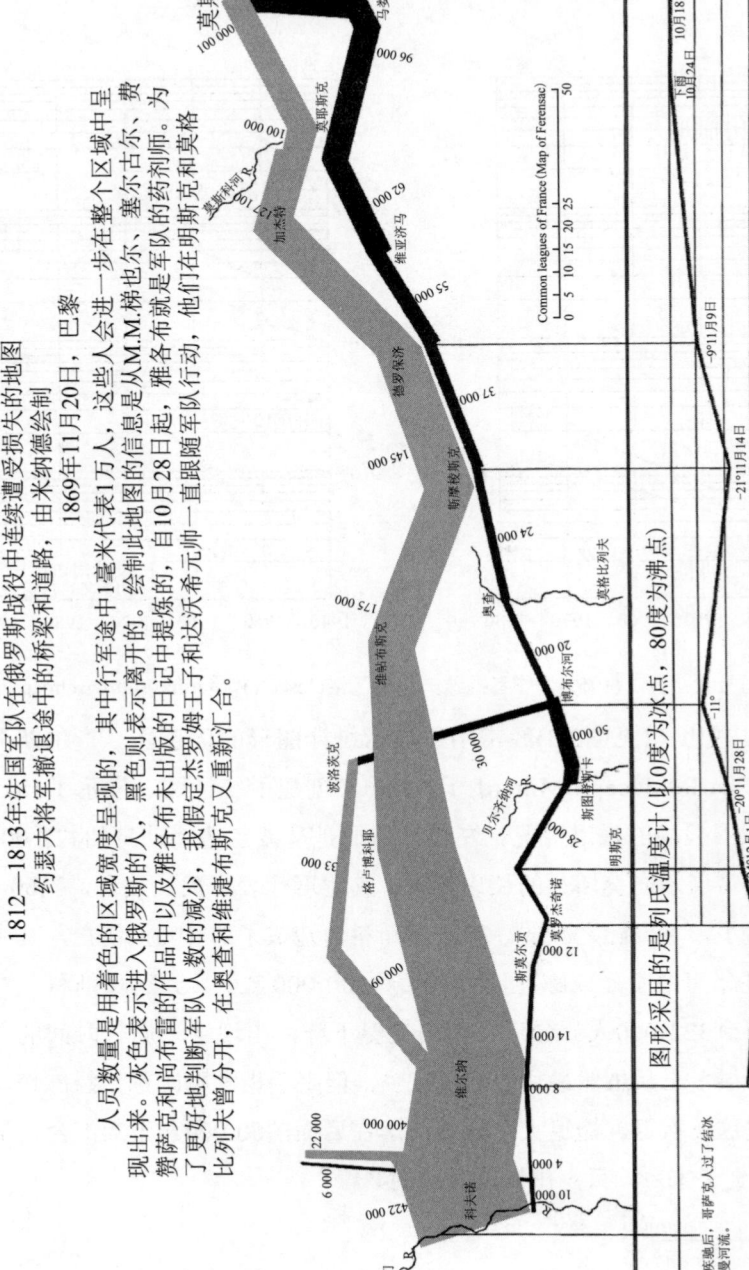

图2.3　拿破仑军队奔向莫斯科(1869年)，作者尔斯·约瑟夫·米纳德(http://scimaps.org/I.4)

爱德华·塔夫特(Edward Tufte)认为这个图形是最好的统计图形之一。在这个绘制图中同时呈现6个变量。第一条线，线的宽度大小显示军队的规模。第二条线和第三条线，分别显示军队从波兰到莫斯科行进过程中所处的纬度和经度。第四条线显示军队行进的方向，包括前进的方向以及撤退时的方向。第五条线标出了军队在某些日期所处的地点。最后，在图形的下方显示出了温度，从中我们可以清楚地看出撤退之时是何等的严寒。

下一个可视化图(见图2.4)由马丁·沃登博格(Martin Wattenberg)和费尔兰达·维埃加斯(Fernanda Viégas)绘制，展示的是在维基百科"堕胎"文章编辑方面做出贡献的作者情况[1]。此流程图中的垂直带表示修改中的文本。出现修改时，可以将垂直线定位在相同的距离，而与何时进行修改无关。或者，如在该示例中，所绘制的垂直线之间的距离代表文章修改经历的时间。每一位做出贡献的作者用颜色做了编码。每当新的文本块插入后，维基百科的页面随之变长，文本被删除后，页面随之变短。黑色区域表示的就是删除的部分。

当探索整个地图的时候，一开始有个用户正在编辑整个页面，这个作者用绿色标出，后来，其他作者开始做出修改。也有大规模的修改，就是一个作者删除了整个页面，这样的情况发生过两次，在图中以两个黑色竖条纹表示。大规模的删除很快被抵制，我们假定时间的距离是相等的，直观上删除很明显。还需要注意的是，维基百科的条目在某个时间点上很长，但随之有所缩短，之后多个作者的编辑再次被压缩。在地图的右边可以看出，不同作者编辑的文本，在实际的维基百科页面上用不同颜色做了编码。

最后一个可视化图(见图2.5)由化学研究委员会[2]创建，它显示了由政府和产业资助的化学研究与发展中涉及的不同反馈的循环。此图还显示了科学系统里一些延期的投资。为了理解这一可视化，让我们从美国联邦政府决定耗资10亿美元联合资助化学研究这个时间点开始。预计这笔资金中的大部分用于4~5年的基础研究，化学产业将为此配套50亿美元的资助资金。10亿美元的联邦资金加上50亿

---

[1] Viégas, Fernanda B., Martin Wattenberg, and Kushal Dave. 2004. "Studying Cooperation andConflict between Authors with History Flow Visualizations." In *Proceedings of SIGCHI*, *Vienna*, *Austria*, *April* 24–29, 575–582. Vienna: ACM Press.

[2] Council for Chemical Research in cooperation with the Chemical Heritage Foundation. 2001. *Measuring Up: Research and Development Counts for the Chemical Industry*. Phase I. Washington, DC: Council for Chemical Research. http://www.ccrhq.org/innovate/publications/phase-i-study (accessed August 28, 2013).

化学研究与发展拉动美国创新引擎
公共和私人在化学学科中研究和发展对宏观经济的影响

化学学科研究与发展投资

从概念到商业化的时间

联邦政府

10亿美元
联邦资金

化学行业

10亿	10亿+50亿美元		
	4~5年	9~11年	>5年
	基础性研究	发明和发展	技术产业化
		20年	

100亿美元
化工行业营业收入

50亿美元
行业发展资金

国民生产总值增长
400亿美元
+
创造600 000个
就业岗位

美国经济

80亿美元税收

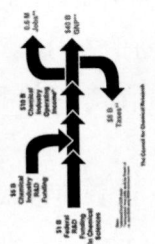

◎ 化学研究委员会

根据所受委托的为期5年、两个阶段的研究，向美国国会和美国政府决策者提供关于政府在研究与开发方面的资金投入，对美国创新和全球竞争力产生重要影响。对政策制定方面的资料访问及充分利用，通常都比较简短。化学研究从研究产生的复杂数据中提炼出直接、简洁和清晰的术语，制作出下面这幅图形。

该设计图表明，联邦政府投资10亿美元，带动私人投入50亿美元，对新科技的影响非常显著，给化工行业带来营收100亿美元，国民生产总值（GNP）增长这40亿美元，还进一步说明了投入对美国经济的影响；创造了大约60万个就业机会，税收回报约为80亿美元。

图左描述了CCR研究报告中其他一些详细信息。该图清楚地显示了两个研发投资周期：行业投资时间比较短，主要投入是创新阶段向科技商业化期间；相对而言，联邦投资周期更长。从基础研究开始，在国民经济和就业增长中达到最高点，同时增强正税基础，进而投资于基础研究。

图2.5 《化学研究与发展拉动美国创新引擎》(2009年)，由化学研究委员会创建(http://scimaps.org/V.6)

美元的产业资金，预期支持9~11年化学产业的发明和发展。最后阶段，技术商业化通常需要5年甚至更长时间。

由上述长期投资产生的化工行业年营业收入约100亿美元，推动了美国国民生产总值的增长，创造了各种就业机会，并为政府带来约80亿美元的税收。美国联邦政府则耗费征收税款中约10亿元来推动积极的反馈循环。理解从概念到商业化的时间轴十分重要。在化学领域，从一个概念转变成创造利润的产品，大约需要20年时间。在其他很多科学技术的发展领域，也时常出现类似的时间跨度。

该可视化从右边的黑色箭头图开始。美国国会将这幅图用于讨论创新引擎和化学产业的重要性。三份报告[1][2][3]中都提供了许多数据细节和补充信息。

2.2 概述和术语

在本节中，我们概述了时间数据可视化中会用到的一些关键术语，以时间为维度，对发生的一系列事件进行组织和观察，将其定义为**时间序列**(time-series)。时间序列数据可能是**离散的**(discrete)(例如，在可能的数值中只有一个有限的数值，或者介于两个可能的数值之间的数轴上有一个间隔)。**连续数据**构成了数值数据的其余部分，通常和一些物理测量有关。

可以按时间序列捕捉维基百科编辑活动的数据。图2.6(左边)显示了从图2.4开始的历史流可视化效果——以等距形式展示了维基百科页面的编辑情况。图2.6右图显示了按日期间隔的编辑，提供了相当不同的数据视图。

时间分析和可视化的另一个重要因素是**趋势**。趋势存在一般趋势(见图2.7)，**增长**趋势、**下降**趋势、始终**稳定**的趋势(即全部时间内数值相同)，或者存在季节性的周期变化，起起伏伏，比如每年的温度变化。

① Council for Chemical Research in cooperation with the Chemical Heritage Foundation. 2001. *Measuring Up: Research and Development Counts for the Chemical Industry*. Phase I. Washington，DC: Council for Chemical Research. http://www.ccrhq.org/innovate/publications/phase-i-study(accessed August 28，2013).

② Council for Chemical Research. 2005. *Measure for Measure: Chemical R&D Powers the US Innovation Engine*. Phase II. Washington，DC: Council for Chemical Research. http://www.ccrhq.org/innovate/publications/phase-ii-study(accessed August 28，2013).

③ Link，Albert N.，and the Council for Chemical Research. 2010. *Assessing and Enhancing the Impact of Science R&D in the United States: Chemical Sciences*. Phase III. http://www.ccrhq.org/ innovate/ publications/phase-iii-study(accessed August 28，2013).

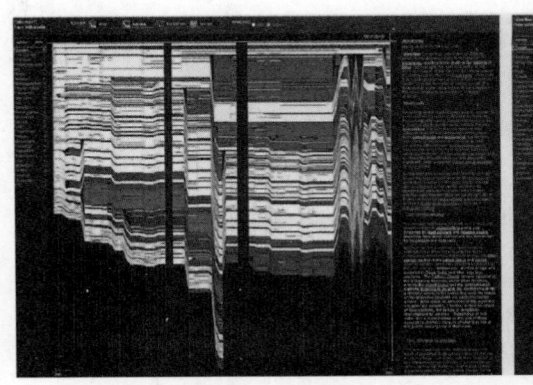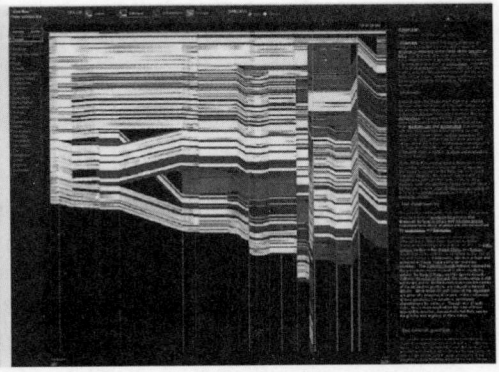

图2.6　维基百科页面上"堕胎"文章编辑情况的情况展示：等距间隔(左)和日期间隔(右)

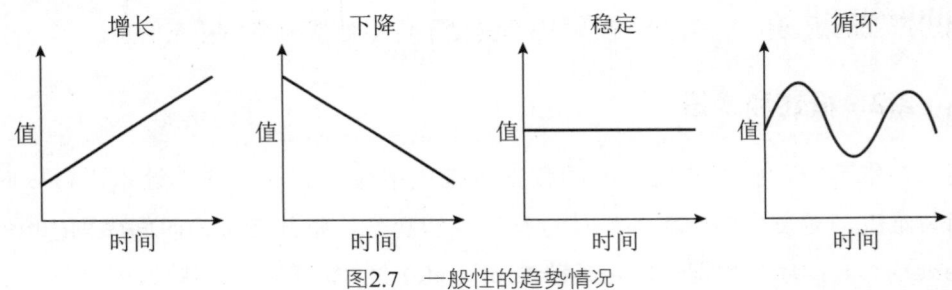

图2.7　一般性的趋势情况

例如，在线交互显示了"宝宝起名能手"(Baby Name Wizard)网站[①]人口普查数据提供的婴儿姓名，搜索输入"爱丽丝"，会显示一个**叠式图表(stacked graph)**显示了1880—2011年有多少人叫做"爱丽丝"(见图2.8)。输入你的名字，可以了解你的名字是否普遍，在什么时期最普遍。注意，此数据集中并没有涵盖很少使用的姓名，只展示了使用频率最高的前1 000个名字。

另一个例子是"谷歌趋势"[②]这款软件，输入不同的关键词来了解使用谷歌搜索获得的词语次数。图2.9展示了搜索"汉堡""芝士"得到的结果。左上角的**柱状图(histogram)**显示出这两个词每次搜索的平均次数，右上角的曲线图显示了每个关键词的搜索频率。有趣的是，搜索"汉堡"的人要远多于搜索"芝士汉堡"的人。

---

① 　http://www.babynamewizard.com/voyager#.
② 　http://google.com/trends.

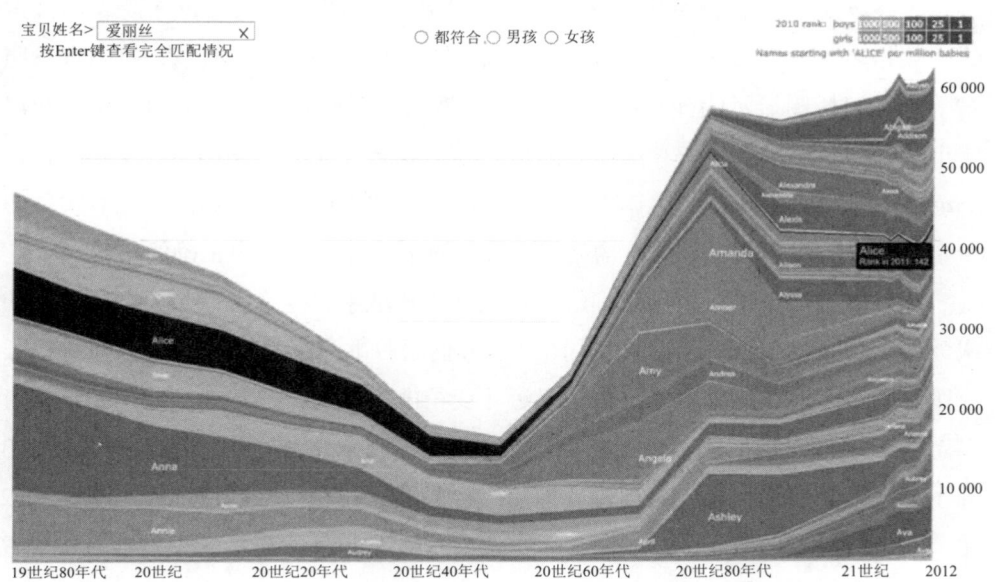

图2.8 婴儿采用"爱丽丝"这个名字随时间变化的频率

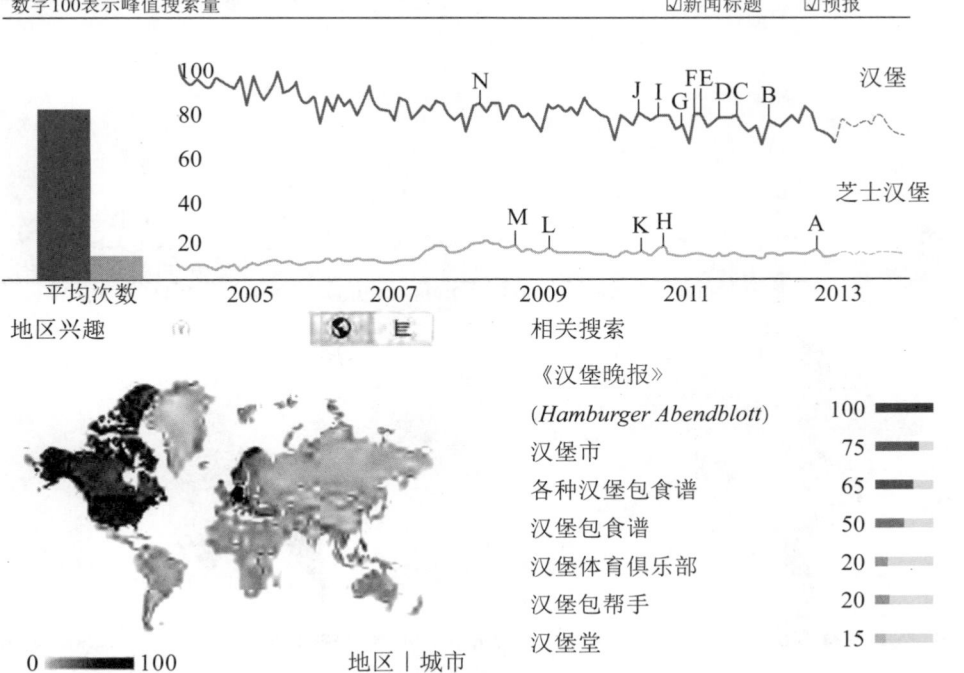

图2.9 谷歌趋势分析结果：汉堡(灰色线)和芝士汉堡(浅灰色色线)

　　"谷歌趋势"也揭示出一些区域性的兴趣，如图上的颜色越深，表示搜索的次数越多。德国似乎对"汉堡"有着浓厚的兴趣。不过仔细检查关键词(参照右下角时间栏图显示的搜索次数)，实际上搜索更多的是德国北部的汉堡市和汉堡市发行的两份报纸——《汉堡晨邮报》(*Hamburger Mogenpost*)和《汉堡晚报》(*Hamburger Abendblatt*)。德国人也搜索德国重要的港口——汉堡港，还有汉堡的一个教堂——汉堡堂。因此，需要在仔细核查后，才可能得出正确的结论。

　　"谷歌趋势"还可以用来理解用户搜索流行歌手"麦当娜"与"阿黛尔"的次数变化(见图2.10)。上面的曲线图显示人们用谷歌搜索"麦当娜"已经有很长一段时间了，而"阿黛尔"这个词最近才变得非常普遍。趋势走向线上的标识可以帮助了解搜索她们次数增加的原因，如C表示阿黛尔赢得了六项格莱美奖，B表示麦当娜炫目地出席了美国橄榄球超级杯大赛。还有一个峰值标识出现于2012年6月，此时阿黛尔怀上了她的第一个孩子。可以看到，重大事件影响谷歌搜索的数量，也因而呈现出这两位明星的趋势图。

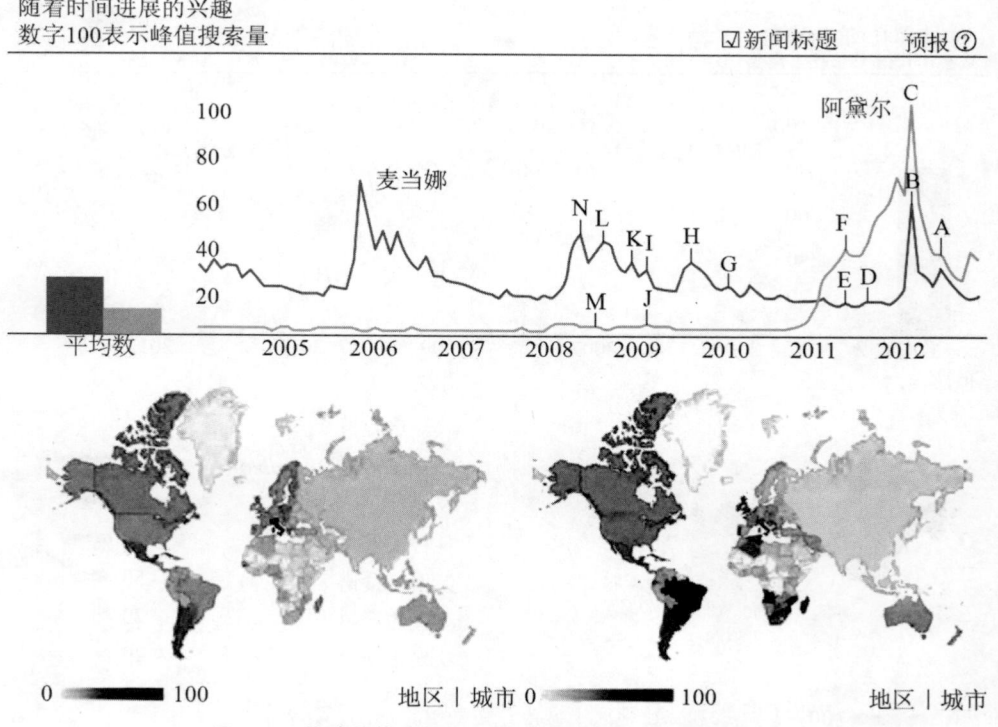

图2.10　谷歌趋势分析用户搜索阿黛尔和麦当娜的情况

图2.10下面是两幅世界地图的趋势图，图中根据地区不同的搜索兴趣，对麦当娜(左下)和阿黛尔(右下)的搜索情况作了标记。意大利为左侧黑色部分，意味着搜索"麦当娜"的次数最高，也意味着《我的女人》(*My Lady*)这首歌在意大利十分受欢迎。搜索"麦当娜"也可能是为了寻找宗教人物耶稣的母亲——因为"麦当娜"也是圣母玛利亚的一个称谓。

另一个可用于趋势分析的在线服务是数据市场(DateMarket)[①]，该工具提供了方便地访问高质量免费数据的宝库。图2.11显示了20世纪60年代到2011年总生育率中每位妇女的生育率，阿尔及利亚、智利、日本、哈萨克斯坦、阿联酋、英国和美国的数据，是通过复选框而选中的，且可以进行交互式搜索。该图形显示了50年来的巨大变化，直到20世纪80年代，阿尔及利亚(蓝色)平均每个妇女生育7.4个孩子，从那以后阿尔及利亚生育率下降至略高于2个。1960年的日本(黄色)平均每个妇女生育2个孩子，现在则是1.4个。智利(橙色)儿童数量减少的情况比阿尔及利亚出现的还早。将鼠标悬停在线条上，会出现文本框数据的详细内容。

这幅图不仅有助于了解生育率的变化，也有助于理解人口金字塔随着时间的推移出现的变化。图2.12显示了由克里斯坦森等人[②]发表的1956年、2006年和2050年(预测)的人口金字塔，它描述了每个年龄段的男性数量(灰色)和女性数量(浅灰色)。1956年出生的人口很多，但是这波人中早逝的数量庞大，几乎没有人长寿，主要原因是两次世界大战(1914—1918年和1939—1945年)的影响。同时世界大战也促进了婴儿潮的出现，大量婴儿出生于1946年至1964年。2006年的人口金字塔显示了50年后的数据，婴儿潮的那代人现在介于40到50岁之间。金字塔显示出生人数更少了，但是人们的寿命更长了。对2050年人口的预测显示出更明确的连续状态，即出生人数更少，老年人口更多。不过要注意的是，预测假设的是没有发生世界大战。

来自同一个研究小组的成员欧朋(Oeppen)和沃佩尔(Vaupel)，研究了世界人口的预期寿命[③]，其关键结果如图2.13所示。图形展示了1840年至今，世界女性

---

① http://datamarket.com.
② Christensen，Kaare，Gabriele Doblhammer，Roland Rau，and James W. Vaupel. 2009. "Ageing Populations: The Challenges Ahead." *The Lancet* 374，9696: 1196–1208.
③ Oeppen，Jim，and James W. Vaupel. 2002. "Broken Limits to Life Expectancy." *Science* 296 (5570): 1029-31.

预期寿命的所有数据，而其中的水平黑线表示了不同组织发布的预期寿命上限，短垂直线表示数据发布的年限。例如，世界银行预测人口平均寿命在82岁或83岁，而后面的预测里便将90岁作为最高年龄。所有数据点的线性回归都集中在斜率为0.243的黑线上，虚线显示的是预测情况。事实上，预期寿命的极限似乎被突破了，每当预期寿命增长平缓时，卫生、医疗的新进展或更好的生活方式，都会延长预期寿命。在过去的160年里，女性预期寿命每年稳步增长约1/4，也就是说，晚出生40年的人，能多活约10年！

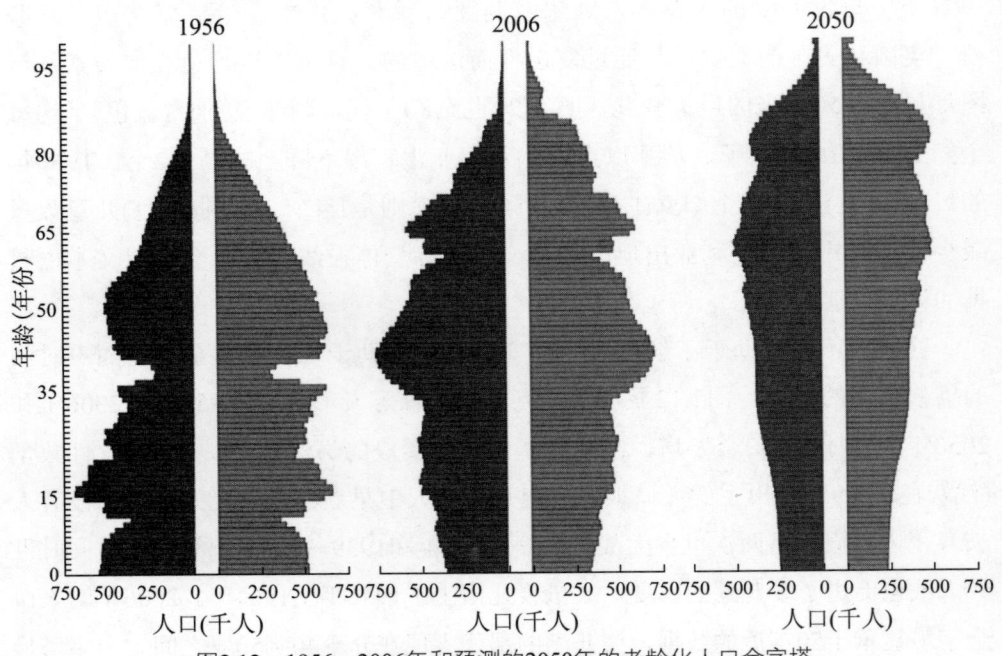

图2.12　1956、2006年和预测的2050年的老龄化人口金字塔

　　综上所述，时间数据可以用多种不同的格式来表示。如**曲线图**用以展示随时间变化的趋势，如芝士堡/汉堡包和麦当娜/阿黛尔的例子；**叠式图**(stacked graphs)来展示婴儿名字的探索；**时间条形图**(temporal bar graphs)来显示事件的开始、结果与属性，这些内容将在实践部分讨论(第2.5节)，而表示关系的**散点图**(scatter plots)将在下节讨论。**柱状图**(histograms)很好地展示了已经观察到了多少数值，如人们搜索麦当娜和阿黛尔的次数(见图2.10中左上角)。另外，时间标记(time-stamped，又译时间戳)的数据可以叠加在整个地理图或者主题地图上，详情可以参照拿破仑军队的撤退(见图2.3)和不断发展的合著者网络(见图1.6)的例子。

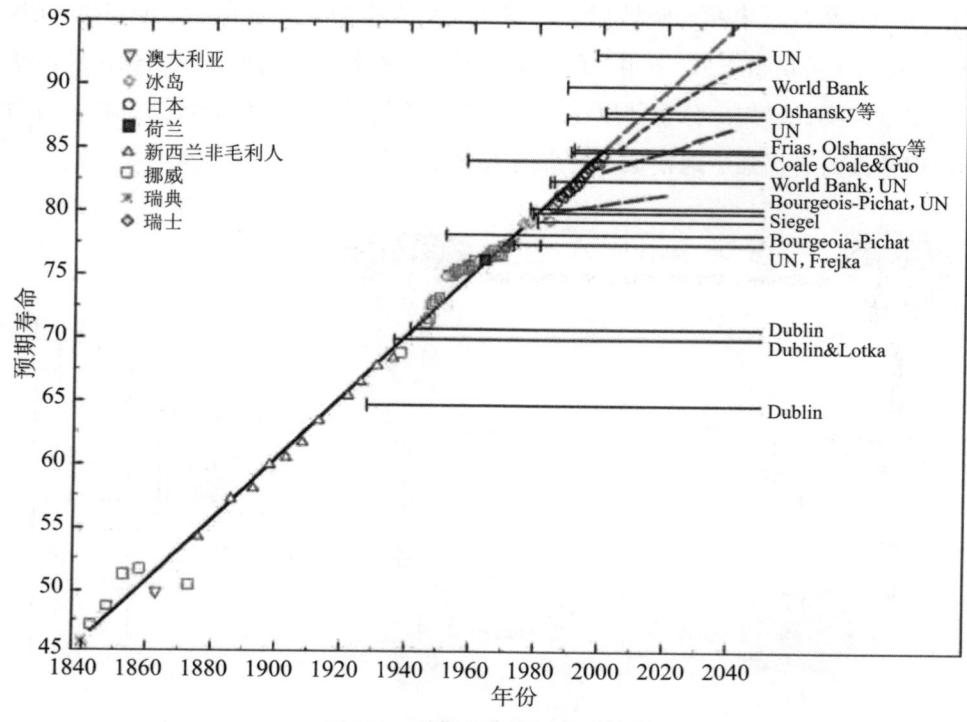

图2.13　预期寿命极限突破情况

2.3　工作流程设计

时间可视化的工作流程始于深刻理解相关决策者的所思和所需(见图2.14，参见第1.2节)。用户需要引领识别分析类型(这里是时间)和分析的层级(微观、中观或宏观)。接下来是数据的读取、分析和可视化，还要将可视化结果发布出去供验证和解释。我们随后会讨论其中的每一个步骤。

读取和预处理数据

目前越来越多的数据存储库提供了众多易于访问的高质量数据。例如：data. gov[①]拥有170个机构提供的将近10万个美国联邦数据集。在第2.2节讨论过的The Eurostat DataMarket，[②]不仅收录了所有欧洲数据集，还支持数据的上传和共享。IBM Many Eyes[③]拥有超过35万个数据集。Gapminder Data[④]提供了不同国家高质

---

① http://data.gov
② http://datamarket.com
③ http://www-958.ibm.com/software/data/cognos/manyeyes/datasets
④ http://www.gapminder.org/data

量的预期寿命数据集和经济数据集。印第安纳大学的学术数据库(The Scholarly Database)①支持批量下载2 600万篇论文、专利、授权(grant)和临床试验记录，我们在本章的实践操作部分将使用这个数据库。获得时间可视化的数据是相对容易的，但数据的选择强烈地依赖于用户的需求。

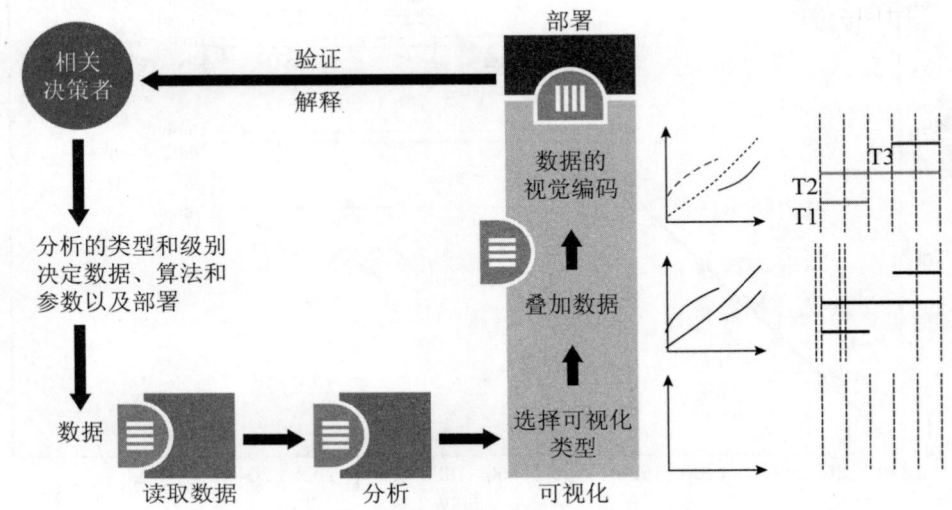

图2.14　　需求驱动的时间数据工作流程设计

通常情况下，数据是以文本格式、表格格式或作为数据库而存在。如广泛的电子邮件数据的每一封电子邮件都有主题头、日期和时间标记。电子邮件可能被编制成一个文本文件、一个电子表格或一个数据库。另一个例子是经过一段时间后，每一本书在亚马逊图书榜中的排名情况。

许多数据预处理的目的是使数据格式规范化(如确保日期格式一致)。此外，可以基于属性值(attribute values)而过滤数据(如在2012年度收到的所有电子邮件或至少被引用过一次的论文)。还有一些需要识别和删除的异常数据，如陡峭的峰值(例如，电子邮件账户异常是由一种主要的垃圾邮件造成的)。接下来，我们需要对数据做规范化处理。举个例子，如果电子邮件是从不同的账户中收集的，那么就需要删除重复的数据，还需要统一数据格式。

如果使用不同来源的数据，可能需要转换单位。例如，欧洲的数据通常使用的公制系统(metric system)、数字和日期格式都不同于美国使用的格式。此外，在分析住房市场数据时，可能需要调整货币的通货膨胀；如果数据跨越了一个大

---

①　http://sdb.cns.iu.edu

的地理区域，可能需要调整不同的时区。

预处理可能还需要我们整合和互连不同的数据源。例如，对我们而言，互连电子邮件数据或按照时间标记互连家庭照片(例如，按小时、天或年等)具有意义。汇总数据可以帮助我们处理大数据集。

时间分割

对数据进行时间分割是显示时间进展的重要的预处理步骤。存在三种不同的选择项(见图2.15)。在**不相交的**时间框架里，在原表中的每一行都恰好是一个时间片段，如图3.2所示。在**重叠的**时间片段中，一些选定的行出现在多个时间片段中。在**累积的**时间切片中，在一个时间片中的每一行，将在后来的所有时间片中出现。如果增长随着时间的推移形成动画，最后一个选项会特别有用。如图1.7所示，就是一个随着时间推移形成动画的例子[1]。

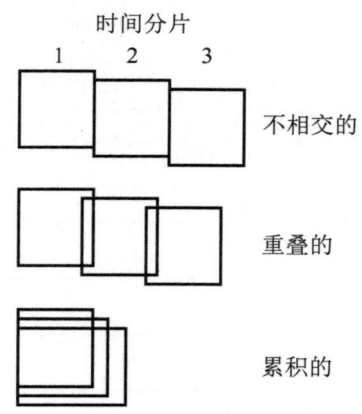

图2.15 时间分割的三种类型

在某些应用中，时间片段可能与日历相一致，例如图2.15三种类型的时间切片。如果第一个事件出现在2006年6月7日，所选择的时间片段是一年一次的话，倘若时间片段没有指明，那么时间片段将从2006年6月7日到下一年的6月6日。如果时间分片明确指明了，那么将是从1月1日至12月31日。第一个时间片段将变短，因为时间分片从6月开始，到12月结束。根据分析的目的，时间片段也可能与财政周期相一致。

分析与可视化

时间分析和可视化的一个关键概念是**季节性(seasonality)**。例如，图2.16显

---

[1] http://iv.cns.iu.edu/ref/iv04contest/Ke-Borner-Viswanath.gif

示了1931—1972年纽约市水痘病例的季节性情况。每年春天病例数量上升，秋天就会下降，水痘病例数量有显著性差异。关联这些数据后会发现许多有趣之处(例如，纽约同一年内的温度数据)。

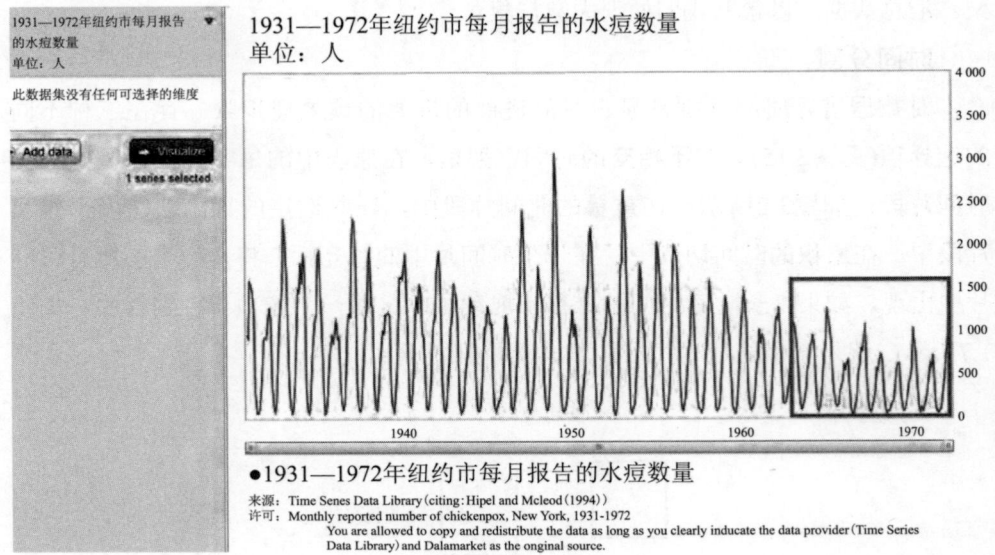

1931—1972年纽约市每月报告的水痘数量
单位：人

●1931—1972年纽约市每月报告的水痘数量
来源：Time Senes Data Library (citing：Hipel and Mcleod (1994))
许可：Monthly reported number of chickenpox, New York, 1931-1972
　　　You are allowed to copy and redistribute the data as long as you clearly inducate the data provider (Time Series Data Library) and Dalamarket as the onginal source.

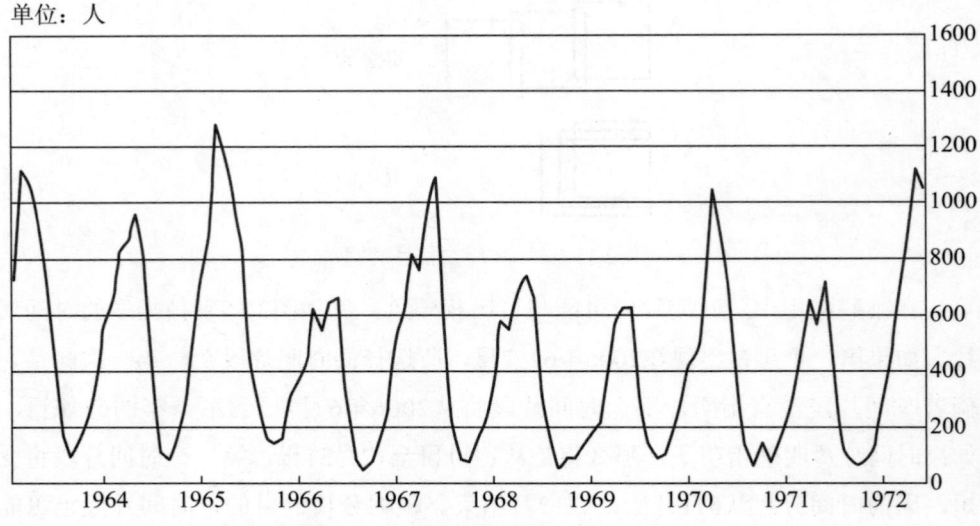

图2.16　1931—1972年纽约市水痘病例月度报告

另一个更普遍但关键的概念是**相关性(correlation)**。相关性是指两个变量是如何密切相关的。如果一个变量随着时间的推移变化，在同一时间内，另一个变量改变的可能性有多大？如果可能性很大，那么就认为这两个变量高度相关。看一个例子，图2.17显示了从1997年1月至2012年10月，德国、爱沙尼亚和其他27个欧洲联盟(欧盟)国家的天然气价格年变化率。

如果仔细观察，会发现代表德国的黄线似乎跟随着代表其他27个欧盟国家的橙色线，而代表爱沙尼亚的蓝线则起起伏伏，很大程度上独立于其他国家。可以得出德国的天然气价格与欧盟其他国家的天然气价格高度相关，而欧盟和爱沙尼亚之间在天然气价格方面相关性很低。

从 DataMarket[1]中下载、使用此数据并在电子表格中打开(见图2.18)，可以准确地计算出这些变量之间的相关性有多强。用于计算样本相关系数的方程是：

$$Correl\ (X,\ Y) = \frac{\sum (x - \bar{x})\ (y - \bar{y})}{\sqrt{\sum (x - \bar{x})^2 \sum (y - \bar{y})^2}}$$

$\bar{x}$和$\bar{y}$表示各自时间序列的均值，$\sum$表示整个组的求和。虽然我们可以手动完成这样的操作，但是很少用手工计算了，因为大多数的电子表格和其他数据工具带有这些操作功能。在微软Excel可以使用相关函数(见图2.19)。注意，数据对的时间序列不会影响结果。也就是说，如果不按时间顺序录入数据行，还是会产生相同的相关结果。

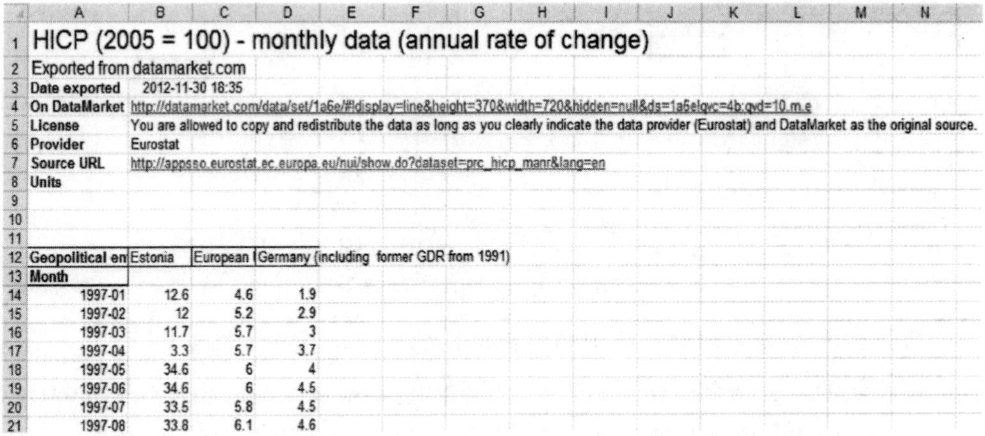

	A	B	C	D
1	HICP (2005 = 100) - monthly data (annual rate of change)			
2	Exported from datamarket.com			
3	Date exported	2012-11-30 18:35		
4	On DataMarket	http://datamarket.com/data/set/1a6e/#!display=line&height=370&width=720&hidden=null&ds=1a6e!qvc=4b:qvd=10.m.e		
5	License	You are allowed to copy and redistribute the data as long as you clearly indicate the data provider (Eurostat) and DataMarket as the original source.		
6	Provider	Eurostat		
7	Source URL	http://appsso.eurostat.ec.europa.eu/nui/show.do?dataset=prc_hicp_manr&lang=en		
8	Units			
12	Geopolitical en	Estonia	European	Germany (including former GDR from 1991)
13	Month			
14	1997-01	12.6	4.6	1.9
15	1997-02	12	5.2	2.9
16	1997-03	11.7	5.7	3
17	1997-04	3.3	5.7	3.7
18	1997-05	34.6	6	4
19	1997-06	34.6	6	4.5
20	1997-07	33.5	5.8	4.5
21	1997-08	33.8	6.1	4.6

图2.18 从DataMarket下载的德国、爱沙尼亚和欧盟的天然气价格数据

[1] DataMarket，Inc. 2013. "Gas Prices from Jan. 1997 to Oct. 2012." http://datamarket.com/en/data/set/1a6e/#!ds=1a6e!qvc=4b:qvd=10.m.e&display=line (accessed September 19)

E15	▼	f_x	=CORREL(C14:C203,D14:D203)			
	A	B	C	D	E	F	G
11							
12	Geopolitical en	Estonia	European	Germany (including former GDR from 1991)			
13	Month						
14	1997-01	12.6	4.6	1.9			
15	1997-02	12	5.2	2.9	0.905826		
16	1997-03	11.7	5.7	3	0.049288		
17	1997-04	3.3	5.7	3.7			

图2.19　用微软Excel计算得出的德国天然气价格与欧盟天然气价格以及爱沙尼亚天然气价格
和欧盟天然气价格之间的相关性

相关系数为1表示100%直接相关，其中一个变量的变化总是与相同方向上的另一个变量的变化相吻合，而相关系数为-1表示完全的逆相关，即一个变量上升，其他变量总是下降。相关系数为0的两个变量，表示它们各自独立变化。也就是说，我们知道一个变量的变化，我们还是无法知道另一个变量可能出现什么变化。我们用图2.20中简单的例子来说明这一点。假设有三个时间序列：A、B和C。A和B是相同的，它们的相关因子是1。B和C是负相关，因为每当B升高，C就降低。这种负相关的相关因子是 -1。

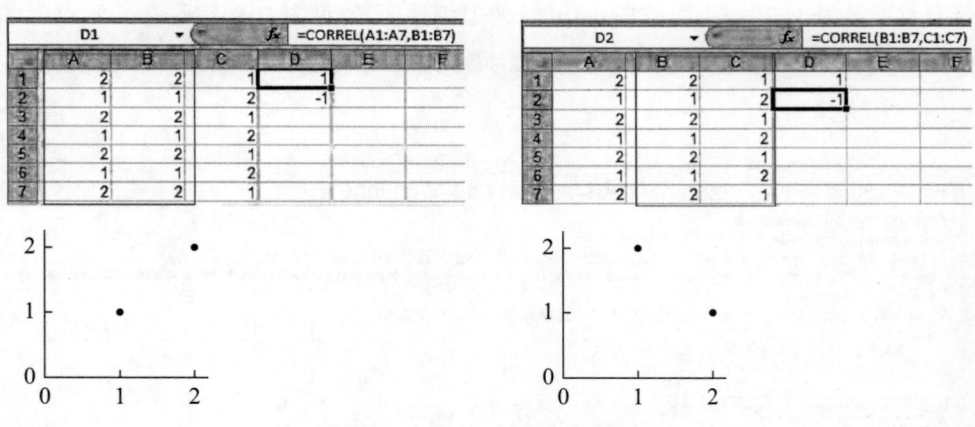

图2.20　正相关(左)和负相关(右)

当比较27个欧盟国家和德国的燃料价格的变化，其相关性结果是0.9——我们此前预测的二者具有很高的相关性。欧盟和爱沙尼亚之间的相关性仅为0.05，表明两者在很大程度上是彼此独立的。将德国和27个欧盟国家之间的数据绘制成图时，可以清楚地看到一个趋势，将爱沙尼亚和欧盟国家之间数据绘制成图时，只能产生一个无特点的阴影(见图2.21)。

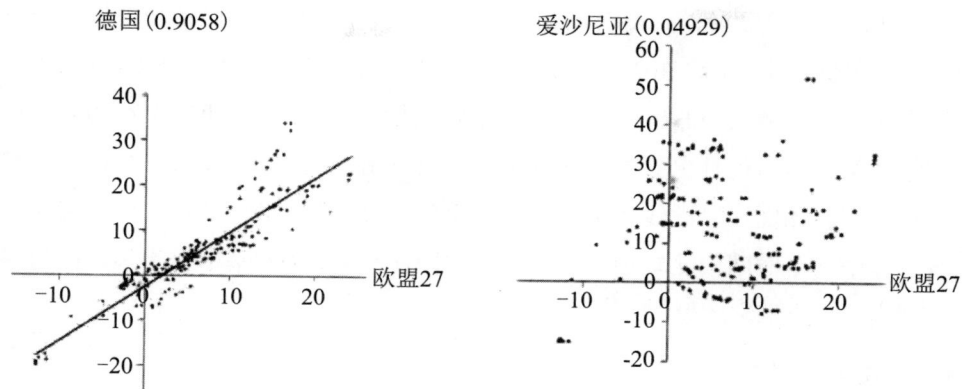

图2.21　德国和欧盟天然气价格是相关的，爱沙尼亚的天然气价格和欧盟天然气价格之间不存在相关性

可以使用相关分析来显示推特活动与股票市场行为的关系，同样也可用于分析出版物下载次数与被引频次之间的相关性，需要提醒的是，相关性并不意味着因果关系。每当我们认为两列数据可能存在某种相关性时，应该意识到相关分析是一种有价值的工具。

为了可视化时间数据，可以使用电子表格程序(如微软Excel或免费的Apache办公套件)[1]呈现不同的图表和图形。在这一章的实践部分，我们还将探索时间条形图。从马里兰大学[2]的人机交互实验室(HCI Lab)尝试时间搜索器(TimeSearcher)，因为它有许多功能，能以交互方式探索时间序列数据。另一个选择是Tableau，该工具免费供学生使用，且支持交互式在线可视化设计。[3]

2.4　激增检测

本节介绍Kleinberg的激增检测算法，此算法主要用于识别关键词在时间数据流[4]中使用频率的突然增加情况。Kleinberg算法的输入格式是带时间标记的文本。图2.22中，A列代表年份，B列代表不同的词语，这些词语可能代表出版物的标题，可能是电子邮件的主题标题，也可能是书名，或者是在特定年份写成的

---

① http://www.openoffice.org
② http://www.cs.umd.edu/hcil/timesearcher
③ http://www.tableausoftware.com
④ Kleinberg，Jon M. 1999. "Authoritative Sources in a Hyperlinked Environment." *Journal of the ACM* 46，5: 604–632.

某本著作的整个文字稿。带有时间标记的文本可以用于识别一些突增现象,如下面这个简单例子中,A词在所有年份都存在,所以它不属于突然爆发(见图2.22中的粗黑水平线)。但是,B在开始的时候出现,然后再次出现,事实上在1985年和1988年之间突然出现且更显著,1988年后再没有出现过。而C仅出现在1997年和2002年之间。该图还以虚线显示了随时间变化而突发的情况,B具有两个突发时间段,其中一个时间段比较小,另一个时间段比较大,而C基本上为零,因为直到数据集的最末端它才爆发。

2	1980 a
3	1981 a b
4	1982 a b
5	1983 a
6	1984 a
7	1985 a b b
8	1986 a b b
9	1987 a b b
10	1988 a b b
11	1989 a b
12	1990 a b
13	1991 a b
14	1992 a
15	1993 a
16	1994 a
17	1995 a
18	1996 a
19	1997 a c
20	1998 a c
21	1999 a c
22	2000 a c
23	2001 a c
24	2002 a c
25	2003 a
26	2004 a
27	2005 a

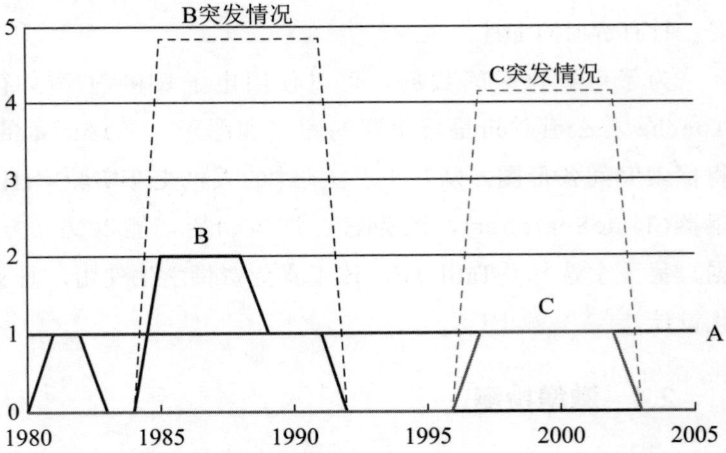

图2.22　使用频率和突发情况

如果使用Sci2工具运行激增检测,则会输出一个表格,该表格中包含突发开始和结束的日期以及表明"突发性"水平的数据。我们可以使用突发权重界定阈值,例如,界定数值仅仅大于3的那些词语。有关详细的示例和工作流程,请参阅第2.6节。 接下来将讨论激增检测算法的内部工作原理。

激增检测算法读取事件流(例如一组关键词和时间戳)。假设存在生成该事件流的虚拟的有限自动机(finite automaton),使用隐藏的马尔可夫模型(Markov

model)来找到最适合数据的最优状态序列。然后这个虚拟的有限自动机就出现了
突发状态，只要该序列是已知的，则可以知晓所有的突发状态。图2.23显示了具
有三个状态的一个样本图，它输入采用的是0和1的有限序列。对于每个状态，我
们都采用0和1的过渡箭头指向下一个状态。在读取符号时，该自动机将遵循过渡
箭头，确定性地从一个状态跳转到另一个状态。例如，当从S_0开始时，如果序列
中的下一个事件是0，则过渡到S_2；如果下一个事件是1，则过渡到状态1。如果
从S_1开始，则存在两个选项——下一个事件是0，就过渡到S_2，下一个事件为1，
则保持在S_1。

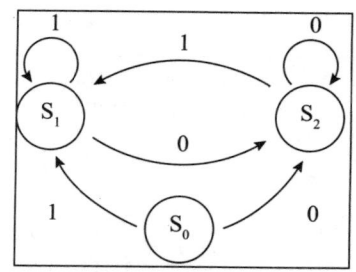

图2.23　具有三种状态的样本状态图

克莱因伯格(Kleinberg)[1]举例说明对一组电子邮件的激增检测。数据集涵盖
了一个时间框架，在此框架内，他需要确定一些截止日期，特别是提交给美国国
家科学基金会的一大一小两笔资助金的申请书。图2.24(上图)显示了他收到的消
息的累积数量，下图显示了与外部事件(例如意向书截止日期、项目申请书期限
和完整的申请书截止日期)一起发生的突发强度。当他告诉其合作者，他们有可
能获得资助时，围绕这一时间节点有一个突发情况，最后是官方公告后再次出现
了突发情况。

在许多应用中会使用到激增检测，如可以用激增检测来识别Twitter活动、
Flickr数据和新闻数据流的峰值；用于识别特定出版物引用次数的兴趣突发情
况，或识别机构获资助的金额数或慕课中你的新朋友/合作者增加的数量。此
外，还可以将突发分析结果与外部事件(如截止日期)相关联，以便更深刻地了解
该数据的现实生活背景。

---

① Kleinberg，Jon. 2002. "Bursty and Hierarchical Structure in Streams." In *Proceedings of the 8th ACM/SIGKDD International Conference on Knowledge Discovery and Data Mining*，91–101. New York: ACM Press.

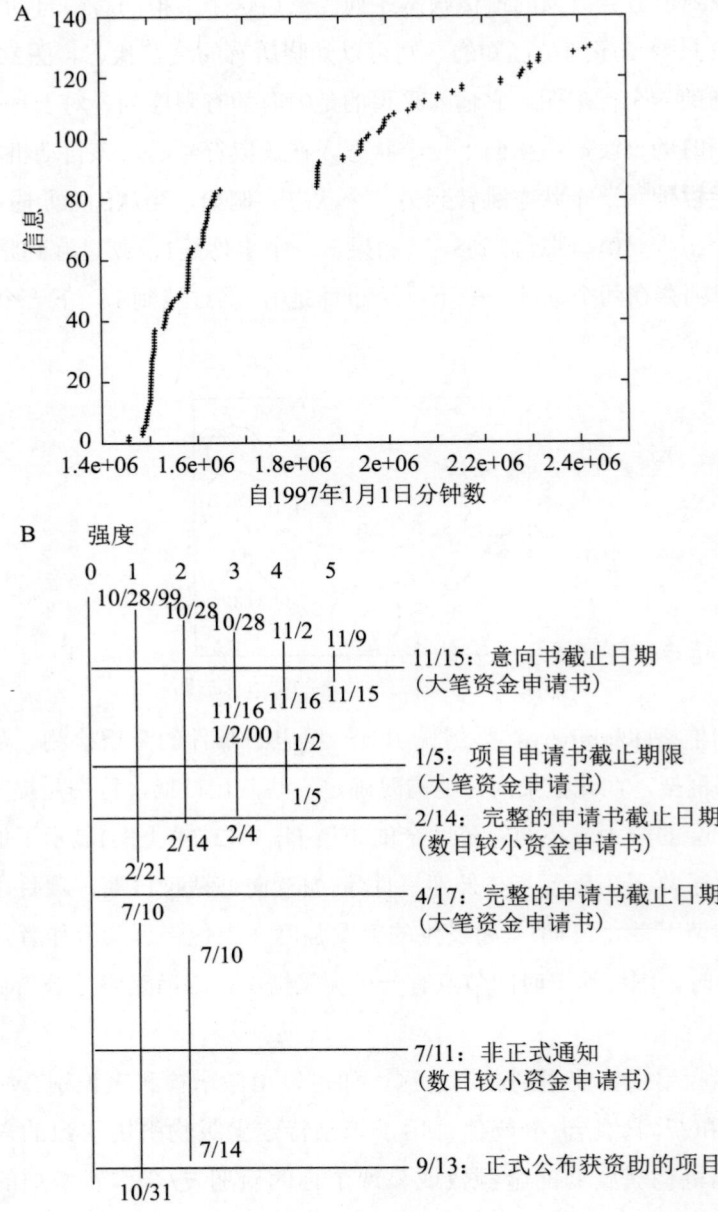

图2.24　接收到的电子邮件的累积数量(A)、突发强度和外部事件(B)

克莱因伯格的算法也被用于地图和预测出版物中将来可能出现的主题突发。如前面章节讨论图1.3时所提到的，突发通常出现在词汇高频率使用之前。为了了解"蛋白质"这个词是否从2002年开始被广泛使用。对最近的数据进行重新分析将是十分有趣的。请使用第4.9节中详述的工作流程来再做这项分析或者开展你自己的研究。

请注意，激增检测可能会检测到语言使用的趋势或文本构造的趋势。例如专利说明的撰写与论文写作风格截然不同，因此，可以应用激增检测做这方面的研究。

🏠 **自我测评**

1. 应该使用什么形式的可视化来显示一段时间内的趋势？

   a. 线形图　　　　　　　　b. 时间条形图

   c. 散点图　　　　　　　　d. 柱状图

2. 应该使用什么形式的可视化来显示已经得出了多少观察值？

   a. 线图　　　　　　　　　b. 时间条形图

   c. 散点图　　　　　　　　d. 柱状图

3. 当使用不相交的时间片段时，

   a. 原始表中的每一行都在一个时间片段中

   b. 所选的行出现在多个时间片段中

   c. 一个时间片段中的每一行在之后所有的时间片段中都出现

4. 在克莱因伯格的激增检测算法中，是如何定义突发的？

   a. 作为虚拟有限自动机的状态

   b. 快速连续发生的事件运行模式

   c. 在状态过渡中频次突然增加

（二）实践部分

2.5　时间条形图：美国国家科学基金会资助概况

数据类型和覆盖范围		分析类型/层级	•	●	⬤
🕐 时间范围	1978—2010	🕐 时间的	✕		
✦ 区域	印第安纳大学	✦ 空间的			
☰ 主题领域	信息学等多学科	☰ 主题的			
◁ 网络类型	不适用	◁ 网络的			

在本节中，我们将展示如何阅读美国国家科学基金会对个体研究者资助的数据，以可视化一段时间内受资助项目的数量、持续时间、金额和类型。工作流程可以对多个研究人员展开分析，以便做比较，也可以对所有系、学院、地理空间位置或多个州做出分析。

例如，我们将以印第安纳大学信息学和计算学院杰弗里·福克斯(Geoffrey Fox)获得美国国家科学基金会的大量资助记录为分析对象，使用文件>加载，将GeoffreyFox.csv[①]文件加载到Sci2中。可以加载由印第安纳大学的其他研究人员提供的替代文件：将MichaelMcRobbie.nsf和BethPlale.nsf保存在同一目录下，也可以加载这些文件，但是我们将此处提及的这些文件用于这个特定的工作流程。

在"数据管理器"中选择GeoffreyFox.csv，使用图2.25中所示的参数运行"可视化>时间>时间条形图"。注意，将欧洲日期格式(日－月－年)转换为符合美国国家科学基金会的日期格式。

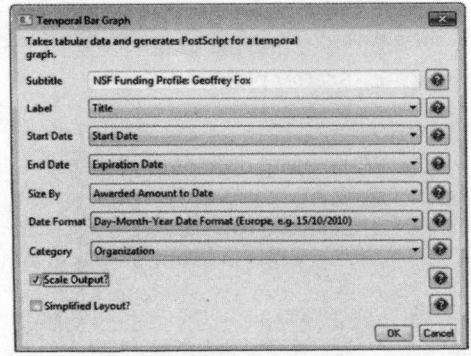

图2.25　生成福克斯受美国国家科学基金资助的时间条形图

在"数据管理器"中，可视化呈现为PostScript文件。要查看此文件，请右键单击保存文件并选择"保存"，再将PostScript文件转换为PDF以供查看；有关详细说明，请参阅附录。此图显示了所有26个项目记录；每个项目记录由一个水平条表示，从"开始日期"开始，到"到期日期"结束，时间运行形式从左到右(见图2.26)。每个项目栏都是根据福克斯工作的"组织"或合作的"机构"进行颜色编码的(参见左下角的颜色图例)。每个栏在左侧标有项目的"名称"，每个条的面积大小代表资助的美元金额。我们可以看到大量的资助金额，前两位是可扩展大规模设施(Extensible Terascale Facility)项目——印第安纳-普渡输电网，资

---

　① 　yoursci2directory/sampledata/scientometrics/nsf

助金为"1 517 430美元"，机读信息为"收购极坐标网格——极地科学保障网络基础设施"，资助金额为"1 964 049美元"。

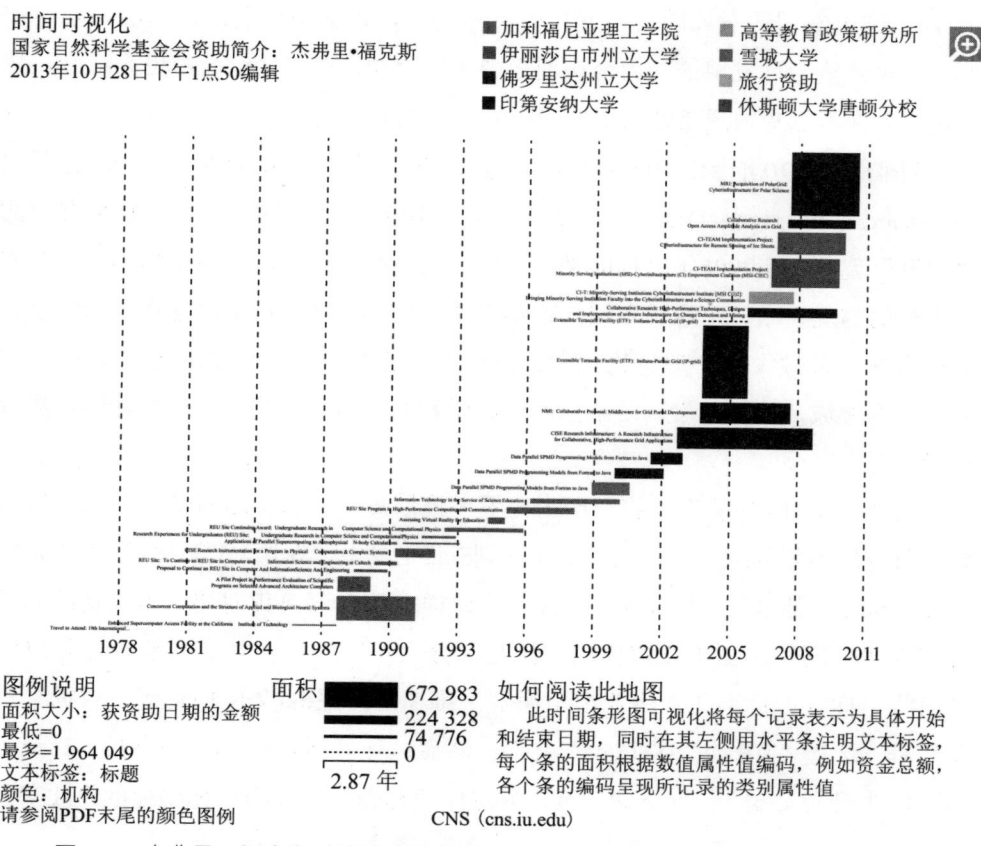

时间可视化
国家自然科学基金会资助简介：杰弗里·福克斯
2013年10月28日下午1点50编辑

■ 加利福尼亚理工学院　　■ 高等教育政策研究所
■ 伊丽莎白市州立大学　　■ 雪城大学
■ 佛罗里达州立大学　　　■ 旅行资助
■ 印第安纳大学　　　　　■ 休斯顿大学唐顿分校

图例说明
面积大小：获资助日期的金额
最低=0
最多=1 964 049
文本标签：标题
颜色：机构
请参阅PDF末尾的颜色图例

面积　672 983
　　　224 328
　　　74 776
　　　0
2.87 年

如何阅读此地图
　此时间条形图可视化将每个记录表示为具体开始和结束日期，同时在其左侧用水平条注明文本标签，每个条的面积根据数值属性值编码，例如资金总额，各个条的编码呈现所记录的类别属性值

CNS（cns.iu.edu）

图2.26　杰弗里·福克斯受美国国家科学基金资助概况时间条形图(http://cns.iu.edu/ivmoocbook14/2.26.pdf)

　　时间条形图对于单个研究者受资助概况的可视化十分有用，也可以用于比较多个研究者受资助概况的可视化或者整个机构受资助概况的可视化。

2.6　出版物标题激增检测

数据类型和覆盖范围		分析类型/层级	●	⬤
🕐 时间范围	1990—2006	🕐 时间的	✕	
✛ 区域	多所大学	✛ 空间的		
☰ 主题领域	多个学科	☰ 主题的		
◁ 网络类型	不适用	◁ 网络的		

　　我们可以将出版数据集理解为离散时间序列,即按时间排序的事件和观察序列。观察中存在定期的间隔(例如,每个出版年份)。经过激增检测算法(见第2.4节),识别出常用的对象随时间变化而突然增加,也就是突发。该算法识别出主题、术语或概念,发现这些内容在使用中快速增加,在一段时间内更为活跃,然后消失。在数据集内通常认为这些"突发"对象是重要的。

　　我们将1990年到2006年间的出版物署名为亚历山德罗·维斯皮那尼(Alessandro Vespignani)或与之合署名的作品作为一个数据集,来识别数据中的"突发"现象。在2006年,也即是这个数据集的最后一年,维斯皮那尼是印第安纳大学的物理学家、信息学和认知科学教授,在其职业生涯中,他在罗马大学、耶鲁大学、莱顿大学、理论物理学国际中心、巴黎南方大学工作过。他的研究涉及许多领域,如信息学、复杂的网络科学和系统研究、物理学、统计学和流行病学。

　　运行"文件>加载",将亚历山德罗·维斯皮那尼以美国科学情报研究所为署名单位的出版物(缩写为ISI)历史加载到Sci2工具中。在第2.5节部分,将该文件加载到Sci2维基百科[①]中的信息可视化慕课样本数据下。我们使用出版物的标题以识别"突发"。由于激增检测算法是区分大小写的,因此有必要在运行算法之前将"标题"标准化。将亚历山德罗·维斯皮那尼.isi文件加载到"数据管理器"后,选择"101唯一ISI记录"文件,然后运行"预处理>主题>小写、标记、词干、非用词文本"。向下滚动列表并选中"标题"框以指示你要标准化此字段(见图2.27)。

　　在"数据管理器"中选择"标准化标题"表,并运行"分析>主题>激增检测",将参数设置为如图2.28所示。有关参数和激增检测算法的工作原理方面的更多信息,请参阅在线算法文档[②]。

　　创建一个名为激增检测分析的表格(出版年份,标题):最大突发级别为1。右键单击此表并选择"查看"以查看Excel中的数据。在Mac或Linux系统上,右键单击并"保存"文件,然后使用你选择的电子表格程序打开(见图2.29)。

---

① 　http://wiki.cns.iu.edu/display/SCI2TUTORIAL/2.5+Sample+Datasets
② 　http://wiki.cns.iu.edu/display/CISHELL/Burst+Detection

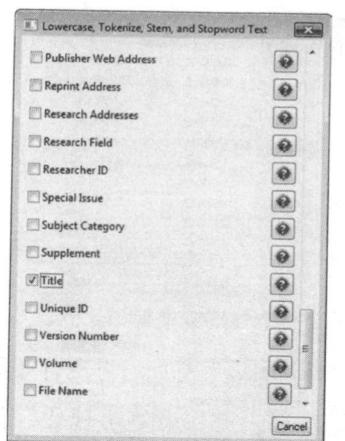

图2.27　在激增检测之前标准化"标题"字段　　　图2.28　　"标题"字段的激增检测

	A	B	C	D	E	F
1	Word	Level	Weight	Length	Start	End
2	free	1	3.232962	3	2002	2004
3	critic	1	4.31613	6	1993	1998
4	complex	1	3.538345	6	2001	
5	transform	1	4.492169	6	1990	1995
6	sandpil	1	4.650639	3	1998	2000
7	approach	1	3.381684	4	1994	1997
8	self	1	3.764748	6	1993	1998
9	fractal	1	3.767573	8	1990	1997
10	network	1	12.33559	5	2002	
11	renorm	1	3.560887	5	1994	1998
12	fix	1	3.840594	6	1990	1995
13	absorb	1	3.049794	5	1998	2000

图2.29　激增检测分析结果表

　　在此表中共有六列，分别是"字符""级别""权重""长度""开始"和"结束"。"字符"列标识为检测"突发"的特定字符串。"长度"指"突发"字符串在所选时间参数里持续的时间(在本例中为年)，突发的"水平"越高，意味着词语/事件变化频率越明显。"权重"是指该突发在其"长度"内的重要性，越"重"就意味着"长度"越长，"水平"越高或二者兼具。"长度"是突发的持续时间，"开始"根据指定的时间参数识别突发开始的时间，"结束"表示突发停止的时间，而"结束"字段中的空值表示突发持续到数据集中存在的最后一个日期。要进行可视化就需要手动添加数据集中的最后一年，在图例中，将短语"复杂和网络"添加到2006年中(见图2.30)。

	A	B	C	D	E	F
1	Word	Level	Weight	Length	Start	End
2	free	1	3.232962	3	2002	2004
3	critic	1	4.31613	6	1993	1998
4	complex	1	3.538345	6	2001	2006
5	transform	1	4.492169	6	1990	1995
6	sandpil	1	4.650639	3	1998	2000
7	approach	1	3.381684	4	1994	1997
8	self	1	3.764748	6	1993	1998
9	fractal	1	3.767573	8	1990	1997
10	network	1	12.33559	5	2002	2006
11	renorm	1	3.560887	5	1994	1998
12	fix	1	3.840594	6	1990	1995
13	absorb	1	3.049794	3	1998	2000

图2.30 以"复杂和网络"词语添加到"结束"数据后的激增检测分析表

运行"文件>加载",在弹出窗口中选择"标准csv格式",将文件重新加载到Sci2中,在"数据管理器"中选择需要加载的表格,并运行"可视化>时间>时间条形图",参数如图2.31所示。

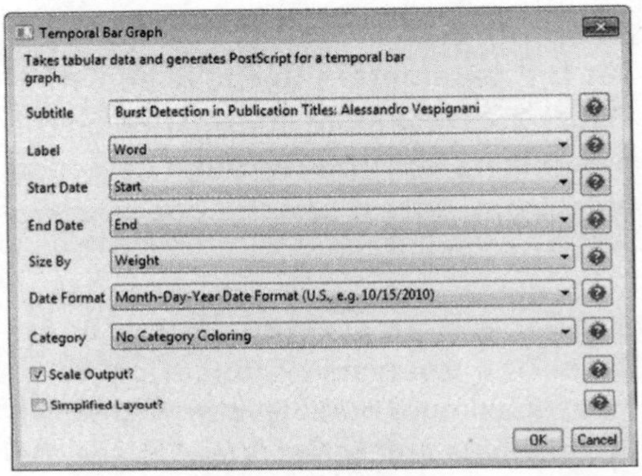

图2.31 使用时间条形图可视化突发的参数

时间条形图可视化将在"数据管理器"中以PostScript格式生成文件,右键单击"数据管理器"中的文件,然后选择"保存",将文件转换为PDF以供以后查看;进一步的操作参见附录。可视化显示了从2001年开始,亚历山德罗·维斯皮那尼的研究重点在出版物方面的变化情况(见图2.32)。例如,一些与维斯皮那尼的物理学博士论文——《分形生长和自组织临界性》相关的术语:分形、增长、转换和修复,从1990年开始突然增长。其与物理学相关的其他名词也在这个时期突然增长,如砂槽。2001年之后,突然出现了"复杂""网络"和"自由"等术语,这表明维斯皮那尼的研究领域从物理学改变并拓展到了复杂网络中,其中包括大量关于加权网络和无规模网络等主题的出版物。

若查看不同参数值的影响,则可以对同一数据集再次开展激增检测算法,但是要使用不同的γ(伽马)值,因为它决定了自动机更改状态的难易程度,如使用较小的γ值会产生更多的突发。在"数据管理器"中选择具有标准化标题的表格，并使用图2.33中的参数运行"分析>主题>激增检测"。

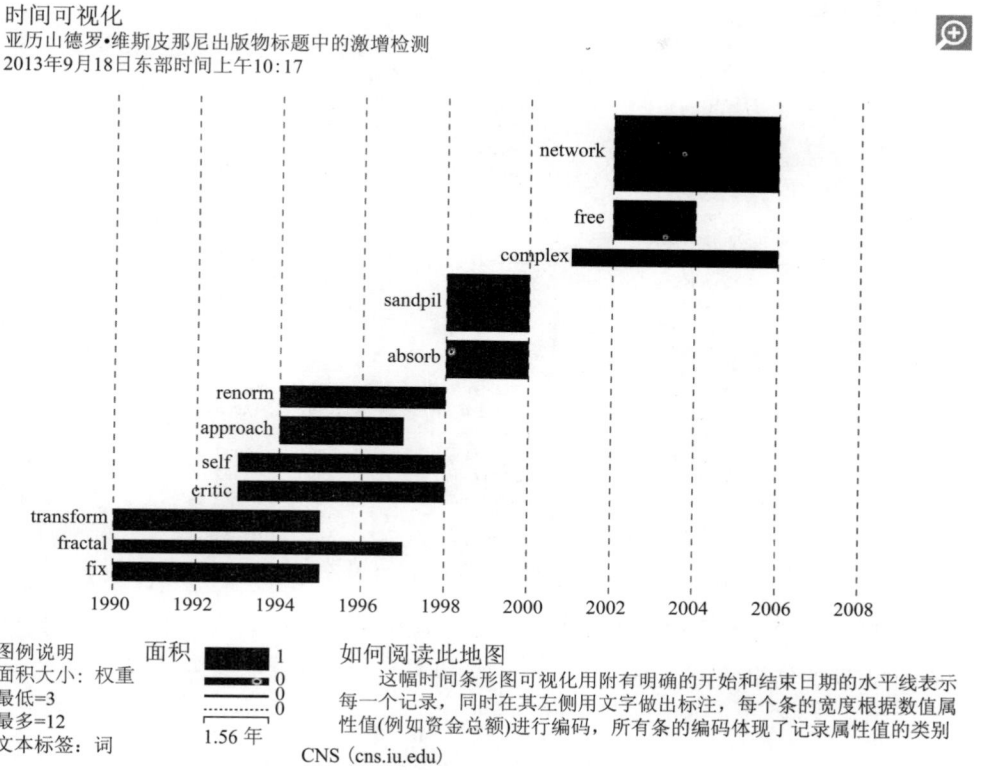

时间可视化
亚历山德罗·维斯皮那尼出版物标题中的激增检测
2013年9月18日东部时间上午10：17

图例说明 面积 ■ 1
面积大小：权重 0
最低=3 0
最多=12 0
文本标签：词 1.56 年

如何阅读此地图
　这幅时间条形图可视化用附有明确的开始和结束日期的水平线表示每一个记录，同时在其左侧用文字做出标注，每个条的宽度根据数值属性值(例如资金总额)进行编码，所有条的编码体现了记录属性值的类别CNS（cns.iu.edu）

图2.32　亚历山德罗·维斯皮那尼的论文标题中"突发"情况可视化的时间条形图(http://cns.iu.edu/ivmoocbook14/2.32.pdf)

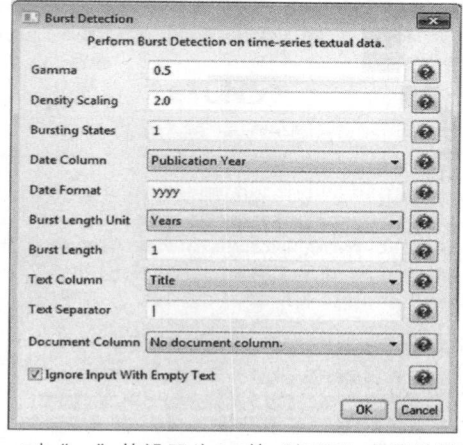

图2.33　对"γ"值设置为0.5的"标题"字段的激增检测

使用这些参数运行算法将在"数据管理器"中生成一个名为"激增检测分析(出版年份，标题)：最大突发级别1.2"的新表，右键单击表格并选择"视图"(见图2.34)。

	A	B	C	D	E	F
1	Word	Level	Weight	Length	Start	End
2	free	1	3.232962	3	2002	2004
3	epidem	1	2.532198	6	2001	
4	disloc	1	2.267251	2	2001	2002
5	system	1	1.45763	4	1996	1999
6	critic	1	4.31613	6	1993	1998
7	complex	1	3.538345	6	2001	
8	transform	1	4.492169	6	1990	1995
9	conserv	1	1.972471	3	1998	2000
10	field	1	1.834723	4	1997	2000
11	fractur	1	1.593632	6	1994	1999
12	dynam	1	2.404396	2	2001	2002
13	forest	1	1.809792	3	1995	1997
14	phase	1	2.446386	1	2000	2000
15	weight	1	2.716894	3	2004	
16	aggreg	1	2.50294	5	1991	1995
17	sandpil	1	4.650639	3	1998	2000
18	approach	1	3.381684	4	1994	1997
19	growth	1	2.839977	8	1990	1997
20	limit	1	1.45763	5	1991	1995
21	self	1	3.764748	6	1993	1998
22	similar	1	1.45763	5	1991	1995

图2.34　"伽马"值设置为0.5的激增检测分析表

同样，当"结束"字段为空时，在数据集中手动添加最后一年，在本例中为2006年出现的结果(见图2.35)。

	A	B	C	D	E	F
1	Word	Level	Weight	Length	Start	End
2	free	1	3.232962	3	2002	2004
3	epidem	1	2.532198	6	2001	2006
4	disloc	1	2.267251	2	2001	2002
5	system	1	1.45763	4	1996	1999
6	critic	1	4.31613	6	1993	1998
7	complex	1	3.538345	6	2001	2006
8	transform	1	4.492169	6	1990	1995
9	conserv	1	1.972471	3	1998	2000
10	field	1	1.834723	4	1997	2000
11	fractur	1	1.593632	6	1994	1999
12	dynam	1	2.404396	2	2001	2002
13	forest	1	1.809792	3	1995	1997
14	phase	1	2.446386	1	2000	2000
15	weight	1	2.716894	3	2004	2006
16	aggreg	1	2.50294	5	1991	1995
17	sandpil	1	4.650639	3	1998	2000
18	approach	1	3.381684	4	1994	1997
19	growth	1	2.839977	8	1990	1997

Figure 2.35 Burst detection analysis table with End data added for *epidem*, *complex*, *weight*, *global*, and *network*.

图2.35　在数据结束端添加"流行度""复杂性""权重""全球性"和"网络"的激增检测分析表

保存对CSV文件的修改，运行"文件>加载"将其加载到Sci2中。在弹出窗口中选择"标准CSV格式"，新的表将出现在"数据管理器"中，选择新表使用相同的参数并运行"可视化>时间>时间条形图"，如图2.31所示。新的PostScript文件将显示在"数据管理器"中，"保存"为PostScript文件，之后将其转换为PDF以供查看(见图2.36)。

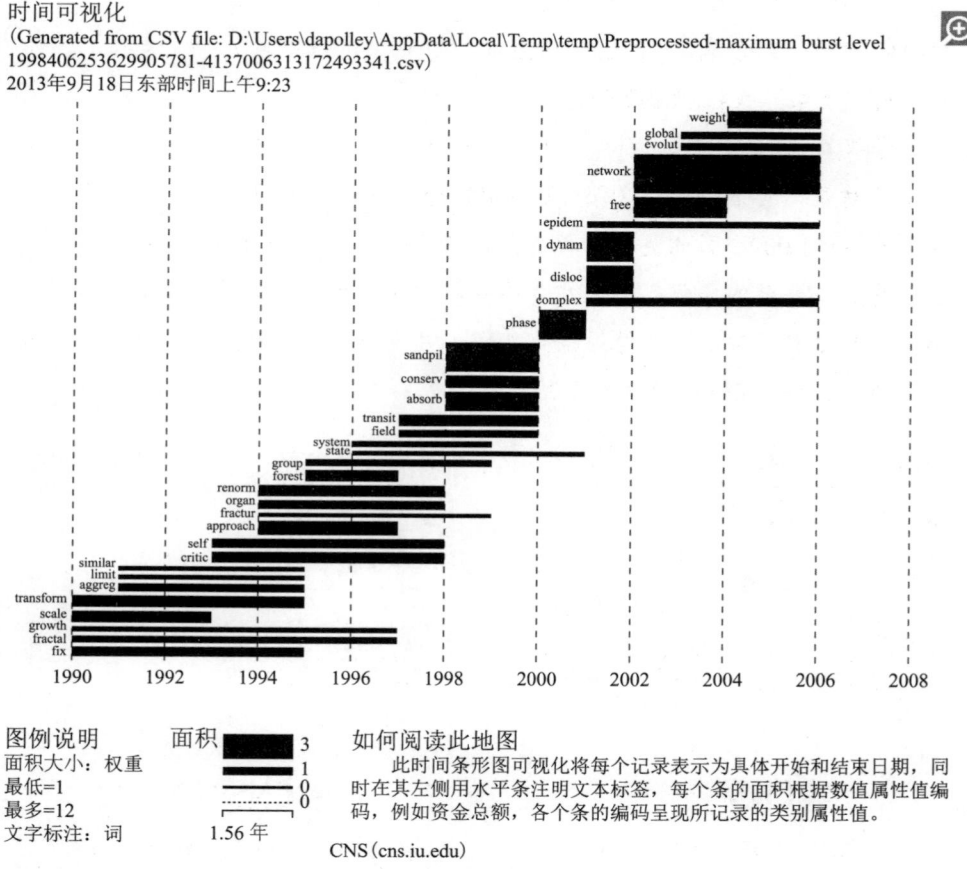

时间可视化
(Generated from CSV file: D:\Users\dapolley\AppData\Local\Temp\temp\Preprocessed-maximum burst level 1998406253629905781-4137006313172493341.csv)
2013年9月18日东部时间上午9:23

图例说明

	面积	
		3
		1
		0

面积大小：权重
最低=1
最多=12
文字标注：词 1.56 年

如何阅读此地图
　　此时间条形图可视化将每个记录表示为具体开始和结束日期，同时在其左侧用水平条注明文本标签，每个条的面积根据数值属性值编码，例如资金总额，各个条的编码呈现所记录的类别属性值。

CNS (cns.iu.edu)

图2.36 亚历山德罗·维斯皮那尼文章中标题激增检测的时间条形图(http://cns.iu.edu/ivmoocbook14/2.36.pdf)

　　和预期的一致，表中出现了更大数目的突发，并且新出现的权重比第一图中所示的权重更小。这些权重较小却数量较大的突发词语，可以更详细地检视出模式和趋势。例如，2003年维斯皮那尼致力于研究蛋白质‐蛋白质相互作用网络，而"蛋白质"这个词也在2003年突发，与此同时，流行病这个词在2001年突然增加，主要与复杂网络理论在生物网络流行病学分析中的应用有关。

🏠 **家庭作业**

　　注册并登录学术数据库(http://sdb.cns.iu.edu)，一旦注册完成，将发送包含登录信息的电子邮件。

　　在数据库中搜索"间皮瘤"——一种罕见的癌症，主要致病因是长期暴露于石棉中。在"搜索"界面中选择"联机医学文献分析和检索系统(缩写为MEDLINE)"数据集，(默认)年份且在"标题"字段中输入"间皮瘤"，然后单击"搜索"按钮(见图2.37)。

　　结果页面(此处未显示)将显示相关出版物的列表，选择"下载"以显示"下载结果"页面(见图2.38)。页面中包含可用的下载格式列表，单击"下载"选择前1 000个最相关的出版物，并确保选择"MEDLINE"为主表。

　　仿照上一节的操作，解压文件夹并将CSV文件加载到Sci2中进行激增检测。别忘记对"标题"列做规范化处理。如果需要解释可视化，你可能需要参考维基百科上关于"间皮瘤"的文章。[①]

图2.37　SDB"搜索"界面

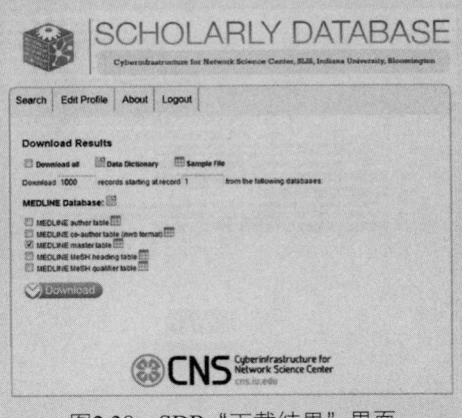

图2.38　SDB"下载结果"界面

[①]　http://en.wikipedia.org/wiki/Mesothelioma

第3章

"何地"：地理空间数据

（一）理 论 部 分

在这一章中，我们探讨地理空间数据分析和可视化，这些内容起源于地理学和制图学，统计学、信息可视化和许多其他学科领域对这方面的应用越来越普遍。这种分析可以回答"在何处"的种种问题，即使用事物的位置信息来确定它们在地理空间中的方位或动向。例如，我们可能有兴趣了解重要专家位于什么地方，他们是如何通过合作建立起相互联系的(见图1.17)，或者他们的职业轨迹是什么样的。对于无形的实体，例如，一种新产品的创意，可能诞生于某一特定的机构，但是这一创意可能辗转多处甚至漂洋过海到了异国，真正的产品才被制造出来。我们既可以从微观层面(如个体层面)也可以从宏观层面(如国家层面)探究各种方位和动向。

类似于第2章，理论部分从示例性的可视化讨论开始，随后是关键术语的概述以及界定，最后是工作流程设计的介绍和范例讨论。我们还会讨论设计可视化时色彩的使用。

3.1 可视化示例

地理空间的可视化有着悠久的历史，其植根于早期的地图。虽然早期的地图仍不够完善，但像赫尔曼·摩尔(Herman Mall)这类的制图员，他们绘制的地图以令人震惊的细节说明了已知世界(见图3.1)。[1]然而，更有趣的是早期这些制图员处理在当时仍属于未知世界的方式，只是简单地将未知部分留白。举个例子，1736年摩尔(Moll)绘制的世界地图中的澳大利亚海岸线及其延伸部分就是大面积空白。其他的地图绘制者则用大量的云彩或装饰元素来填充未知区域。

---

[1] Moll，Herman. 1736. *Atlas Minor. Or a New and Curious Set of Sixty-Two Maps.* London：Thos. Bowles and John Bowles.

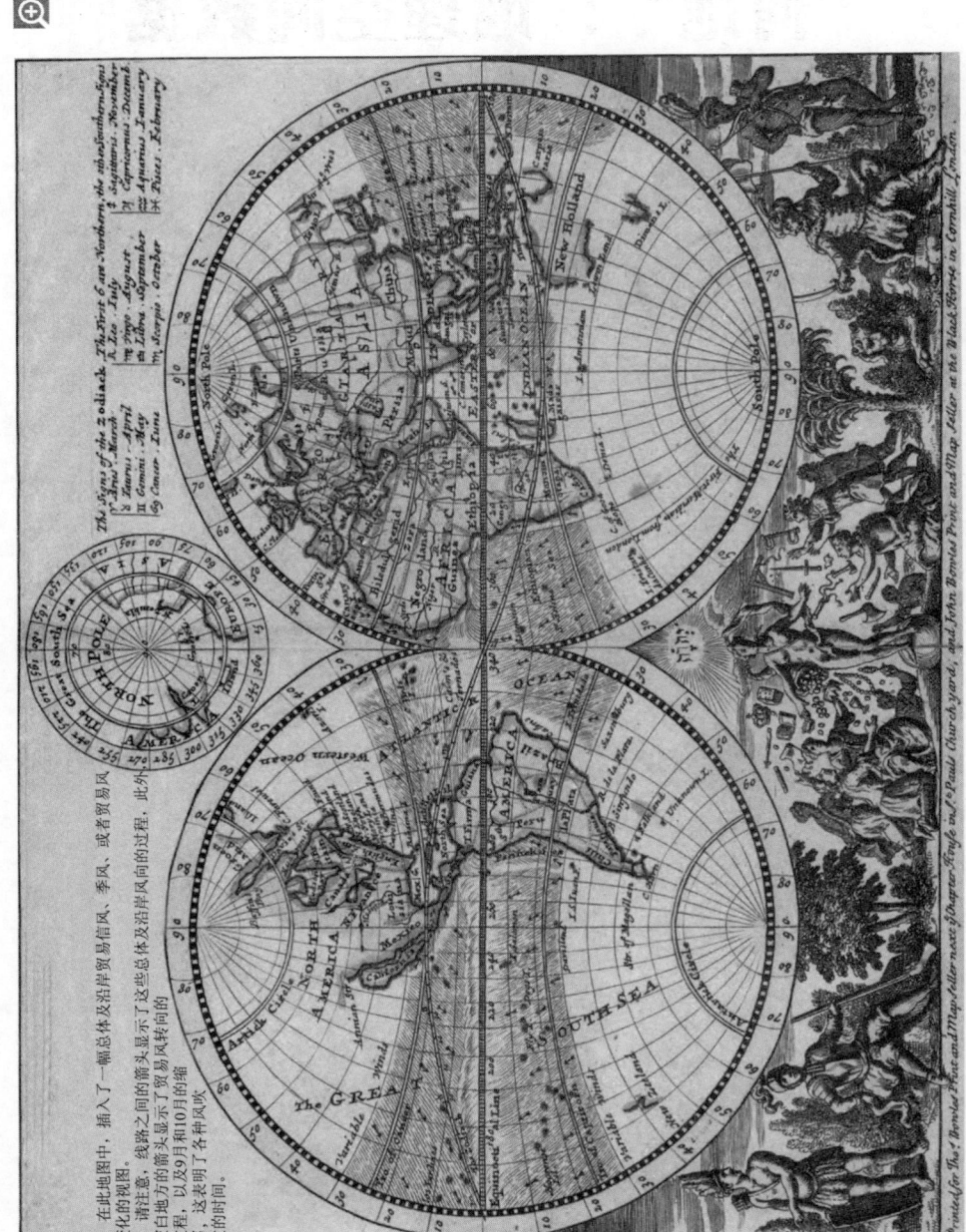

图3.1　根据最新和最准确的观察，由赫尔曼·摩尔(Herman Moll)绘制的整个世界贸易风风、潮新地图(http://scimaps.org/I.3)

下一个例子展示了三幅欧洲进口原棉的地图(见图3.2)[①]。这些地图是由法国土木工程师约瑟夫·米纳尔绘制的，我们在第2章曾提到过他绘制了非常有影响力的拿破仑大军奔向莫斯科的地图(见图2.3)。米纳尔一生绘制了50多张地图，图3.2不仅展示了货物运输的差别定价费率，而且展示了人们在时间和空间中的扩散模式。下面展示的是1861年至1865年间美国内战对欧洲棉花贸易的影响，这些地图是从一系列地图中选择出来的，是从第七版本和最后一个版本中提炼出来的。从左至右，显示的分别是美国内战之前、期间和之后的原棉流动情况。不同条带代表原棉的不同流向。左边地图的蓝色条带代表的是内战之前从美国运到欧洲的大量棉花，而战争期间(中图)贸易出口封锁改变了全球贸易格局，欧洲更依赖于来自其他国家的棉花，如印度和中国(橙色带)、埃及(棕色带)。即使在战争结束之后(右图)，来自美国的棉花流量也要比战争之前小得多。

早期的制图师面临的挑战数不胜数，挑战之一就是对世界某些地区缺乏认知。而现代的研究人员在信息可视化工作中也面临着一系列新的挑战，比如，需要研究、分析和可视化覆盖整个区域的数据及其质量。例如，由迈克尔·汉伯格(Michael Hamburger)与其团队绘制的地图，展示了地质构造运动和地震危险预测(见图3.3)[②]。地图上的非洲部分有很多空白点，这是因为该地区的数据覆盖面较差，相反，在日本的数据覆盖面和质量都非常高，主要是因为日本在地下埋藏了星罗棋布的地震传感器，能提供更多的数据信息。

许多可视化的目标是为战略决策提供帮助。图3.4所示的地图就是一个很好的例子。绘制这幅地图是帮助重新调整波士顿海上分道通航制(traffic separation scheme，缩写为TSS)，降低露脊鲸以及其他须鲸被船只撞击的风险，从而提高鲸鱼的存活率。该图也以虚线显示了旧的TSS，也就是航行船只必须穿过须鲸分布区域密度很高的水路。新提议的交通走廊(实线)主动避开了这些高密度区域，可以降低鲸鱼和船舶之间相遇的次数。2006年12月，联合国国际海事组织通过了对分道通航制的改变，并于2007年7月正式实行新的分道通航制。

---

① Robinson，Arthur H. 1967. "The Thematic Maps of Charles Joseph Minard." *Imago Mundi*：*A Review of Early Cartography* 21：95–108.

② UNAVCO Facility. 2010. Jules Verne Voyager. http://jules.unavco.org(accessed July 31，2013).

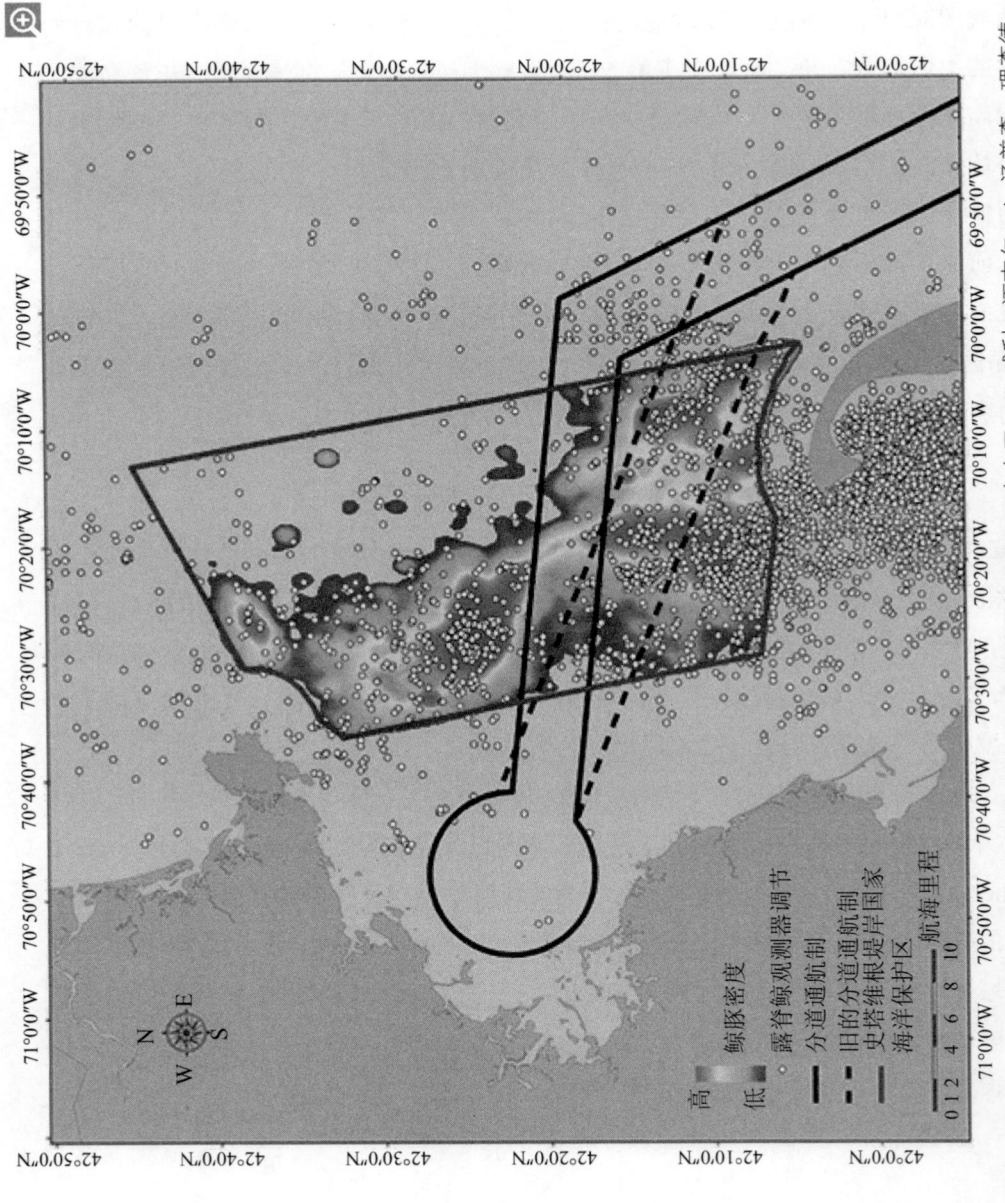

图3.4 调整波士顿海上分道通航制以减少船舶撞击露脊鲸和其他须鲸(2006)，由大卫·N.威利、迈克尔·A.汤普森、理查德·梅里克绘制(http://scimaps.org/V.3)

图3.5显示的是航空旅行对传染病在全球传播的影响，这幅图推进了重大战略的决策[①]。在左上角，我们可以看到14世纪黑死病的传播模式。黑死病通过个体之间的接触和人们跨越欧洲的方式加剧了传播，也就是说，在地图上标记出了相应的日期，连点成线，可以看出该疾病的传播呈波浪形。在图的右上角可以看到一个完全不同的，更加快速和全球化的疾病传播模式，即通过机场枢纽传播。疾病携带者可以登上飞机，并传染同行的一些去到其他城市或国家的乘客。因为机场往往是在人口密度高的城市地区，让传染性疾病蔓延更迅速，因此导致传染问题更加恶化。

因为对预测下一次传染性的流感兴趣浓厚，所以克里扎(Colizza)等人研究了季节性(即传染病什么时候开始传播)、地理学(即传染性疾病在什么地方开始传播)和基本传染数(reproductive number)R_0的种种影响。基本传染数是指疾病传播的速度(例如，在你感染了这种疾病之前，你曾和已感染者接触了多少次)。考察了不同的干预策略后，研究者发现了一个让人讶异的现象，如果美国的疫苗在全球范围内得到管理和普及，那么这种疾病在美国的致死率要低于将相关疫苗只用于美国国民的治疗的致死率。

3.2　概述和术语

有许多不同类型的地理地图，其中最重要的要数自然地理位置。其包括人们在旅行时会**参考**的**地形图**(topographic)，和将数据叠加在地理空间基底上的**专题地图**(thematic)。这一节将重点学习**专题地图**。

专题地图大类中还可以分为不同的类型。首先是**自然地理地图**(physio-geographical maps)，例如上一节我们探讨过的地震灾害地图，其他还有一些显示陆地植被、土壤形态的地图等。其次是**社会经济地图**(socio-economic maps)，这类地图主要展示行政区划法(political boundaries)、人口密度和投票情况等相关因素(见图3.9)。最后还有**技术地图**(technical maps)，主要用于导航路线，如鲸鱼数量相对于航运通道的影响图(见图3.4)。

本·弗里(Ben Fry)的邮政编码地图[②]如图3.6所示。交互式可视化允许用户用键盘输入一部分邮政编码数字或全部邮政编码数字，如此便可以见到这些数字所

---

①　Colizza, Vittoria, Alain Barrat, Marc Barthélemy, and Alessandro Vespignani. 2006. "The Role of the Airline Transportation Network in the Prediction and Predictability of Global Epidemics." *PNAS* 103，7：2015–2020.

②　http://benfry.com/zipdecode

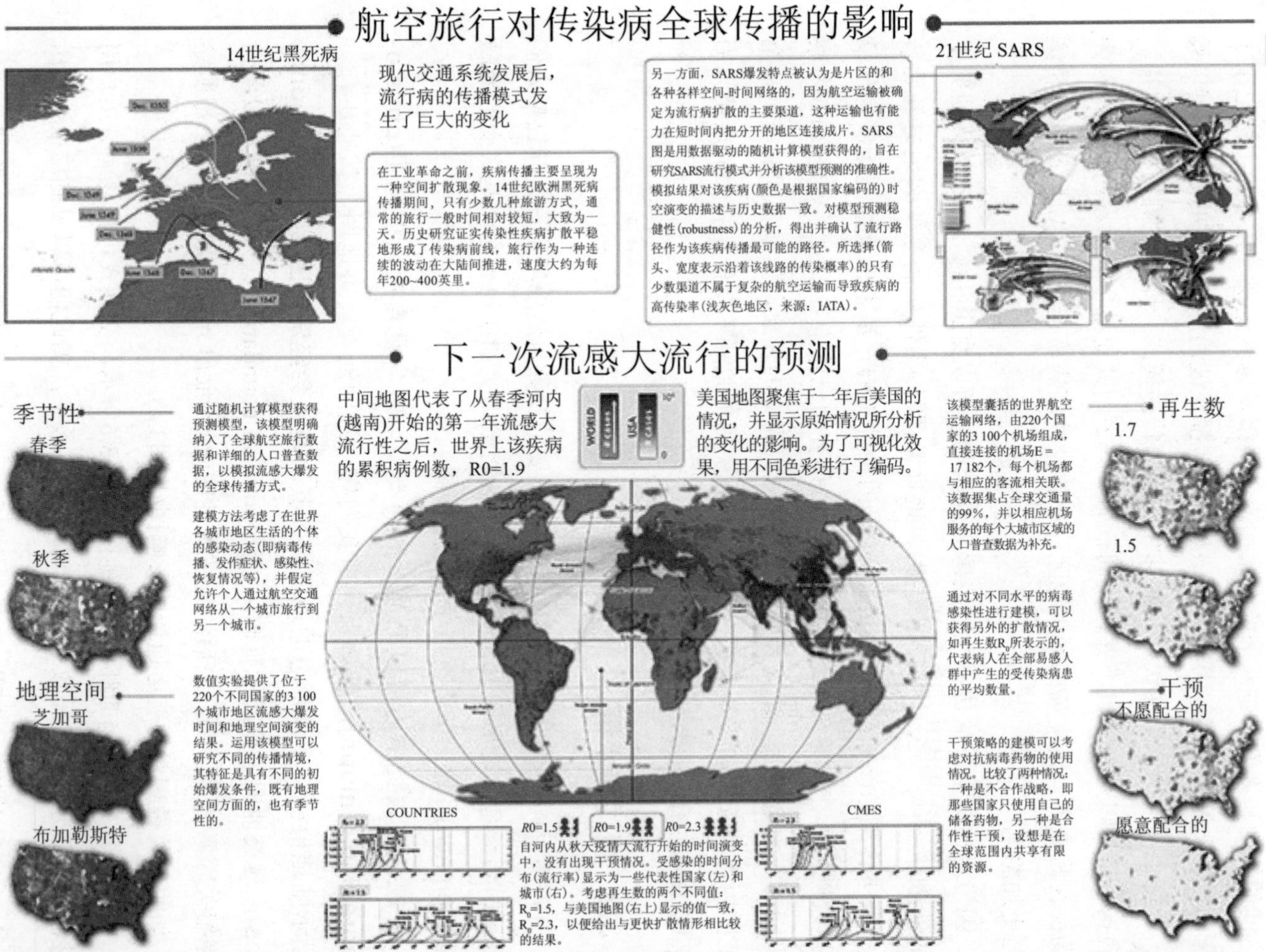
航空旅行对传染病全球传播的影响
14世纪黑死病
现代交通系统发展后，流行病的传播模式发生了巨大的变化
在工业革命之前，疾病传播主要呈现为一种空间扩散现象。14世纪欧洲黑死病传播期间，只有少数几种旅游方式，通常的旅行一般时间相对较短，大致为一天。历史研究证实传染性疾病扩散平稳地形成了传染病前线，旅行作为一种连续的波动在大陆间推进，速度大约为每年200~400英里。
另一方面，SARS爆发特点被认为是片区的和各种各样空间-时间网络的，因为航空运输被确定为流行病扩散的主要渠道，这种运输也有能力在短时间内把分开的地区连接成片。SARS图是用数据驱动的随机计算模型获得的，旨在研究SARS流行模式并分析该模型预测的准确性。模拟结果对该疾病(颜色是根据国家编码的)时空演变的描述与历史数据一致。对模型预测稳健性(robustness)的分析，得出并确认了流行路径作为该疾病传播最可能的路径。所选择(箭头、宽度表示沿着该线路的传染概率)的只有少数渠道不属于复杂的航空运输而导致疾病的高传染率(浅灰色地区，来源：IATA)。
21世纪 SARS
下一次流感大流行的预测
季节性
春季
秋季
通过随机计算模型获得预测模型，该模型明确纳入了全球航空旅行数据和详细的人口普查数据，以模拟流感大爆发的全球传播方式。
建模方法考虑了在世界各城市地区生活的个体的感染动态(即病毒传播、发作症状、感染性、恢复情况等)，并假定允许个人通过航空交通网络从一个城市旅行到另一个城市。
地理空间
芝加哥
布加勒斯特
数值实验提供了位于220个不同国家的3 100个城市地区流感大爆发时间和地理空间演变的结果。运用该模型可以研究不同的传播情境，其特征是具有不同的初始爆发条件，既有地理空间方面的，也有季节性的。
中间地图代表了从春季河内(越南)开始的第一年流感大流行性之后，世界上该疾病的累积病例数，R0=1.9
WORLD
USA
美国地图聚焦于一年后美国的情况，并显示原始情况所分析的变化的影响。为了可视化效果，用不同色彩进行了编码。
COUNTRIES
CMES
R0=1.5
R0=1.9
R0=2.3
自河内从秋天疫情大流行开始的时间演变中，没有出现干预情况。受感染的时间分布(流行率)显示为一些代表性国家(左)和城市(右)。考虑再生数的两个不同值：R0=1.5，与美国地图(右上)显示的值一致，R0=2.3，以便给出与更快扩散情形相比较的结果。
该模型囊括的世界航空运输网络，由220个国家的3 100个机场组成，直接连接的机场E = 17 182个，每个机场都与相应的客流相关联。该数据集占全球交通量的99%，并以相应机场服务的每个大城市区域的人口普查数据为补充。
通过对不同水平的病毒感染性进行建模，可以获得另外的扩散情况，如再生数R0所表示的，代表病人在全部易感人群中产生的受传染病患的平均数量。
干预策略的建模可以考虑对抗病毒药物的使用情况。比较了两种情况：一种是不合作战略，即那些国家只使用自己的储备药物，另一种是合作性干预，设想是在全球范围内共享有限的资源。
再生数
1.7
1.5
干预
不愿配合的
愿意配合的

图3.5　航空旅行对传染病全球传播的影响(2007)，由维特多利亚・克里扎、亚历山德罗・维斯皮那尼和以利沙・F. 哈迪绘制 (http://scimaps.org/III.3)

覆盖区域的可视化效果。有趣的是，邮编编码为12345的区域正是美国纽约州的斯克内克塔迪市。即使不输入邮政编码，我们也可以立刻看出，相对于美国西部，美国东部及其周围主要城市地区，有更多的邮政编码。

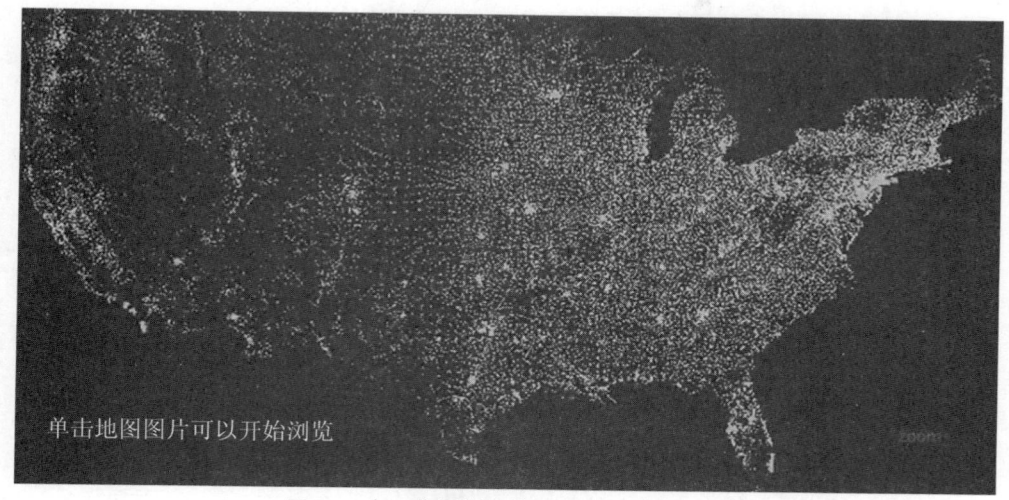

单击地图图片可以开始浏览

图3.6　本·弗里创建的交互式邮政编码图

为了理解地理空间可视化，我们需要熟悉一些制图学和地理学中使用的基本术语。制图学与地理学中的一个基本术语是**地理编码**(geocode)，即根据一些地理标识符来识别所记载的一个地区身份，如地址或人口普查街区(census tract)。另一个重要的术语是**地理坐标设置**(geographic coordinates set)，标明地球表面上某一点的纬度/经度值。**测地线**(geodesic)是指球状体表面两个点之间最短距离的线。最后，**大圆**(great circle)是指围绕球体一周可能绘制出的最大圆，例如在地球表面，赤道和初始子午线就都是大圆的例子。另一个可能遇到的术语是**地名词典**(gazetteers)，它允许我们获取地理位置或地理编码表，从而获得所有的与之对应的地理坐标。

在本节接下来部分，我们将介绍六种不同的地图类型：比例符号图、地区分布图、热量图(也称为等值线)、统计地图、流向图和时空多维数据图(space-time cubes)。

图3.7展示了**比例符号图**(左图)和**地区分布图**(右图)。比例符号图允许根据一个或多个数据的属性值叠加以大小、颜色或形状编码的数据。比例符号图需要将数据集汇总到一个区域内部的许多点上。举个例子，这些点可以用于显示每个城市的癌症病例总数。要呈现单位面积的密度，就要使用地区分布图而不是比例符

号图，因为地区分布图可以展示所界定区域内的总平均值。每个国家的平均人口密度或美国每个县的失业率就是这方面的例子(见图3.7右图)。使用地区分布区，每个人为的连接单元(artificial connection unit)(例如，美国多个州或美国人口普查区)可能都是根据一个数据值而用色彩编码或标成阴影。

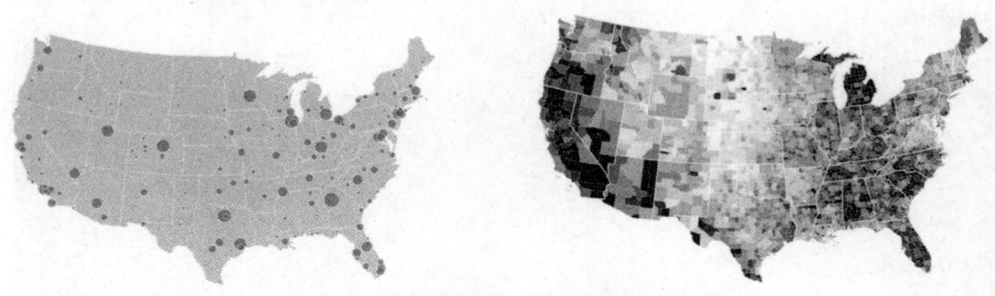

图3.7　比例符号地图(左)和地区分布图(右)

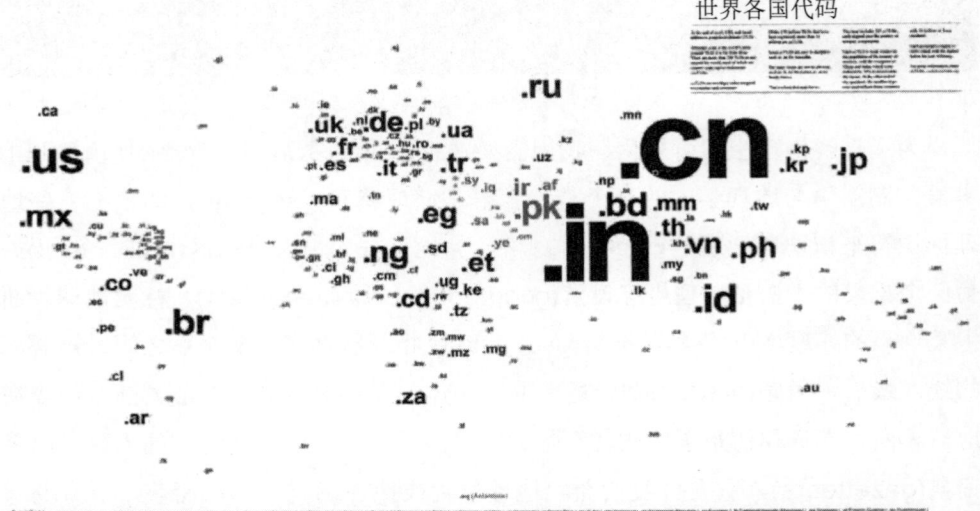

图3.8　比例符号图的一个例子——由约翰·扬克绘制的世界国家代码图

　　比例符号图不必使用抽象符号(例如圆圈)来表示数据。约翰·扬克(John Yunker)绘制的世界国家代码地图(见图3.8)①就是使用每个URL和电子邮件地址末端的数据作为代码。尽管 ".com"是世界上最流行的顶级域名(TLD)，但是许多国家仍使用国家编码作为顶级域名。例如，".us"代表美国，".cn"代表中

----

① See map online at http://www.bytelevel.com/map/ccTLD.html

国，等等。代表国家的字母大小是基于域名的使用频率而确定的。这些字母代码是根据所在大陆进行颜色编码，右下角的线索提供了这个国家的全称。

热量图，也被称为**等值线图**，根据数据值给编码区标上色彩。例如地震危险地图(见图3.3)。该图中绿色或冷色调的区域对应于地震活动频率低的区域，红色或暖色调区域对应于地震活动频率较高的地区。将等值点连成线就可以显示出多个轮廓线。

比较统计地图是使用数据属性值让熟悉的地图和/或地区变形(见第1.2节图1.14 生态面积)。另一个例子是由马克·纽曼(Mark Newman)制作的2012年美国总统大选的地图(见图3.9)。如果大多数票(70%)投给了共和党候选人米特·罗姆尼(Mitt Romney)，那么将以红色标注。如果绝大多数选票投给了民主党候选人巴拉克·奥巴马(Barack Obama)，那么就以蓝色标注。图3.8左边图(A和C)是真实的地图，而右边图(B和D)是根据各个州人口制作出的比较统计地图。顶部的可视化地图(A和B)显示了基于民众投票的选举结果，与图右侧(B)基于州人口数量做了变形处理。这也就意味着，有较多人口的州区域面积得到了扩大，而较少人口的地区区域面积则缩小了。底部的图(C和D)基于投票百分比，更详细地显示了县级的选举结果，图右(D)基于各个县的人口做了变形处理。

观察底部的一对地图，我们可以知道这个国家有一些区域的投票结果呈胶着状态。在许多州，并不存在选情上占据明显优势的候选人，我们在制图时可用颜色(比如暗紫色)表示这些地区。强烈支持民主党候选人的多出现在较大的城市地区，强烈支持共和党候选人的大多分布在农村地区。这些农村地区因为人口稀少，因此，当比较统计地图是基于人口而做变形时，这些地区面积变得更小了。

流向图通过合并边缘以减少视觉混乱感。经常将流向图用于优化叠加在地理图或其他参考系统中联系的可读性(例如，协作、产品运输的路线)。它们通过合并联系而减少视觉上的杂乱感。联系也可能用厚度编码以表明容量或速度。在1.1节中讨论的、图1.11展示的中国科学院的全球合作联系图，是流向图的另一个例子。

时空多维数据图(Space-time cube maps)，使用一系列层来显示随时间进展在空间中的运动情况，通常是按时间顺序从最底层向上排列。我们可以根据每一层中各种数据属性进行编码，以显示数据的地理空间和时间方面的属性。时空多维数据图的一个例子是虚拟学习的3D研讨在时空方面的变化(见图3.10)。这次会议的与会者开始位于虚拟的学习环境，也就是虚拟学习世界之中，展示于这幅地图

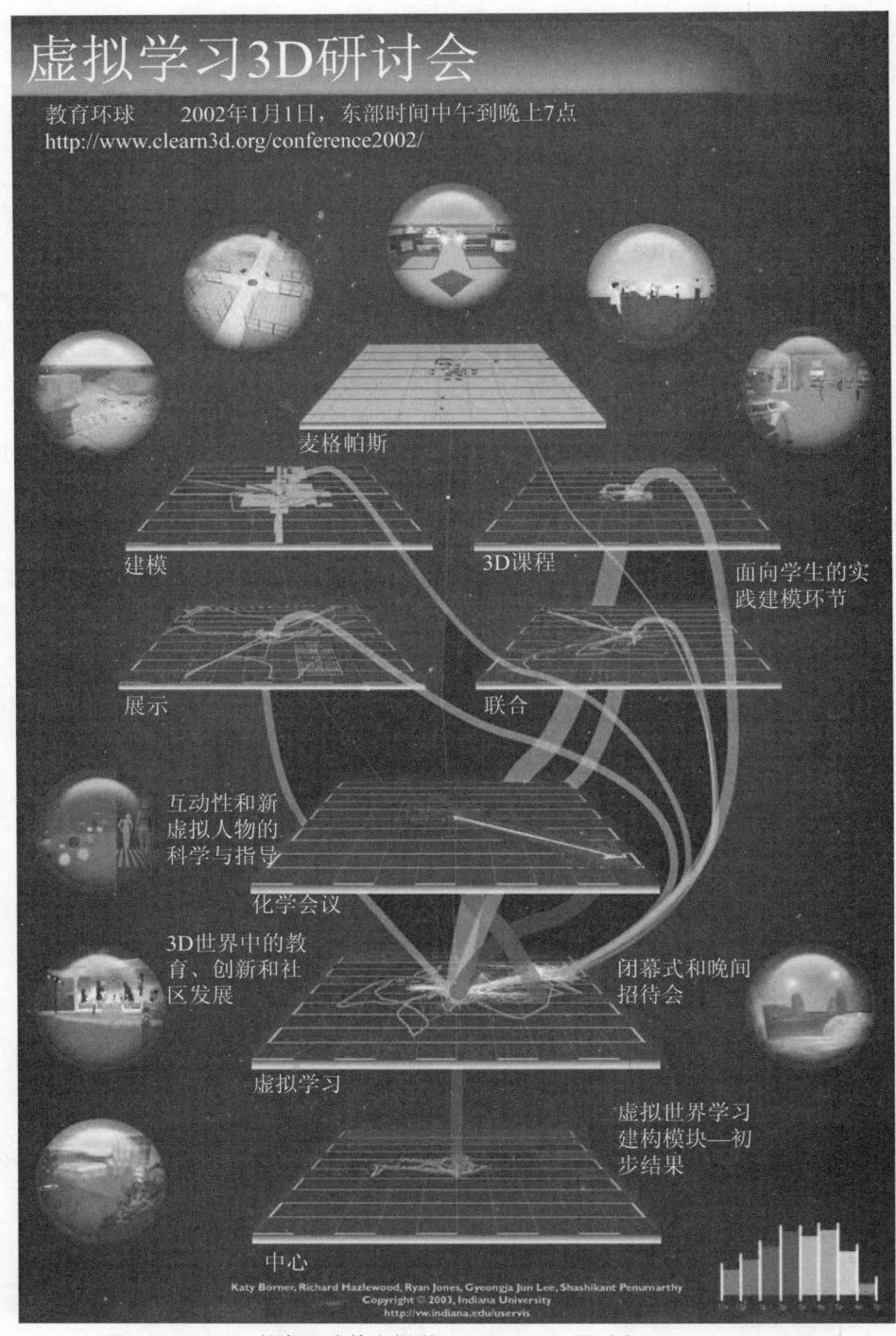

图3.10　AWedu教育环球的虚拟学习(VLearn)3D研讨会(2003)(http://cns.iu.edu/
ivmoocbook14/3.10.jpg

的中心。会议期间，参会者分散到虚拟学习的5个不同环境中参加分论坛，最后他们回到虚拟学习世界参加会议闭幕式。

与会人员在一天中的行程轨迹以颜色编码。比较早到会的人员出现在上午11:00和中午12:00之间，这些人一边探索虚拟世界，一边试图找出全部分论坛的所在位置。此次会议从中午开始，可用特定颜色标明与会者在虚拟学习世界中的运动状态。后来，人们被分成不同的组参与分论坛，再回来参加强调分论坛激烈争论的闭幕式。

3.3　工作流程设计

在第1章里我们介绍了一般工作流程，接下来我们将使用一般工作流程的相关知识，进一步探讨用于生成地理空间地图的数据类型、分析类型以及地理空间数据的可视化。地理空间可视化包括可视化类型的选择、叠加数据和形象的编码数据(见图3.11)。利用美国的比例符号图和世界地区分布图这两个示例，我们能更好地理解可视化的三个步骤。

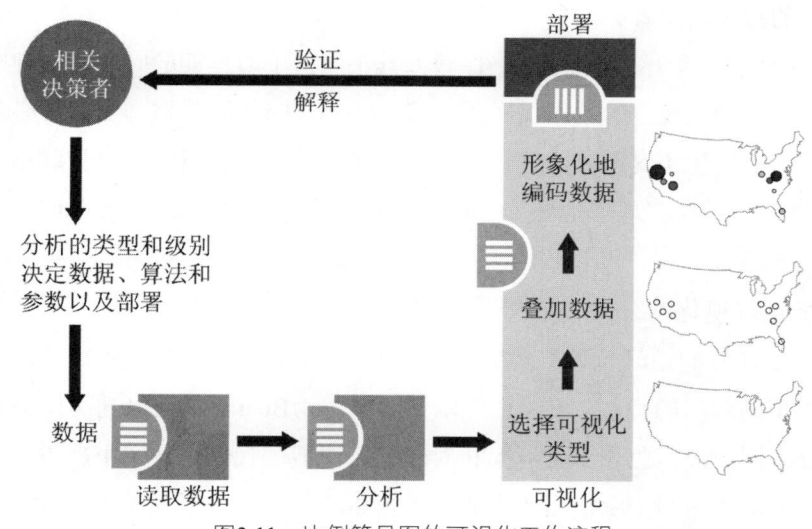

图3.11　比例符号图的可视化工作流程

读取和预处理数据

有多种免费数据源提供地理空间方面的数据。这些免费数据源中，我们在第2章曾讨论过IBM Many Eyes[①]和学术数据库[②]两个来源。

---

① 　http://www-958.ibm.com/software/data/cognos/manyeyes/datasets
② 　http://sdb.cns.iu.edu

地理空间数据有多种格式，包括**矢量格式**(vector format)、**光栅格式**(raster format)和**表格格式**(tabular format)，如CSV文件，另外还有多种特殊的软件格式。

获得数据后，需要对所得数据执行预处理，主要包括对其进行地理编码、阈值分割、统一数据和汇总数据。例如，在分析美国主要研究机构[1]之间的信息扩散时(见图1.4)，我们需要确定具体机构的数量及其地理位置。以印第安纳大学(IU)为例，该校在全州总共有8个不同的校区。那么问题是应该将印第安纳大学这个整体作为一个数据点，还是应该保持不同校区在地理位置的标识，也就是8个点，这一决定会产生重大影响。假如让8个校区相互独立，那么可能没有一个能使印第安纳大学挤进地图中多个排名列表的前几名。而如果我们把印第安纳大学作为一个数据点，并将一些重要数据汇总，那么印第安纳大学在美国研究地图上就会清晰可见。这意味着需要在地理标识和统计意义之间寻求平衡。另一个难题是，印第安纳大学伯明顿主校区有两个不同的邮政编码，应该使用哪一个？详细的用户需求可以指导这个决策过程，但在某些情况下，为了达到最优解决方案，牵涉的相关决策者必须参与决策。

另一个预处理的常规类型是确保数据真正涵盖了所预期的时序、地理空间和主题。例如，如果设想的数据仅涵盖美国2000—2005年的数据，那么就必须确保所有数据记录均属于这个时间段，也没有不属于美国的数据。在叠加联系方面的数据时(例如，在一张地理地图上叠加引用和协作方面的联系)，要保证联系不超过地球周长的一半。

分析和可视化

利用处理好的地理位置数据，可以使用不同类型的地理空间参考地图，生成所需类型的数据的叠加。图3.12展示了2008年由Bostock[2]绘制的美国失业数据的地区分布图。浅蓝色表示失业率相对较低，深蓝色代表失业率很严重。可以看出，加利福尼亚州和密歇根州的失业率相当高。

下一个可视化的例子(见图3.13)是Bostock[3]提出并展示了机场的交通数据，这是一幅叠加了线路情况的比例符号图。重要机场用圆圈表示，圆圈大小则参照

[1]　Börner, Katy, Shashikant Penumarthy,Mark Meiss,and Weimao Ke. 2006. "Mapping the Diffusion of Information among Major US Research Institutions." *Scientometrics* 68, 3:415–426.
[2]　See large map and code at http://bl.ocks.org/mbostock/4060606
[3]　See interactive map and code at http://mbostock.github.io/d3/talk/20111116/airports.html

线路的数量。同芝加哥奥黑尔国际机场相连接的用大圆弧线表示。因为奥黑尔是一个国际机场，地图上很多连接线超出了美国本土而去往了其他地域。

图3.13 用大圆符号显示航空交通数据的比例符号图

实践部分的图3.37是一幅带颜色的圆环。这幅比例符号图对包含的三个数据变量做了可视化编码。

3.4 色彩

在本节中，我们将介绍色彩在可视化中的使用。色彩不仅仅对地理空间可视化十分重要，对于本书中讨论的所有可视化形式都具有十分重要的作用。色彩在传达一些重要信息或将注意力吸引到特定元素的可视化上具有显著的意义。例如，想象一下我们从树上摘樱桃，我们很容易从满是绿叶的树上识别出那些火红的果子。同样，在信息可视化中，色彩可以用于标记、分类和比较。我们还可以使用色彩模仿现实(例如，在地理地图中，蓝色通常用于表示水)。诉诸于这些常见的参考画面，可以让可视化地图更加直观。

色彩的属性

在第1章中我们就讨论了色彩是定量图形的变量类型之一。所有色彩都具有三个重要的属性：**色值、色调**和**饱和度**(见图1.19)。色值有很多不同的说法，包括明度、阴影、百分比值、密度和强度。色值相当于来自光源被物体反射的光量。色值沿亮度-暗度轴而定义。我们应该使用色值来创建深度、传达亮度、创建模式，或用来引导视线和强调可视化图中的某些部分。当两种颜色有非常类似的感知亮度时，它们之间的对比效果会很糟糕。因此，要确保色彩之间有明显的对比度，才能具有可识别性。

色彩的另一个性质是**色调**，也就是每种色彩单个光的波长。色调是一个定性变量，因此适用于可视化图像中众多元素的分类，但不应该用于对定量量级(quantitative magnitude)的编码。人类可以说出大约12种不同颜色的名称，所以如果需要用户识别和交流色彩所示变量，我们建议使用的色彩数量不要超过12种。《Twitter语言社区》地图里(见图1.16，第1.2节)，使用的色彩超过30种，每一种颜色代表一种语言。每一种颜色都是精心挑选以确保地理空间相近的语言充分地不同，且能被区分开。如前所述，不同的色调除了颜色本身不同之外，还应该有不同的光亮度，这样，即便是简单印刷的黑白可视化图像，也能够很容易地区分开。

色彩的最后一个性质是**饱和度**，指的是色彩中从暗到亮的光的强度水平。在观察者眼里，高度饱和的、纯净的颜色将会出现在最显眼的位置，而低饱和度的色彩显得暗淡，会渐渐融于背景之中。在与背景颜色进行对比的同时可以显著地改变图形对象的外观色彩。

配色方案

常用的配色方案有四种：**二元的**、**发散性**、**循序性**和**定性的**(见图3.14)[①]。

二元色彩方案一共使用两种颜色，例如白色和黑色、红色和绿色、黄色和蓝色等。

发散性的配色方案是定量的，有时候这种方案又被称为双相配色方案。这种方案的重点在高值和低值上，出现在高低值之间的中间值通常安排为黑色或者白色。

循序性的配色方案也是定量的。它们使用单一色调，这种方案最适合于从低到高增长的有序数据。通常，浅色用于低数据值，深色用于高数据值(见图3.12中的美国失业率地图)。

定性的配色方案，顾名思义是定性的并且可以用来表示定类或分类数据。

我们在货币市场地图的配色方案中，提供了一个发散性配色方案示例(见图3.15)。该图显示了不同股票价格的涨跌。上涨用绿色表示，这是令人开心的，下跌用红色表示，这是令人沮丧的。左图显示了年初至今的值，即从本年度开始到当前这一刻的所有变化。虽然大多数股票被标记为绿色(即获得了升值)，图上仍有一些红色的部分——加拿大巴里克黄金公司(Barrick Gold Corp)股价跌50.78%。

---

① Brewer，Cynthia A. "Color Use Guidelines for Mapping and Visualization." http://www.personal.psu.edu/faculty/c/a/cab38/ColorSch/SchHome.html (accessed September 4，2013).

右图显示了过去26周以来的所有变化，其中Facebook公司是主要赢家之一，其股票升值约79.23%，该公司在本年度上涨了84.48%。

这些不同配色方案的信息和示例可以在Color Brewer[①]网站及其相关出版物[②]中发现。 Color Brewer(见图3.16)是一个非常有用的工具，通过该网站我们可以了解不同配色方案在地理空间数据方面是如何相互作用的。我们也可以尝试组合不同的数据类型和配色方案。此外， Color Brewer让我们实验色盲人士也能制作出有效的或更人性化的影印和印刷形式的配色方案。一旦我们选定了一个配色方案并使用 Color Brewer进行测试，我们就能得到RGB(红绿蓝)、CMYK(四色印刷)或适用于我们自己可视化的十六进制的值。

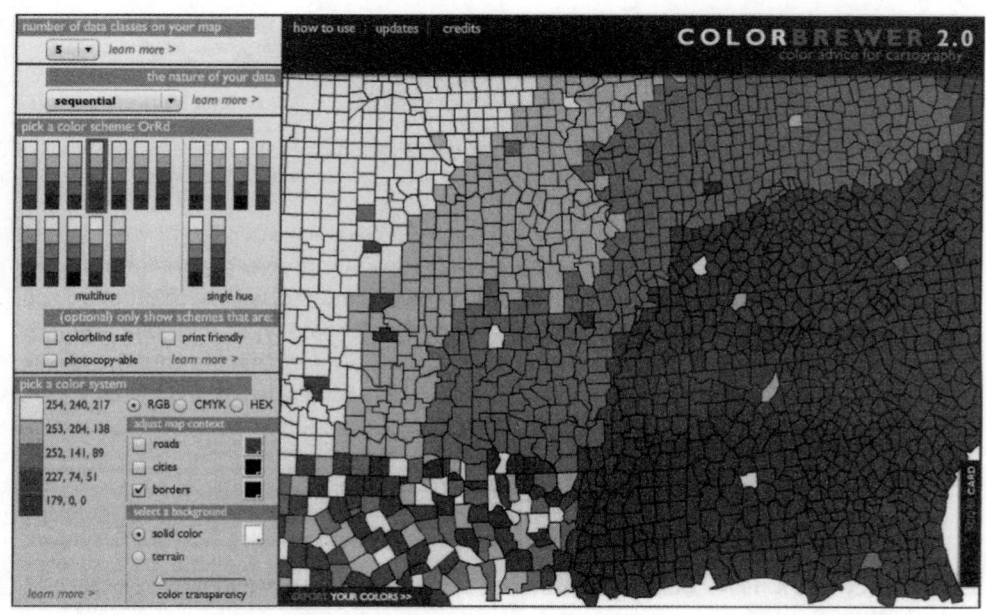

图3.16　在地理空间数据实验不同配色方案的很有用的在线工具——Color Brewer

色盲

相当多的人存在一定程度的色盲。如果要用色彩来对重要信息进行编码的话，需要确保有不同类型的色盲人士可以读取这些信息。从某些角度检视图3.17，该图左上角显示的是"美国国家科学院院刊论文主题爆发示意图"(见图1.4)。这是原初的可视化图，有正常色彩感知力的人都能看明白。接下来，我们

① Interactive color selection interface is at http://colorbrewer2.org
② Brewer，Cynthia A. 1994. "Color Use Guidelines for Mapping and Visualization." In *Visualization in Modern Cartography*，edited by Alan M. MacEachren and D.R. Fraser Taylor，123–147. Tarrytown，NY: Elsevier Science.

提供这幅图的8个版本，以显示不同色盲类型的人都能看清楚相同的可视化，参见下图标识的色盲类型。如果想测试自己的可视化效果，我们可以使用网络上的任何色盲模拟器，如colblindor。[①]

🏠 自我测评

1. 不应该使用哪种地图类型来表示人口密度？

  a. 比例符号图　　　　b. 地区分布图　　　　c. 热度图

2. 给定数据变量的类型比率，下列哪一种图形变量类型的表示方式是不恰当的？

  a. 大小　　　　　　　b. 形状　　　　　　　c. 值(亮度)

3. JPEG文件是什么格式的图像？

  a. 矢量　　　　　　　b. 光栅

4. PostScript (.ps)文件是什么格式？

  a. 矢量　　　　　　　b.光栅

（二）实 践 部 分

3.5　用比例符号图和地区分布图可视化USPTO的数据

数据类型和范围		分析类型/层级	·	●	⬤
🕐 时间范围	1865—2008	🕐 时间的			
✛ 区域	多个区域	✛ 空间的			✕
☰ 主题领域	流感	☰ 主题的			
⋖ 网络类型	地理空间分析	⋗ 网络的			

这个工作流程显示如何使用Sci2工具，用比例符号图和地区分布图对包含

---

① Brewer，Cynthia A. 1994. "Guidelines for the Use of the Perceptual Dimensions of Color for Mapping and Visualization." In *Proceedings of the International Society for Optical Engineering*，edited by J. Bares，54–63. San Jose，CA: SPIE.

"流感"这一术语的专利进行可视化。我们使用此工作流程，从学术数据库(又称SDB)中下载包含"流感"专利的资料，以"usptolnfluenza.csv"①这个格式汇编文件。然后，我们对生成的文件进行了预处理，只包含"国家""经度"和"纬度"，一个国家相关的"专利"的数量和"被引次数"(表明那些专利被引用的次数，详见图3.18)。当系统提示时，执行操作"加载文件>加载并选择'标准CSV格式'选项"，若要查看原始数据，可右键单击"数据管理器"中的文件，然后选择"查看"(见图3.18)。

	A	B	C	D	E
1	Country	Latitude	Longitude	Patents	Times Cited
2	Hungary	47.16116	19.504959	0.083333333	4
3	Belgium	50.500992	4.47677	3.017857143	11
4	Germany	51.090839	10.45424	4.783333333	4
5	Canada	62.35873	-96.582092	5.539285714	21
6	Russia	59.461479	108.831779	0.266666667	2
7	Austria	47.69651	13.34577	4.2	17
8	Netherlands	52.108089	5.33033	1	2
9	Switzerland	46.813091	8.22414	0.507575758	6
10	China(Taiwan)	23.599751	121.023811	2	3
11	Australia	-24.916201	133.393112	1.617857143	23
12	United States	39.83	-98.58	73.9983889	220
13	France	46.712448	1.71832	2.201165501	9
14	South Africa	-28.483219	24.676991	0.333333333	1
15	Japan	37.487598	139.838287	15.99166667	39
16	Israel	31.389299	35.36124	3.5	3
17	United Kingdom	54.313919	-2.23218	3.85	12

图3.18　Microsoft Excel中所示的美国专利商标局流感数据集

使用比例符号地图来可视化此数据，请在"数据管理器"中选择文件并运行"可视化图>地理空间>比例符号图"。将参数设定基于"专利"数量的符号大小以及基于"被引次数"对符号进行色彩编码，如图3.19所示。

Sci2将会生成可视化图并输出一份PostScript到"数据管理器"，保存该文件(右键单击文件并选择"保存"选项)，再将其转化成PDF文件以供查看(更详细的说明请见附录)。世界地图上叠加了16个圆圈，每一个圆圈代表其所在国家或地区的数据集(见图3.20)。圆圈面积大小是根据相应国家的专利数量来编码的，而圆圈的颜色则是根据被引次数，从黄色到红色进行编码，也就是从黄色(代表1次)到红色(220次)。我们可以看到，迄今为止，美国拥有最多的专利数，且被引次数也最多。

_____

① *yoursci2directory*/sampledata/geo

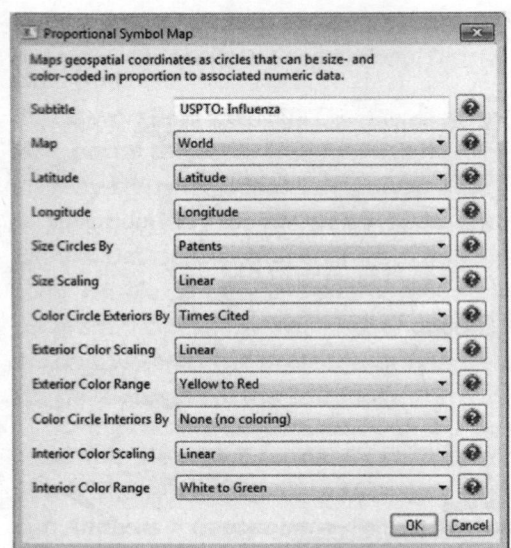

图3.19　用比例符号图可视化美国专利商标局流感数据

用色彩标明不同区域从而创建出地理空间地图，也就是与上面这幅图非常相似的文件，请运行"可视化地图>地理空间图>地区分布图"并设置参数，以便基于专利数量，按照从黄色到红色的顺序对各个国家进行编码(见图3.21)。

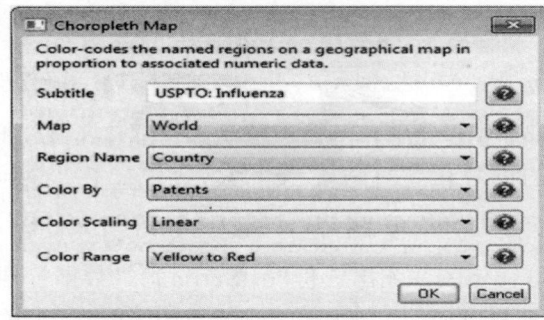

图3.21　设定参数，用地区分布图可视化美国专利商标局流感数据

Sci2将输出一个PostScript文件到"数据管理器"，保存并将之转化为PDF文件，打开文件可以看到根据各国家拥有的专利数量，从黄色到红色对相应国家标注了不同的色彩(见图3.22)。

比例符号图最适合对具有多种属性的数据集进行编码(最多三种属性)。或者，你希望只对数据的一种属性进行视觉编码，那么地区分布图是合适的选择。

3.6 使用选区进行地理编码

数据类型和覆盖范围		分析类型/层级	•	●	⬤
🕐 时间范围	2002—2018	🕐 时间的			
✛ 区域	美国	✛ 空间的		✕	
☰ 主题领域	科学与创新	☰ 主题的			
⤳ 网络类型	不适用	⤳ 网络的			

Sci2中可利用的一个插件是国会选区的地理编码，请从Sci2[①]维基其他插件中下载。然后，拖拽JAR文件到Sci2插件文件夹中。[②]当重新启动Sci2时，就可以在顶部菜单中选择"分析>地理空间>国会选区编码"了。

在这个工作流程中，我们使用一个CSV文件探索国家科学基金资助(缩写为NSF)[③]的搜索，搜索国家科学基金会资助的公共可用的一个门户网站。请参阅Sci2 Wiki[④]，了解如何从该网站查询和下载NSF数据。在IVMOOC示例数据页面的Sci2 wiki[⑤]里的"样本数据集"中提供了SciSIPFunding.csv文件。下载该文件并使用"文件>加载"，将之加载到Sci2中。这个文件中包含253个由NSF科学院科技与创新政策资助的项目。[⑥]其中一项名称为《TLS：科学政策的宏观决策》，正是资助Sci2工具开发的项目。

加载"标准CSV格式"的文件，在"数据管理器"中选择这个文件，运行"分析>地理空间>国会选区编码"选项，并在"地名列"中选择"OrganizationZip"(见图3.23)。国会选区编码需要9位数字(nine-digit)邮政编码格式。

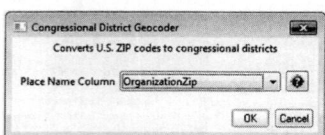

图3.23 使用邮政编码列获取纬度和经度数据和国会选区数据

---

① http://wiki.cns.iu.edu/display/SCI2TUTORIAL/3.2+Additional+Plugins

② *yoursci2directory*/plugins

③ http://www.nsf.gov/awardsearch

④ http://wiki.cns.iu.edu/display/SCI2TUTORIAL/4.2+Data+Acquisition+and+ Preparation#id-42DataAcquisitionandPreparation-4221NSFAwardSearch4221NSFAwardSearch

⑤ http://wiki.cns.iu.edu/display/SCI2TUTORIAL/2.5+Sample+ Datasets#id-25SampleDatasets-IVMOOCSampleDataIVMOOCSampleData

⑥ http://www.nsf.gov/funding/pgm_summ.jsp?pims_id=501084

结果是：在"数据管理器"中出现名为"OrganizationZip"国会选区的一个文件。主控台列出了所有警示或错误。输出表包含输入表的所有列，此外还出现了三个附加列："国会选区""纬度"和"经度"(见图3.24)。在"数据管理器"中右键单击文件并选择"查看"，就可以看到该数据了。

Z	AA	AB
Congressional District	Latitude	Longitude
KS-02	38.061244	-95.2888365
CA-23	34.916539	-120.5965215
PA-01	40.0076115	-75.1247195
MI-15	41.9815855	-83.4928825
AZ-05	33.6543055	-111.7402155
PA-14	40.3684875	-79.8622715
WA-07	47.66072	-122.336855
TX-26	33.2038595	-97.1703095
MA-08	42.351997	-71.0778455
MA-08	42.351997	-71.0778455
TX-26	33.2038595	-97.1703095

图3.24　附加"选区""纬度"和"经度"的数据

接下来，重新格式化数值到"资助金额到日期"列中。在Excel电子表格或其他程序中，选择整个列，右键单击该列并选择"设置单元格格式"(见图3.25)。重新格式化这些数值，这些数据就以整数值出现，而不是资助金额的数值，Sci2可以汇总这些数值。

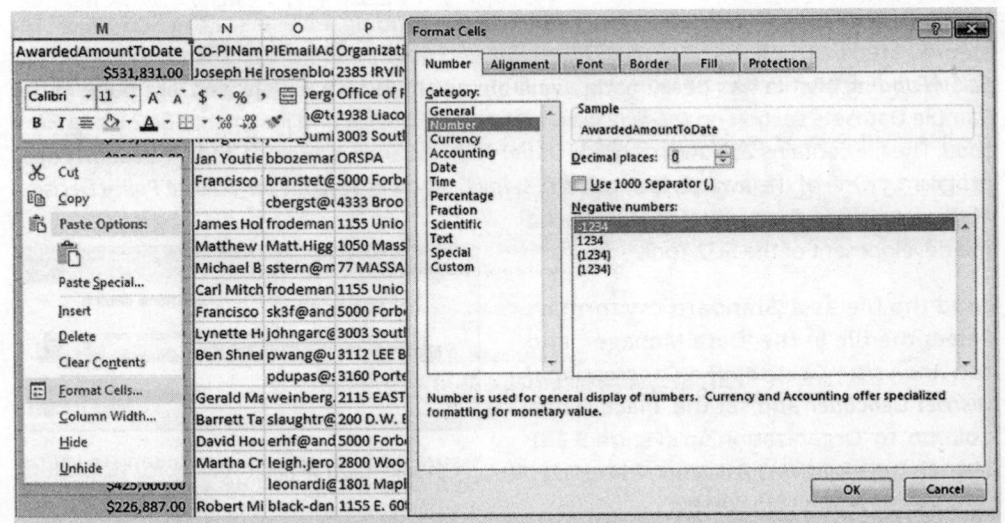

图3.25　格式化"资助金额到日期"单元格后呈现为整数

将文件保存为CSV格式，并重新加载到Sci2。现在，通过"运行预处理>总体>汇总数据"这一选项，基于"国会选区"完成数据汇总，加总"资助数额到日期列"，就可以报告出经度和纬度的"最大值"了(见图3.26)。

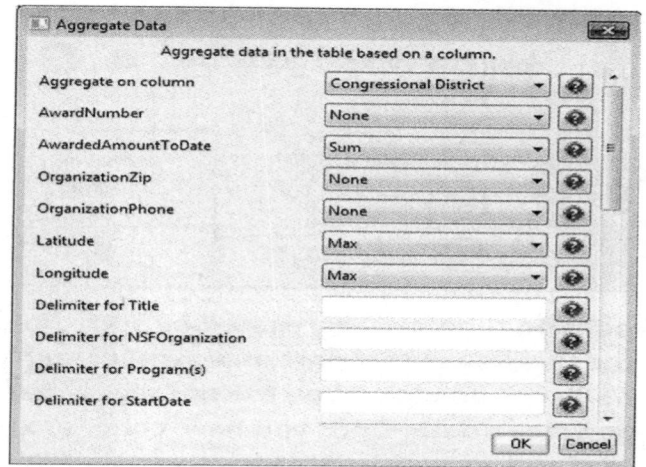

图3.26　基于"国会选区"汇总数据集并加总"资助金额到资助日期"列

　　生成的文件将会被大大简化。如图3.27所示，运行"可视化地图>地理空间图>比例符号图"并输入参数。

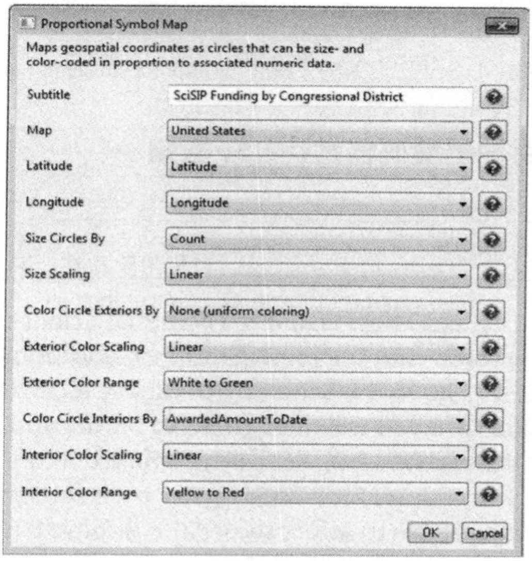

图3.27　比例符号图参数(符号大小由"资助数量"得出，颜色由"资助日期"得出)

　　结果是"数据管理器"中出现了一个PostScript文件。保存PostScript文件并将之转换成PDF格式和视图(具体说明详见附录)。地图显示所有根据国会选区进行汇总的NSF SciSIP资助基金，以资助金额数量为前提做大小区分，同时按照每个国会选区获得资助金额数进行着色 (见图3.28)。拥有最多资助项目的国会选区是MA-08，获得资助金额最多的选区却是DC-00。

空间可视化（比例符号图）
国会区获SciSIP资助情况
2013年10月1日，东部时间上午10:48:11

图例
内部颜色（线状）　　　　　　　　　面积（线状）　　如何阅读此地图
授予日期金额　　　　　　　　　　　计数　　　　　　　这幅比例符号图显示了使用阿伯斯等面积圆锥投影的美国52个州
　　　　　　　　　　　　　　　　　　　　　　33　　和其他司法管辖区，其中嵌入了阿拉斯加、波多黎各和夏威夷的地图。
　　　　　　　　　　　　　　　　　　　　　　17　　每个数据集记录是以其地理位置为中心的圆表示的。每个圆的面积、
36 000　14 481 866　28 927 731　　　　　　1　　内部颜色和外部颜色表示数字的属性值。图例中给出了最小数据值和
　　　　　　　　　　　　　　　　　　　　　　　　　最大数据值。

图3.28　国会选区所获NSD SciSIP资助的可视化图(http://cns.ius.edu/ivmoocbook14/3.28.pdf)

3.7　运用通用地理编码器编码NSF数据

数据类型和覆盖范围		分析类型/层级	•	●	⬤
🕐 时间范围	1959—2011	🕐 时间的			
✛ 区域	美国	✛ 空间的			×
☰ 主题领域	科学教育	☰ 主题的			
🜨 网络类型	地理空间	🜨 网络的			

　　此工作流程可视化了NSF(国家科学基金会)的资助结果，根据州汇总数据，使用比例符号图来显示以"科学教育"为标题的资助情况。首先，你需要进入学术数据库(SDB)(http://sdb.cns.iu.edu)。如果你之前没有注册，那么需要注册后才可以下载数据。一旦你注册成功，系统将发邮件供你确认，然后你可以访问SDB搜索界面。接下来，在"标题"字段中输入搜索词"科学教育"，并确认选择的是NSF数据库(见图3.29)，单击"搜索"。

选择"下载"按钮来下载文件，在"下载结果"界面中选择"全部下载"可以得到1 103个结果，选择"NSF主表"(见图3.30)。

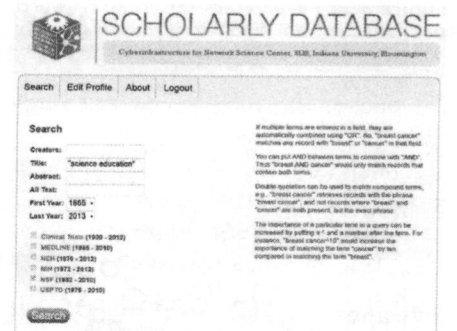 

图3.29　学术数据库"搜索"界面，在"标题"字段处输入"科学教育"，选择NSF数据库

图3.30　学术数据库"下载结果"界面

解压缩数据集，然后通过选择"文件>加载"，将NSF_master_table.csv文件加载到Sci2中。以"标准CSV格式"加载文件。接下来，在"数据管理器"中右键单击文件，选择"视图"。我们有兴趣看到以"科学教育"为标题的各州获得资助的数量，以及资助基金的新进度，可以删除CSV文件中的所有其他数据列，最后只保留"日期-到期""预计总金额"和"州"三列。

调整"到期日"这一列，使其只显示年份适合于比例符号图可视化的数据。在Excel中选择整个"到期日"列，单击右键选择单元格格式，选择自定义选项以格式化日期，如此单元格中就只显示年份(见图3.31)。如果"yyyy"日期格式尚未可用，就只能输入该日期格式。生成的文件将包含NSF资助过期(或到期)的年份，资助的总额以及与这些资助总额相对应的州(见图3.32)。

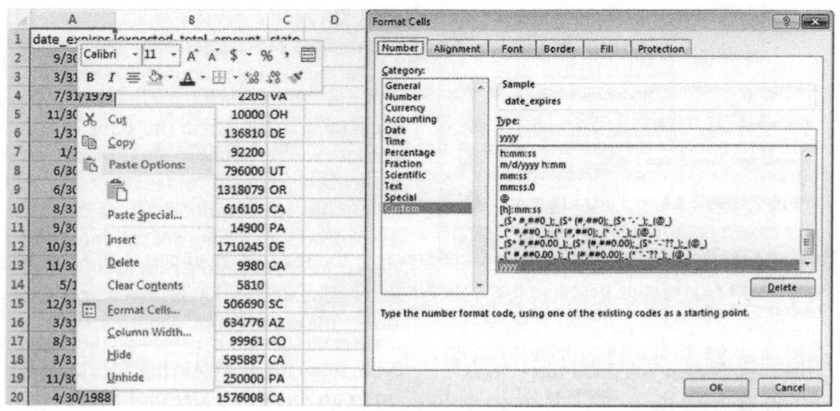

图3.31　在Excel中更改日期格式以便年份只出现在"到期日"这一列

	A	B	C
91	1993	57406	AK
92	2009	241630	AK
93	2010	335179	AK
94	2010	72354	AK
95	2012	474207	AK
96	2011	555285	AK
97	1976	100000	AL
98	1980	105700	AL
99	1980	135600	AL
100	1979	5000	AL
101	1979	5000	AL
102	1981	250000	AL
103	1979	20878	AL
104	1981	172400	AL
105	1979	5000	AL
106	1999	45000	AL
107	2000	30925	AL
108	2014	900000	AL
109	1980	123400	AR
110	1980	34800	AR

图3.32　简化数据集，其中只包含到期日(以年为单位)、资助总额以及与这些资助总额相关的州

观察这些资助就会发现并非所有资助都与州相关。这主要是不完整的数据统计导致的，通常出现在NSF以前的拨款中。为了实现此工作流程中的目的，需要从数据集中删除这些记录。

接下来，保存文件并以"标准CSV格式"将之加载到Sci2中。现在基于州汇总这些数据。为了实现这个目标，运行"预处理>一般数据>汇总数据"，在"到期日"这一列中选择"最大值"，并在"预计总金额"这一列中选择"加总"(见图3.33)。

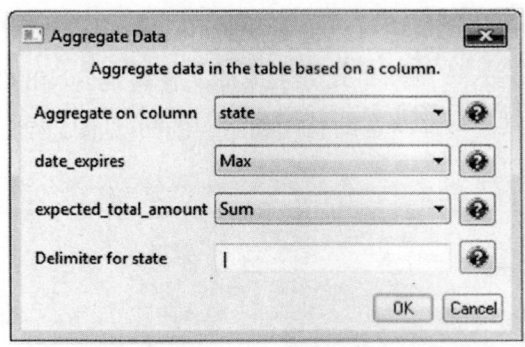

图3.33　基于"州"列的汇总

单击"OK"，在"州"这一列使用独特的值汇总数据后，将在"数据管理器"生成一个新文件。在新的数据文件中，数据已经汇总到各个州，"到期"这一列将显示每个州最新的资助到期年份。加总了与各个州相关的"预计总金额"，在标签"数量"下，数据集中将创建新的一列，该列表明州在数据集中出

现了多少次(见图3.34)。

	A	B	C	D
1	date_expires	expected_total_amount	state	Count
2	2012	2007480	AK	7
3	2014	1775503	AL	12
4	1983	406912	AR	3
5	2013	10376173	AZ	21
6	2013	50227874	CA	114
7	2011	22518348	CO	30
8	2012	3397100	CT	11
9	2012	30963886	DC	31
10	2011	2718391	DE	5
11	2009	4805163	FL	14
12	2010	8252089	GA	19
13	2009	2907320	HI	11
14	2010	2900331	IA	17
15	2010	2042532	ID	6
16	2010	9554548	IL	32
17	2010	1909332	IN	12
18	1999	986302	KS	7
19	2010	943439	KY	9
20	2011	9764979	LA	17

图3.34 数据汇总后操作的结果，"数额"列将显示执行的资助金额属性，在本例中，是基于州而汇总的

接下来，在"数据管理器"中选择新文件，并运行"分析>地理空间>通用编码"，输入以下参数，按照州进行地理编码(见图3.35)。

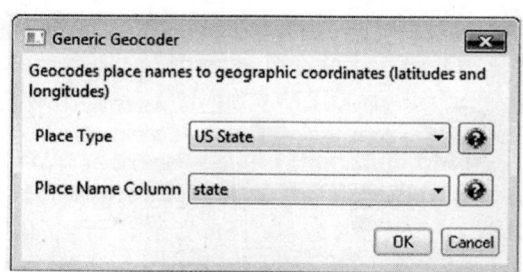

图3.35 使用通用地理编码对NSF给予州的资助进行编码

运行结果是"数据管理器"中的一个文件会被命名为"州的经度和纬度"。选择此文件并运行"可视化图>地理空间>比例符号图"，输入参数，这样可以用数额确定圆圈的大小，圆圈的外环按照"到期日期"从黄色到橙色进行着色，圆圈内部的颜色按照"预计总金额"从黄到红进行着色(见图3.36)。

基于NSF资助各个州的总金额水平，以"科学教育"一词为题头，显示最近的资助何时到期，以了解这笔资助资金的时间范围。该图还显示了每个州获得了多少资助，这由符号的大小表示(见图3.37)。使用这张地图来说明美国科学教育

资金的集中程度；记住，对于一些地理可视化而言，根据每个州的人口来划分总数值会很有用，目的是看看预计的资助数值是高于还是低于每个州的人数。

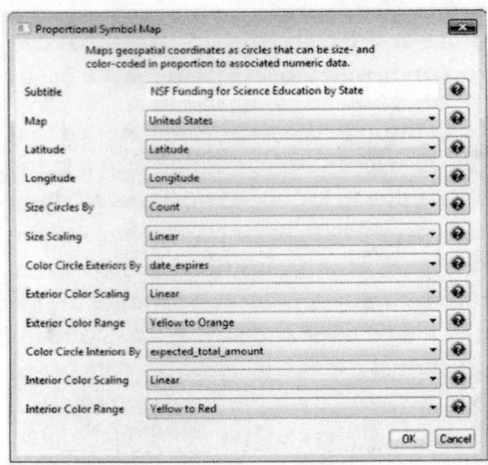

图3.36　以"科学教育"为标题，按照州汇总，用于生成NSF资助情况的符号比例图的参数值

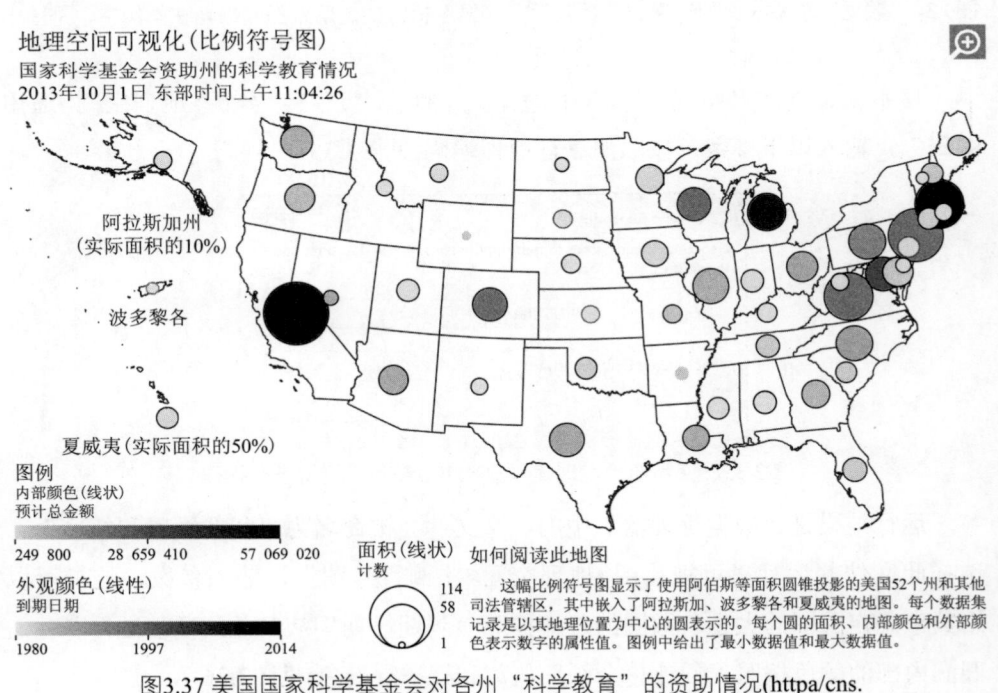

图3.37　美国国家科学基金会对各州"科学教育"的资助情况(httpa/cns. iu.edulivmoocbook14/3.37.pdf)

🏠 课后作业

从学术数据库下载美国国家科学基金会的数据(http://sdb.cns.iu.edu)，为你的选择创建一份地理空间可视化图像。例如，对与美国国家科学基金会记录文件相关的州进行地理编码，并使用比例符号图来可视化数据，了解该基金资助的地理空间范围。

第4章

"什么"：主题数据

（一）理 论 部 分

在本章中，我们将讨论主题(也称为结构、语言或语义)的数据分析和数据可视化来回答各种"是什么"的问题。"主题分析"(topic analysis)这个术语被用于很多语境，但在本书中，我们把"主题分析"(topic analysis)定义为提取一组词或词集以及它们出现的频率，以确定一个文本包含的主题。也就是说，我们会使用文本(比如来自于文章摘要或者项目名称等)来确定主题、主题间的关联，以及这些主题随时间的演化，从微观分析到宏观分析，了解它们在不同水平上的变化情况。

本章和前两章以及接下来的两章内容一样，我们会首先讨论一些可视化的例子，接下来是关键术语和流程设计的概述和解释。此外，我们会介绍两个更高深的概念，设计和更新所有学科的主题地图，也称为学科地图(science map)。

4.1 可视化示例

本节我们将讨论四幅图形。第一幅(见图4.1)是基思·纳斯比特(Keith V.Nesbitt)创建的，当时他是悉尼大学电脑科学专业的博士生。基思很难将自己毕业论文的构思传达给他的学业顾问，这位顾问非常质疑基思论文主题的有效性。最开始基思试图用口头传达论文思路，但是没能成功，基思几乎打算割爱了。作为最后一搏，他把博士毕业论文中的一连串思路用地铁地图的方式直观地呈现出来。在该地图中，每一条线代表他希望开展的一项研究。地图本身很清晰地表达了这些研究是如何互为补充的，不同研究的主要交汇点是什么，以及我们如何可以从一个研究要点到达下一个要点。这份地图很有效，基思的构思最终获得学业顾问的批准，在论文项目进展中，此地图也提供了指导。在图4.1中，基思用不同的符号，标明每一种研究的详细信息和例证，这也有助于更深刻地理解其论文主题[1]结构和相互之间的关系。

---

[1] Nesbitt，Keith V. 2003. "Multi-Sensory Display of Abstract Data." PhD diss.，University of Sydney.

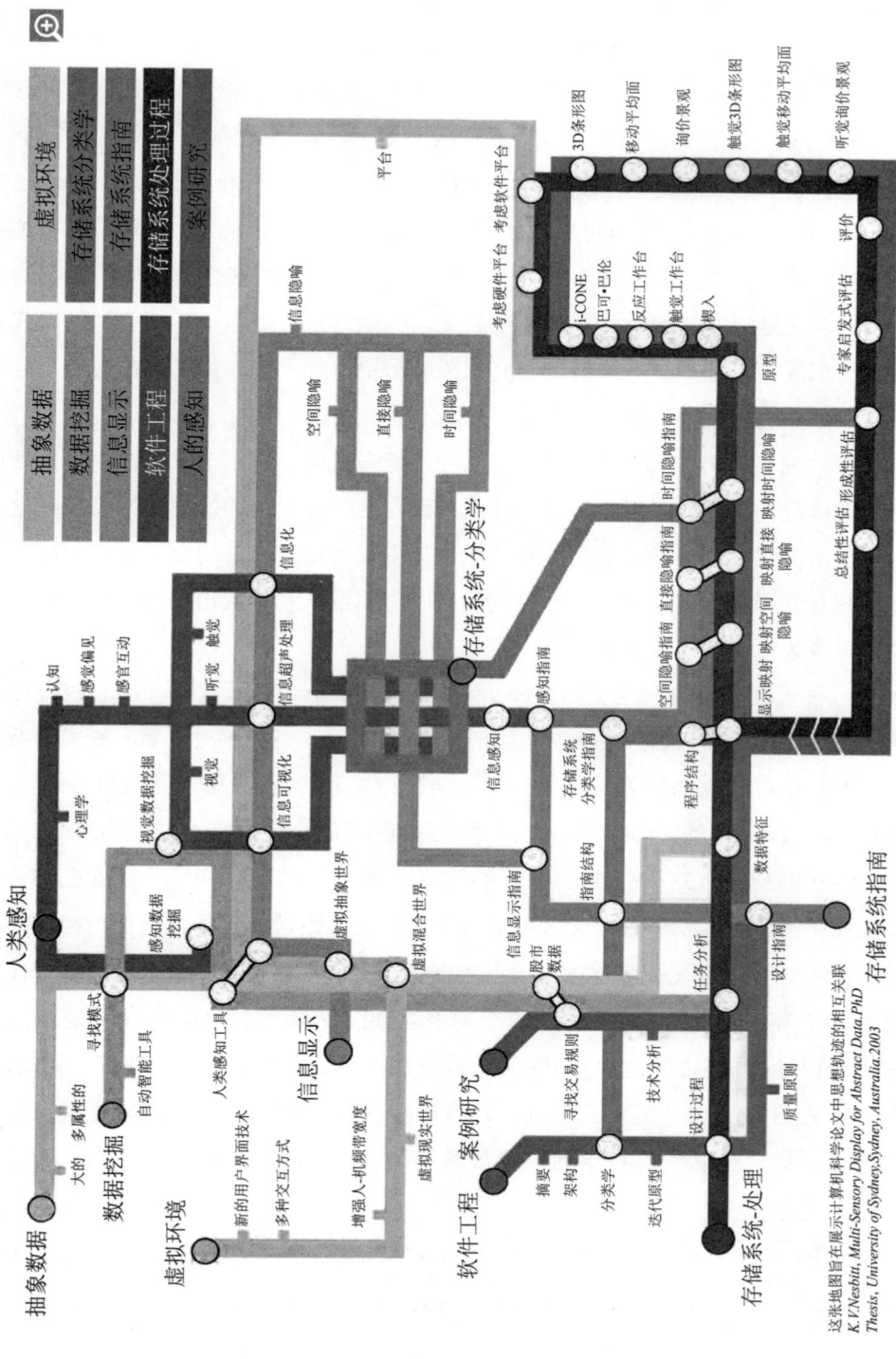

图4.1 基思·纳斯比特创建的博士论文地图(2004)(http://scimaps.org/I.6)

这张地图旨在展示计算机科学论文中思想轨迹的相互关联。
K.V.Nesbitt, Multi-Sensory Display for Abstract Data. PhD
Thesis, University of Sydney, Sydney, Australia, 2003

　　第二幅图(见图4.2)是我们所谓**交叉地图**(a cross map)的一个例子。这幅图由史蒂夫·莫里斯(Steven A. Morris)首创，呈现了六十年间炭疽病研究文献的时间表。[1]*x*轴从左至右体现了时间跨度，*y*轴以分级群聚类方式呈现了研究主题。主题标签标注于坐标右侧。每个圆圈代表特定年份研究此主题的一份文献。每个圆圈都依据附加属性值进行颜色和大小编码，与比例符号图(proportional symbol map)相似(参见第3章图3.13的机场航线图)，此图设计成线形图而非地理图形。尤其值得注意的是，圆圈的面积大小代表了文献被引用次数的多少，近期被引用的文献用红色圆圈显示，而较早期被引用的文献则用白色圆圈显示。为了体现研究背景，线形图中还叠加了与炭疽病研究相关的历史事件。例如，我们在右下角可以看到，邮件的生物恐怖袭击产生了一些新的研究主题。

　　这种数据可视化以易于阅读的方式，快速地向我们呈现了全球范围内特定领域的研究概况。论文何时发表，关于什么主题，最近被引用的情况，以及某些论文的被引用频次，这有助于我们找到希望优先阅读的论文。其他交叉地图可视化叠加了相互联系的数据，以表明论文间相互引用情况或者体现出哪些研究者是合作关系，成为论文的合著者。

　　第三种可视化是《科学史》(*The History of Science*)的示意图，由布拉德福德·佩利(W. Bradford Paley)创建，用一个大圆圈展示了亨利·史密斯·威廉姆斯(Henry Smith Williams)所著的四卷本《科学史》[2](见图4.3)。第一卷从12点钟(正上方)方向右转到3点钟方向，第二卷从3点到6点，第三卷从6点(正下方)到9点，最后一卷从9点回到12点钟方向。每一卷的前言展示在4个角，对应于该卷在圆形可视化图中的位置。所有卷的文本都设计为大写的带镶边的粗体，进而衔接成椭圆形的参考体系。出现在四卷中的词汇依据其在文本中的位置，被放置在参考体系内部。作为一种隐喻，想象一下每个词语通过橡皮筋(如白色细线表示)连接到它的出处(在粗体镶边带之中)。整个文本中都出现的词语，如"体系""著名的""多方面的"和"重要的"等，最终出现在椭圆中部。主要出现在第一卷中的词语，如"概念""科学的""希腊"等出现在右上角第一象限内。为了

① Morris，Steven A.，and Kevin W. Boyack. 2005. "Visualizing 60 Years of Anthrax Research." In *Proceedings of the 10th International Conference of the International Society for Scientometrics and Informetrics*，edited by Peter Ingwersen and Birger Larsen，45–55. Stockholm: Karolinska University Press.
② Williams，Henry Smith. 1904. *A History of Science*. New York: HarperCollins.

便于理解，第一个字母大写的词语，通常为专有名词，如人名或地名，显示为红色。

研究这张示意图，我们可以了解在不同世纪对于科学发挥重要作用的人和地方。此外，我们可以追踪几个世纪以来科学重点的变化。例如，在最开始的时候，天文学是一个焦点，而后物理学成为了中心，科学家逐渐开始对物质、本源、形态和光感兴趣。直到很久以后，在1770年左右，我们才开始看到化学词汇得到科学家的重视。最后，在弧顶附近，医药开始占据中心地位。

文本弧视觉化(The TextArc visualization)直接与古登堡项目[1]相连，使得以这种方式呈现多种不同的书籍，还以新颖的方式探索书籍成为现实的情况。

第四种，也是最后一种可视化图形(见图4.4)是由安德烈·斯库平(André Skupin)创建，他是一名制图师，利用自组织地图和地理信息系统来呈现文本数据。[2]这幅图显示了十年间提交给美国地理学家协会(Association of American Geographers，缩写为AAG)年度会议的论文摘要。这些数据包括从 1993 年至 2002 年这十年期间提交给 AAG 的年度会议摘要共22 000篇。斯库平使用蜂窝模式的自组织示意图，导出了一张地理学研究的二维景观图。褐色山脉表明同类研究的领域【即，如果我们能够放大其中一个褐色区域，我们将会看到数以百计的小像素(pixel)，每个像素代表一篇摘要，这个区域内所有摘要探究的都是类似主题】。主要议题包括地理信息系统、卫生、水、社区、女人、移民或人口研究。在斯库平的可视化图形中我们也可以看到山谷，在地图上以蓝色区域表示。蓝色山谷表示高度异质性的研究领域(即，摘要之间有很大差异)。这是跨学科研究的领域，问题变成了：这些是令研究者迷失和困惑的领域吗？还是说这些地方是周围褐色大山所代表的主要研究领域分支"积淀"下来的，所以是最"肥沃"的研究环境？要回答这些问题，我们可以使用从2003年至今较新的数据，创建类似的可视化图形，看看最初在这些低洼地区——非热门研究领域工作的研究者，能否攀登现有的山脉——即进入热门领域，或者他们能否创建新的研究领域。

虽然自组织示意图形对于了解文本数据很有用，但是创建这种图形非常耗

---

① http://www.gutenberg.org
② Skupin，André. 2004. "The World of Geography: Visualizing a Knowledge Domain with Cartographic Means." *PNAS* 101 (Suppl. 1): 5274–5278.

时，而且对计算性能要求很高。地图标注是自动进行的，采用论文摘要子集中最常用的术语。如果这些标签看起来很奇怪，那是因为它们已经词根化(stemmed)了，我们将在本章稍后讨论这个概念。

4.2　概述和术语

在本节，我们将看看主题数据的不同表示形式，并讨论这些数据可视化与分析中使用的术语。主题分析或文本分析的主要目标是了解主题数据集的分布——涵盖哪些主题，每个主题占多少比例。主题分析感兴趣的领域还包括主题是如何显现(emerge)、融合(merge)、 分裂(split)或消失(die)的，特别有趣的是检测新的研究领域。许多人还对主题突现(topic bursts)感兴趣(参见 2.4 部分)。

我们可以在宏观层面到微观层面开展不同级别的主题分析。例如，我们可能考察单个文档，或者个人的研究成果，这是微观层面的分析。我们也可以考察期刊和卷册或科学学科等，这是宏观层面的分析。

进行主题分析时，第一个最基本的术语是**文本**(text)，即书面或口头表达的词汇序列(例如，一本书、一张报纸、一份电子邮件，或者更短的文本，如一条推特)。大多数情况下，我们不只是分析一段文本，而是分析整个**文本语料库**(text corpus)。例如，我们可能会分析一个用户的所有推文(tweets)。我们已经看过布拉德福德·佩利创建的四卷本的文本弧可视化图形(见图4.3)，但通常我们会分析许多书籍或文章摘要，比如安德烈·斯库平对 22 000 篇AAG 论文摘要创建的可视化图形(见图4.4)。主题分析的目标之一是识别非结构化文本的**主题**(topics)，可以通过识别文本中明确出现的名词短语，也可以识别文本的隐性术语。在主题分析中我们还可能会遇到的另一个术语是 n-gram模型，即一个文本或言语中的n项序列的子序列条目。**停用词**(stop words)大体上可以定义为文本中常用的冠词和虚词，如a、the、in、and等。分析文本语料库时，我们一般会删除这些单词，因为它们没有什么实际含义。**词根化**(stemming)是主题分析预处理阶段的一个步骤。例如，如果有playing、playful、player这几个词，词根化会将之简化为play。也就是说，原本这三个词都会映射(mapped)为play，这样可以减少分析的词汇，使得分析大量的文本更具有操作性。

进行主题分析时，常常遇到的两个主要问题，即同义词(synonymy)和多义词(polysemy)。同义词是指存在含义和意义都很相似的词语和短语，实际上却是两个不同的词。例如欢乐的(happy)、快乐的(joyful)、高兴的(elated)，这三个词的意思大致相同。另一个例子可能是关闭(close)和关上(shut)，这两个词意义也类似。多义词是指一个词可以有不同的含义。例如，我们可以坐在河岸(bank)，可以把钱存在银行(bank)。Crane可以指建筑施工中使用的起重机，也可以指仙鹤。多义词的例子有很多，精确的主题分析应消除这些多义词的歧义。通常，我们可以通过分析这些词所在的上下文来消除歧义。

主题分析常用的呈现形式有图表(charts)、表格(tables)、图形(graphs)、地理空间图(geospatial maps)和网络图(network graphs)。

图表(charts)，比如词云图，没有明确的参考系统。图4.5 是词云(word clouds)的一个例子，词语来自于互联网电影数据库(IMDb)中的电影片名。创建这个词汇云使用了wordle①这个在线服务系统，此系统可以帮助我们快捷地从文本数据中创建词云。某个词汇出现在电影片名的次数越多，在词云中呈现的字体就越大。较长的词语往往位于词云中部，但其实排列顺序并没有涉及真实的空间参考系统。

图4.5　取自互联网电影数据库(IMDB)电影片名中的词语，使用wordle创建而成的词云(http://cns.iu.edu/ivmoocbook14/4.5.jpg)

表格(tables)易于阅读，还可以扩展到大型数据集。马里兰大学人机互动实验室(Human-Computer Interaction Lab，缩写为HCIL)开发的数字图书馆图形界

---

①　http://www.wordle.net

面[①②](Graphical Interface for Digital Libraries，缩写为GRIDL)这类工具，允许用户使用二维树型图(two-dimensional tree display)同时查看数千份文档(见图4.6)。GRIDL 允许用户使用分类和分层轴进行导航，这些轴称为层次轴(hieraxes)。实际上，我们单击"埃及"这个词，可以看到沿着底部展示的埃及内部的城市。我们越往下移动分类轴，类别就分得越细致，这可以帮助我们探索主题及其副主题。同时，会有信息栏告诉我们在埃及类别中以及希腊类别中还有多少数据点。如果数据集包含过多文件，不能完全显示在单元格中，GRIDL 提供了将多个文件整合为条形图的方式。这样，我们可以同时查看多达10 000条记录，以快速发现模式和分布。GRIDL 还支持给附加数据属性的颜色编码(图4.6中未显示)。

图表(graphs)通常用于主题分析结果的可视化。例子是显示某个词语/主题随时间进展出现的频率，环形可视化图形(如4.3文本弧可视化图形)，以及交叉地图(cross maps) (见图4.2 炭疽研究文献的时间轴)。

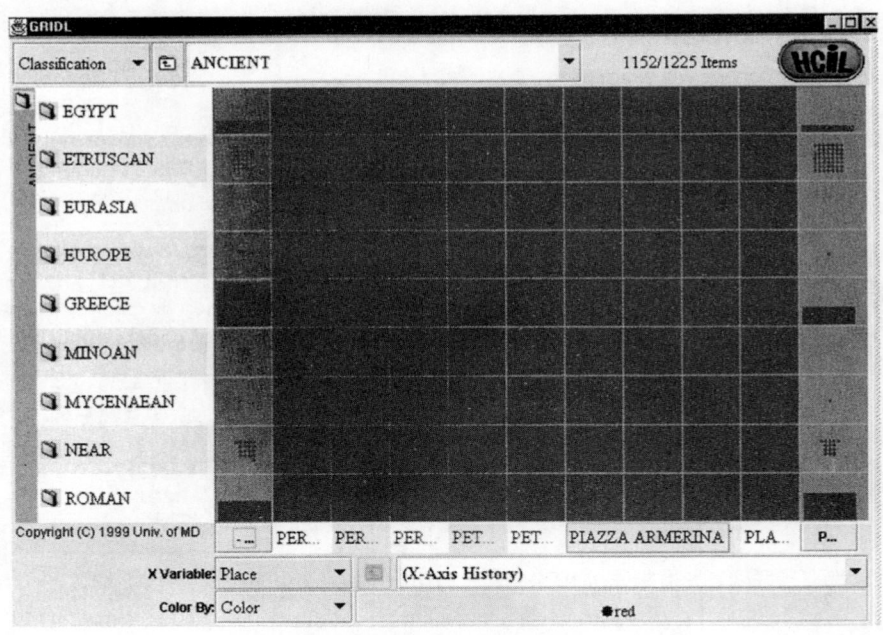

图4.6　使用层次轴的数字图书馆图形界面

我们可以使用**地理空间图**(geospatial maps)来表明哪些研究主题出现在什么空

---

① Shneiderman，Ben，David Feldman，Anne Rose，and Xavier Ferré Grau. 2000. "Visualizing Digital Library Search Results with Categorical and Hierarchial Axes." In *Proceedings of the 5th ACM International Conference on Digital Libraries* (*San Antonio, TX, June 2–7*)，57–66. New York: ACM.
② http://www.cs.umd.edu/hcil/west-legal/gridl

间位置(例如，我们可以使用比例符号图来显示美国各大机构中有多少作者发表过关于纳米技术的论文)。也就是说，我们将使用不同面积大小的编码来表示有关纳米技术所发表的论文数量。美国主要研究机构[①]间信息散播的可视化图形(见图1.4)叠加在一张美国地图上，其体现了承担美国生物医学研究的重要机构。第7章讨论的发光图展示(Illuminated Diagram display)(见图7.2)提供了一种交互式手段，以探知世界什么地方开展了哪些研究。

或者，我们可以创建一个使用地理空间隐喻的抽象二维空间。由安德烈·斯库平创建的地理学研究的自组织示意图(见图4.4)就是一个例子。其中，22 000篇文摘分别对应自组织示意图中一个特定的单元格。新发表的摘要添加到了该示意图中，此示意图是基于新发表的摘要和单元格中已存在摘要之间主题的相似性创建而成的。比较每个单元格中全部摘要与新发表摘要的相似性是相当费事的，我们可以锁定表格或智能索引来加速这一比较过程。最终，新的摘要被放在自组织示意图中主题最相似的单元格内。

网络图(network graphs)，如分层数据的树形可视化图形(图4.2炭疽研究文献时间轴左侧的主题层次结构)，词共现网络图(word co-occurrence networks)(参见第4.8节)，概念图(concept maps)和科学地图交叠(science map overlays)(参见第4.4节)都可以用于呈现主题分析的结果。

4.3 工作流程设计

在本节中，我们将研究用于分析和可视化主题数据的基本工作流程(见图4.7)。使用第1章中介绍过的工作流程，我们首先会考察数据以及如何读取数据——通常以何种格式输入文本数据，如何分析数据以及如何将数据可视化。就可视化而言，我们将再次着眼于不同的参考体系，以不同方式叠加数据，以不同方式对数据变量进行图形编码。最后，通过可视化的发布，我们可以验证且理解这些可视化结果。正如我们已经了解的，可视化方式的不同会导致额外的数据采集和额外的数据分析等。图4.7示例性地显示了词云和带有比例符号数据的科学参考体系相叠加的图形，其中圆形大小表示发表论文的数量，而圆形颜色代表的是科学的主要学科。

---

① Börner，Katy，Shashikant Penumarthy，Mark Meiss，and Weimao Ke. 2006. "Mapping the Diffusion of Information among Major U.S. Research Institutions." *Scientometrics* 68，3: 415–426.

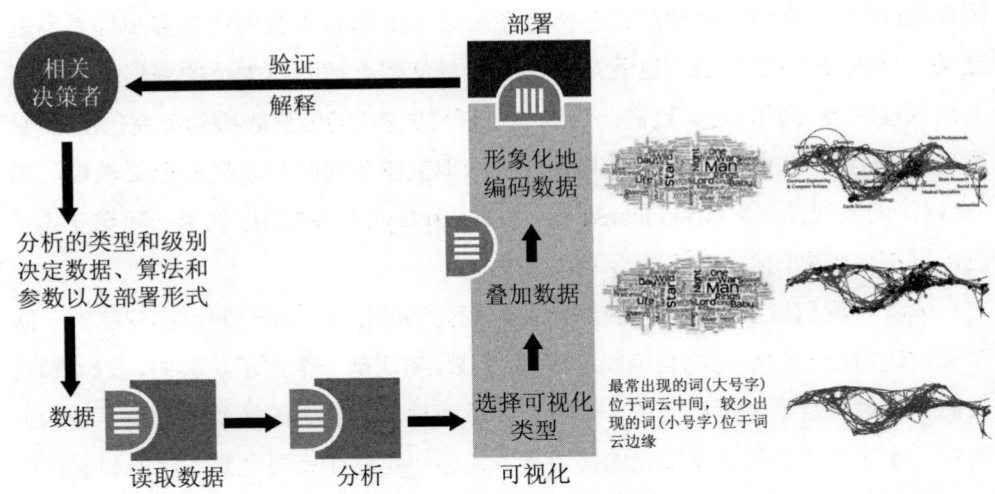

图4.7　　科学参考系统的UCSD地图可视化工作流程

读取和预处理数据

我们可以从许多来源获取文本数据，可以简单地从任何文档中复制文本或下载在线资源。示例包括Google Ngrams 数据集[①]，该数据集包含谷歌扫描的数以百万计的书籍文本，古腾堡项目(Project Gutenberg)[②]的免费电子图书，英文词汇数据库(WordNet lexical database for English)[③]，KD数据库(KD datasets)[④]，此前提到过的学术数据库(ScholarlyDatabase)[⑤]，或挖掘数据(http://www.diggingintodata. org)网站中列出诸多数据库里的任何一个数据库[⑥]。大多数文本数据以文本(txt)或者表格(csv)形式呈现。

获得数据后，我们需要预处理数据。例如，我们可能要**小写**(lowercase)所有字母。这样标题中或在句子开头大写的单词和其他小写字母的单词得以同样方式处理。接下来，我们**标记**(tokenize)文本。在这里，我们将文本拆分为一个个词语的列表，由文本分隔符分隔开来。将每个词语视为不同的表征，这样，我们能够以编程方式处理这些词语。然后，我们需要将多个表征**词根化**(stem)。在这个阶段，我们删除词语的前缀和后缀，只留下词根来帮助确定一个词语的核心意思。最后，我们会删除**停用词**(stop words)，如从文本中删除"of""in"。图

---

① http://books.google.com/ngrams
② http://www.gutenberg.org
③ http://wordnet.princeton.edu
④ http://www.kdnuggets.com/datasets
⑤ http://sdb.cns.iu.edu
⑥ http://www.diggingintodata.org/Repositories/tabid/167/Default.aspx

4.8示例了文本归一化的过程，该示例采用的是艾伯特-拉斯洛·巴拉巴西(Albert-László Barabási)和艾伯特·瑞卡(Albert Réka)所著的标题为《随机网络扩展的出现》[①](*Emergence of Scaling in Random Networks*)的论文。正如本章前面所讨论的，尽管进行了归一化处理，我们还是要注意处理同义词和多义词。

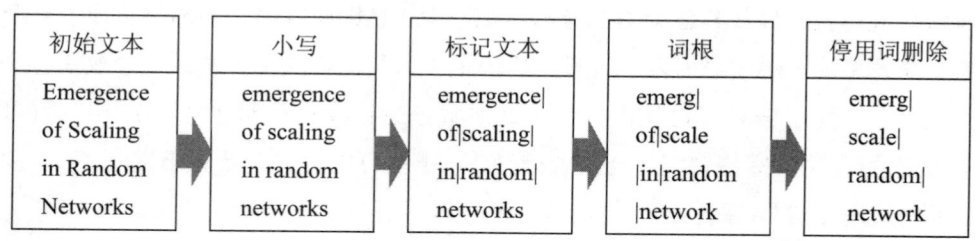

图4.8　文本归一化流程示例

分析和可视化

就主题分析而言，我们可以使用多种截然不同的分析类型，包括频率分析、聚类分析和分类分析或情感分析(sentiment analysis)，比如试图分析一段文本是赞成还是反对某一主题。主题分析还可以使用爆发分析(burst analysis)，我们在第2章时序数据分析中曾讨论过这种方法。

主题分析通常意味着分解高维度的主题空间。例如，我们可能希望分析古腾堡项目中出现的全部共 42 000 份文档。如果对整个数据集做主题分析，那么我们就需要分析在这些著作中出现的所有词语，总数极有可能超过10万个。所得到的逐个文档矩阵，图书行(book rows)会超过42 000，词语列(word columns)会超过10万。矩阵的每个单元格中的值表示某些术语在书中出现的频率。尽管我们在研究这个高维度的主题空间，实质上表示这个空间的只有两个维度(例如，以主题图体现)。降维(Dimensionality reduction)，比如自组织示意图(self-organizing maps)或多维排列(multidimensional scaling)，有助于降低空间的维度；不同技术的综述请参阅博纳(Börner)等人的著作。[②]降维的目的是在这个高维的空间中保留最重要的语义结构，因此可以只用两个或三个维度来表示该空间。

在开展文本分析时，我们可以使用词典或主题词表来确认词语的意思。

---

① Barabási，Albert-László，and Albert Réka. 1999. "Emergence of Scaling in Random Networks." *Science* 286: 509–512.

② Börner，Katy，Chaomei Chen，and Kevin W. Boyack. 2003. "Visualizing Knowledge Domains." Chap. 5 in *Annual Review of Information Science & Technology*，edited by Blaise Cronin，37: 179~ 255. Medford，NJ: American Society for Information Science and Technology.

其中有些词典是在线的，比如VocabGrabber service，①该词典提供了一个可视化界面，以确定一个完整文本中词句所在的语境。图4.9示例是将互联网电影数据库(IMDb)网站上评级最高的250 部电影名输入到VocabGrabber中的结果。VocabGrabber从给定文本中自动创建了一个词汇列表，我们可以进行排序、筛选和保存该列表，以备其他类型的分析所用。至于IMDb 数据，该网站反馈了一个按出现频率排序的术语列表。最常用的词是"人"，其次是"生活""戒指"和"明星"。除了按频率对词语排序，这项服务也让我们看到哪些词汇与地理(显示为蓝色)有关，哪些词汇可能指人(紫色)，哪些可能适用于社会研究(金色)，以及哪些适用于科学(绿色)；"终结者"不好做很适当的分类。

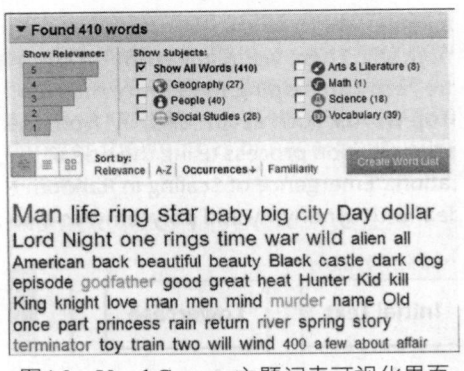

图4.9   VocabGranner主题词表可视化界面

我们可以按类别筛选结果，如地理学(见图4.10)，这样可以把词汇表缩减到与地理相关的词条。有两个字以其他颜色呈现，因为它们和其他类别也相关。此外，我们可以使用VocabGrabber将语义网络可视化——其中显示"人"与英属"曼岛""人类""人属"等相联系。

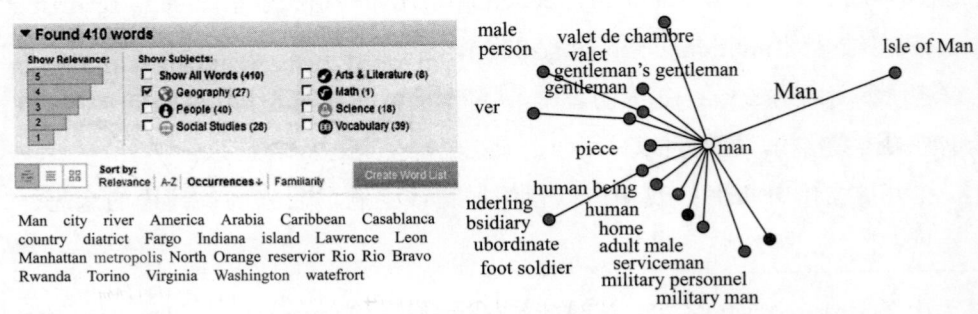

图4.10   VocabGrabber支持根据分类筛选(左)并创建语义网络(右)

①   http://www.visualthesaurus.com/vocabgrabber

常见的主题可视化的另一个例子是词云，如图4.5显示的用wordle.net[1]生成的词汇云，使用的同样是互联网电影数据库(IMDb)中排名前250的电影片名的数据集。这种布局试图填补现有的空间，其中经常出现的词语更靠近图形中心部分。字体大小和出现频率成正比，颜色没有任何意义，只是为了使词云更易读。这种布局是非确定性的，所以我们每一次计算后，会得到略微不同的布局。该服务允许用户从各种布局和配色方案中进行选择。

Google Books Ngram Viewer[2]是另一个可视化的例子，它显示随时间变化的词频(见图4.11)。在这个具体的例子中，我们看到的是用三个逗号分隔开的短语——"阿尔伯特·爱因斯坦""夏洛克·福尔摩斯"和"弗兰肯斯坦"的结果。Google Books Ngram Viewer所做的是确定这些术语在1800年至2000 年间书籍中出现的频率。我们可以看到"弗兰肯斯坦"出现率最高，其次是"夏洛克·福尔摩斯"，最后是"阿尔伯特·爱因斯坦"。

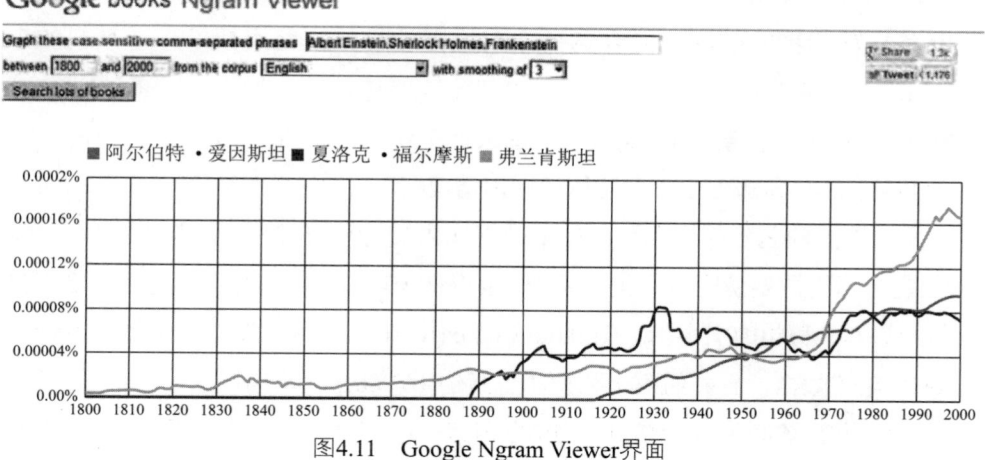

图4.11　Google Ngram Viewer界面

下一个可视化例子显示的是网络图科学地图(network graph science map)。我们使用加州大学圣地亚哥分校(University of California San Diego，缩写为UCSD)的科学和分类系统图创建这个示意图。该图呈现了554 种不同科学学科的二维图。13个主要科学学科用不同的颜色编码和标签标记。我们可以使用这个基础图叠加出版物的数量或某个研究员、机构或国家的被引频次。在这里，我们展示的是叠加了4个网络科学研究者出版物的结果。如图4.12所示，许多出版物都属于

① http://wordle.net
② http://books.google.com/ngrams

数学与物理学科(用紫色表示)，但也有不少社会科学类(用黄色表示)。如果将某一出版物添加到该示意图中，首先需要确定其刊物的出版地点，然后使用关联了554类不同科学学科分支、总数超过 25 000 份的期刊杂志查找表，再将该出版物添加到正确的节点。如果是更大的出版物集合，在查找之前确定各期刊出版的地点和出现频率是有意义的。请注意，有 95 份出版物未被归类，UCSD的科学地图可能未涵盖这些书籍或论文的出版地。

我们还可以使用很多其他工具开展文本分析，以确定主题并绘制主题示意图。这些工具包括与OSGi/CIShell 兼容的Textalyser[1]和TexTrend[2]，还有用于创建、可视化和探索科学计量学图谱的VOSviewer。[3]

4.4　分类系统的设计和更新：UCSD科学地图

在这一节，我们介绍加州大学圣地亚哥分校科学地图和分类系统(UCSD Map of Science and Classification System)，[4]该系统最初由加州大学圣地亚哥分校出资开发。我们讨论的内容包括最初地图的设计，使用斯维尔·斯高帕斯(Elsevier Scopus) 数据后的初始更新，使用汤森路透科学网(Thomson Reuters' Web of Science)和斯高帕斯(Scopus)数据后的最终更新、示意图验证(map validation)以及在不同的工具和服务中该示意图的应用情况。

原始地图的创建使用了斯高帕斯数据库内720万份出版物及其参考文献。原始地图也使用了(资源平台数据库)科学网(Web of Science)的数据，包括社会科学及艺术与人文科学的引用指数(Citation Indices)。此示意图的数据集涵盖了2001——2004 年的数据，合并的两个数据集包括约 16 000 份不同期刊。

为了计算数以百万计的出版物的相似度，该系统结合使用了书目耦合(bibliographic coupling)和关键字矢量(keyword vectors)两种方式。[5]相似刊物的集群被汇总到 554种科学的子学科中，再贴上标签，然后链接到相关的期刊和关键词。这些子学科进一步被汇总到13个主要科学学科中(例如，数学或生物学)，这

---

①　http://textalyser.net

②　http://textrend.org

③　http://vosviewer.com

④　Börner，Katy，Richard Klavans，Michael Patek，Angela Zoss，Joseph R. Biberstine，Robert P. Light，Vincent Larivière，and Kevin W. Boyack. 2012. "Design and Update of a Classification System: The UCSD Map of Science." *PLoS One* 7，7: e39464. http://dx.doi.org/10.1371/journal.pone.0039464

⑤　Klavans，Richard and Kevin W. Boyack. 2006. "Quantitative Evaluation of Large Maps ofScience." *Scientometrics* 68，3: 475-499.

在图示中有标签和颜色标记。

554门子学科和这些子学科的主要相似性的联系网络体系铺展于一个球体的表面。然后，采用墨卡托投影(Mercator projection)将其展示为一个二维地图(见图4.13)。就像世界地图一样，这幅UCSD科学地图也是水平环绕的(即，地图从右侧连接到左侧)。

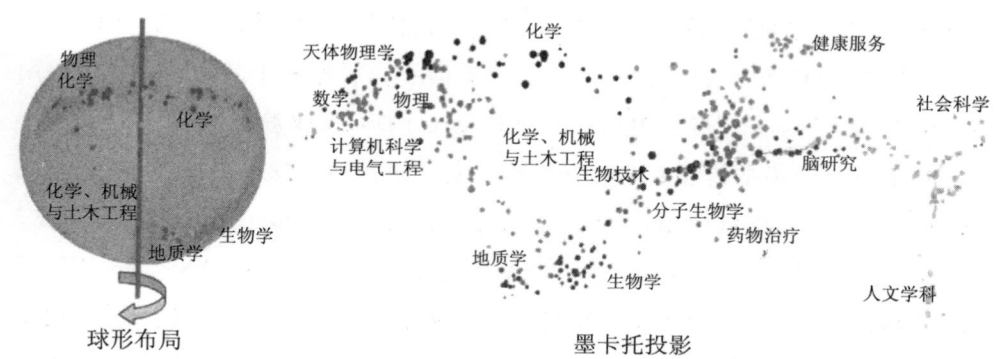

图4.13　涵盖五年斯高帕斯和科学网数据的原始图

为了叠加比例符号数据，创建了"科学—编码"这个新的数据集，使用的是和554门子学科关联的期刊和关键词。例如，一篇发表在《药物基因组学》(*pharmacogenomics*)期刊上的论文所属学科领域为分子医学(Molecular Medicine)，因为此子学科与该期刊的医疗健康专业人士的学科相关。可以免费从该网站下载一份表格，上面列出了不同的期刊名称及其所属的主要学科和子学科。[①]如果非期刊数据(例如，专利、资助金或招聘广告等)需要进行科学定位，那么以文本相似性为根据，与每个子学科相关的关键词将被用于确认每条记录所在的学科领域。

两年前，UCSD科学地图完全更新了，使用斯高帕斯2006—2008年的数据和科学网2005—2010年的数据，来源标题数目增加到了25 000个。在进行更新之前，确定了不断更新的科学地图的可取特点，更新过程就以这些特点为指南。[②]更新地图的过程采用了一种策略。在4 000多份新期刊中，计算了每份杂志和所属的子学科的被引频次及其引用频次(outgoing and incoming citations)。考虑到一些学科发表的论文比其他学科论文数目更多，然后将属于某一子学科的所有

① http://sci.cns.iu.edu/ucsdmap
② Börner，Katy，Richard Klavans，Michael Patek，Angela Zoss，Joseph R. Biberstine，Robert P. Light，Vincent Larivière，and Kevin W. Boyack. 2012. "Design and Update of a Classification System: The UCSD Map of Science." *PLoS ONE* 7，7: e39464. http://dx.doi.org/10.1371/journal.pone.0039464

期刊刊载的论文数量做了归一化处理。新期刊分别被归类到引用它的最顶级的子学科中。对于多学科期刊,如《公共科学图书馆·综合》(*PLOS ONE*),采用的是最大程度跨学科的相对重要性(the highest combined relativeimportance across subdisciplines was used)。研究者们把跨学科性强的期刊分配给一个子学科,是因为如果将《科学》(*Science*)或《自然》(*Nature*)的论文添加到科学地图,人们往往很难处理,所以与这两份刊物相关联的所有节点都会突出显示(或大小按比例变化)。

新的UCSD科学地图广泛应用于不同的展示、服务和工具中。除其他应用外,该图还用于发光图展示(Illuminated Diagram Display)(参见第7.2节),此种展示支持地理空间和主题性专业知识概况的交互式搜索。该图还应用于VIVO国际研究员联网服务(VIVO International Researcher Networking Service)(参见第7.2节),以便促进不同组织/机构间的专门知识的探索和比较。 MAPSustain 交互式网站[1][2]也已经应用此科学地图,MAPSustain网站为7种不同的出版物、基金及专利数据源提供可视化界面。[3]

该网络站点可以帮助研究人员、行业人员和政府工作人员了解可持续性,尤其是生物燃料(biofuel)和生物量(biomass)的活动与结果。最后,UCSD科学地图可用于 Sci2 工具中(见第4.6节的工作流程部分)。Sci2 提供大量的信息,即有关多少论文记录以示意图的形式展示于哪些子学科,列出了未被分类的记录以供数据清洗(data cleaning)使用。

在确认科学图谱的共识研究中,该科学地图已被证实为研究的一部分。[4]在那项研究中,检视了20张科学地图,发现对应性水平非常高。有些地图是基于论文的,有些是基于期刊的。有些地图的创建只是将专家就科学结构的观点具体化,有些使用了大型数据集和高级的数据挖掘和可视化算法。我们对20种科学地图的研究和比较结果,如图4.14所示。

每年都会出现新的世界科学地图。为了获悉新科学地图回答不同类型问题的

① http://mapsustain.cns.iu.edu
② Stamper,Michael J.,Chin Hua Kong,Nianli Ma,Angela M. Zoss,and Katy Börner. 2011. "MAPSustain: Visualising Biomass and Biofuel Research." In *Proceedings of Making Visible the Invisible*: *Art*,*Design and Science in Data Visualization*,*University of Huddersfield*,*UK*,edited by Michael Hohl,57–61.
③ Börner,Katy,and Chaomei Chen,eds. 2002. *Visual Interfaces to Digital Libraries. Lecture Notes in Computer Science* 2539. Berlin: Springer-Verlag.
④ Boyack,Kevin W.,David Newman,Russell Jackson Duhon,Richard Klavans,Michael Patek,Joseph R. Biberstine,Bob Schijvenaars,André Skupin,Nianli Ma,and Katy Börner. 2011. "Clustering More Than Two Million Biomedical Publications: Comparing the Accuracies of Nine Text-Based Similarity Approaches." *PLoS ONE* 6,3: 1–11.

精确度和实用性，需要更多的评价研究。

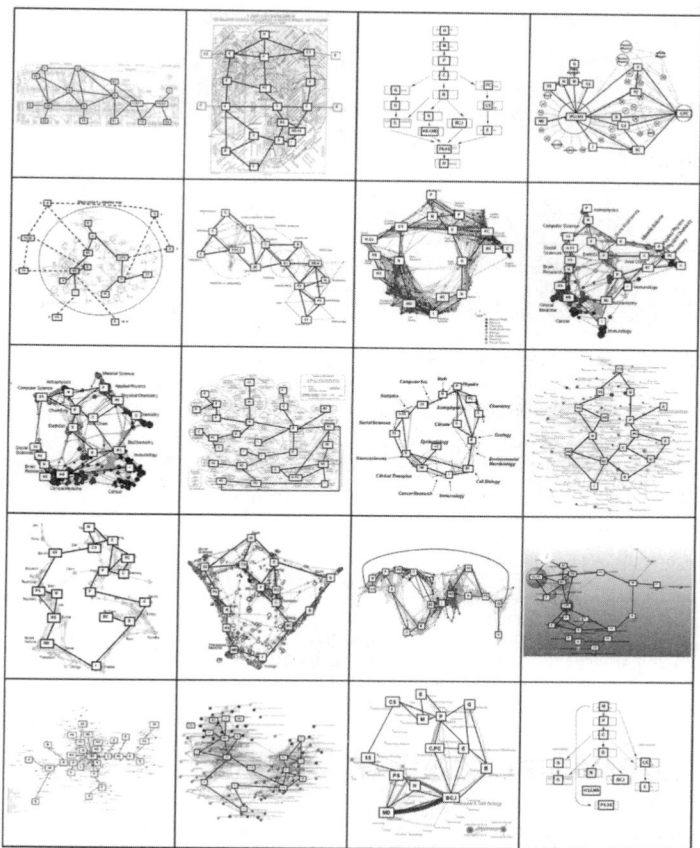

图4.14 20个不同的科学地图比较得出的共识图

🏠 **自我测评**

1. 词云属于哪种视觉化类型？

   a. 图表(Chart)

   b. 线形图(Graph)

   c. 示意图(Map)

2. 文本归一化中，"标记"指的是？

   a. 去除低意义(low-content)的前缀和后缀

   b. 去除低意义的符号(tokens)

   c. 将文本流分解为词语和短语

3. 文本归一化是主题分析和视觉化的准备步骤，下面哪一步和文本归一化处理无关？

    a. 小写所有字母

    b. 去除停用词(stop words)

    c. 词根化

    d. 提取共现网络(Extract co-occurrence network)

    E. 标记化(tokenization)

4. 哪种情况不需要文本归一化处理？

    a. 确定词语相似性

    b. 确定记录相似性

    c. 提取词语共现(Extract word co-occurrence)

    d. 进行可控的词语搜索

（二）实践部分

4.5　图绘PNAS中的主题激增

数据类型和覆盖范围		分析类型/层级	•	●	⬤
🕐 时间跨度	1982—2001	🕐 时间的		✕	
✦ 区域	全球	✦ 空间的			
≡ 主题领域	以生物医学为主	≡ 主题的		✕	
🔗 网络类型	词语共现	🔗 网络的		✕	

共同词(Co-word)分析确定的两个词一起使用(例如，在标题、关键字集、摘要和/或一篇论文的整个文本中)的次数。可视化加权和无向词共现网络(weighted and undirectedword co-occurrence networks)，可以提供数据集所覆盖主题的独特概观。

在此工作流程中我们解释如何结合爆发检测(burst detection)和词语共现分析来可视化美国《国家科学院院刊》(PNAS)1982—2001年间出版的生物医学类

研究论文中的主题和主题突现(topic bursts)情况。[1]完整数据集中的47 073 份论文，由2003 年亚瑟·赛克勒(Arthur M. Sackler)研讨会的图绘知识领域(Mapping Knowledge Domains)中的参会者提供，但不能共享使用。因而我们使用了较小的数据集，也就是使用原始数据集中50个最常见的和爆发最频繁的关键词语。这个词语共现网络(word co-occurrence network)有 50 个节点和 1 082根边线(edges)代表词的同现情况。该网络密度极高，因此我们采用了开创者网络缩放算法(pathfinder network scaling algorithm，缩写为PFNet)(参见第6.4节的介绍)，将大量的边线减少至62根。然后我们使用免费工具Pajek将该网络可视化。[2]虽然 Pajek 最初只是为Windows开发的，但是在Mac上也可以使用，通过设立Darwine实例(setting up an instance of Darwine)即可。[3]

此工作流程包括以下步骤：从Sci2 wiki的样本数据集部分下载 PNAS_top50%-words.net文件；[4]下载、安装并运行 Pajek；通过单击Pajek界面"Networks"部分中打开的文件夹图标将文件加载到Pajek；由此产生的加载报告将显示多少行的文件已被阅读，在本例中，有132 行已被阅读；接下来，从 Pajek 顶部的菜单选择Draw > Network；图形不带任何格式地呈现在单独的窗口。在图形窗口中按照以下步骤进行操作：

(1) 运行*Layout > Energy > Fruchterman Reingold > 2D*；

(2) 选择*Options > Size > of Vertices Defined in the Input File*；

(3) 选择*Options > Colors > Vertices > As Defined on Input File*，对节点大小调整和着色后，通过单击和稍微拖动节点以消除重叠；

(4) 选择*Options > Colors > Vertices Border > As Defined on Input File*；

(5) 选择*Options > Lines > Grey Scale*。

最后的可视化图形显示了出现频率最高的词语和突现(bursting)术语，它们共现的频率情况及词语突现的开始日期(见图4.15)。节点的大小基于突发的最大级别(maximum burst level)，颜色对应于最常用的词所在的年份，节点边界(node borders)的着色基于突现的开始年份，边线着色是基于这些词一起出现的频率，

① Mane，Ketan K.，and Katy Börner. 2004. "Mapping Topics and Topic Bursts in *PNAS*. *Proceedings of the National Academy of Sciences of the United States of America 101* (Suppl. 1): 5287–5290. doi:10.1073/pnas.0307626100.

② http://mrvar.fdv.uni-lj.si/pajek

③ http://vlado.fmf.uni-lj.si/pub/networks/pajek/howto/PajekOSX.pdf

④ http://wiki.cns.iu.edu/display/SCI2TUTORIAL/2.5+Sample+Datasets

参见图1.4 初始图示(original map)的说明。

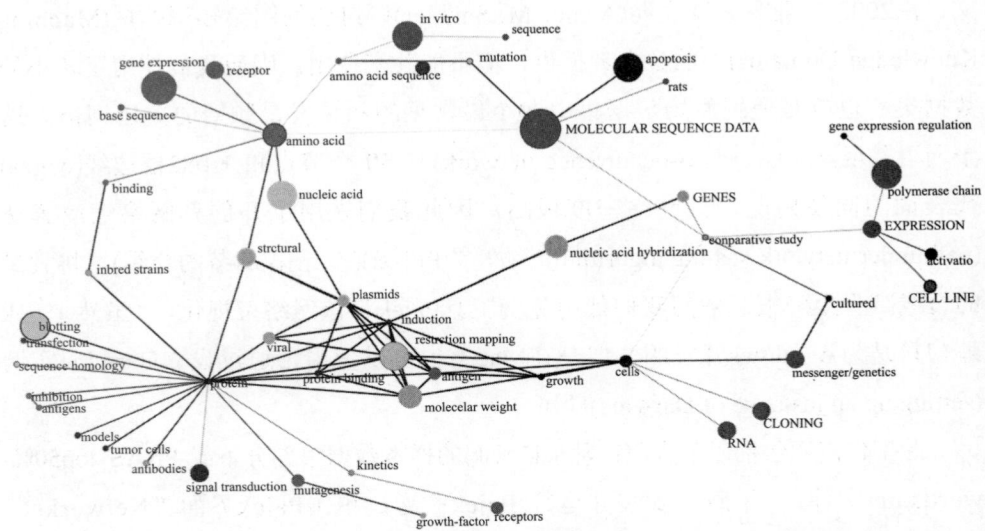

图4.15　1982—2001年间PANS期刊引用率排名前10%论文中位于前50的高频词汇和热门词汇的共词空间示意图(http://cns.iu.edu/ivmoocbook14/4.15.jpg)

4.6　UCSD科学地图

数据类型和覆盖范围		分析类型/层级	●	⬤	⬤
🕐 时间跨度	1955—2007	🕐 时间的			
✛ 区域	全球	✛ 空间的			
≣ 主题领域	以生物医学为主	≣ 主题的		✕	
⬒ 网络类型	词语共现	⬒ 网络的			

　　UCSD科学地图将13门主要科学中的554门子学科及其彼此间的关系可视化呈现，显示为点线连接图(见第4.4节示意图的设计、更新和应用)。此工作流程使用4个主要的网络科学研究者的论文发表数据：斯坦利·沃瑟曼(Stanley Wasserman)、尤基·加菲尔德(EugeneGarfield)、亚历山德罗·维斯皮那尼和艾伯特-拉斯洛·巴拉巴西。数据是从2007年的科学网(Web of Science)上下载的。

　　运行*File > Load*加载*FourNetSciResearchers.isi* 文件到Sci2。[①]该文件将出

---

　① *yoursci2directory*/sampledata/scientometrics/isi

现在数据管理器中，文件名为"*361 Unique ISIRecords*"选择该文件，运行*Visualization> Topical > Map of Science via Journals*，使用默认参数(见图4.16)。

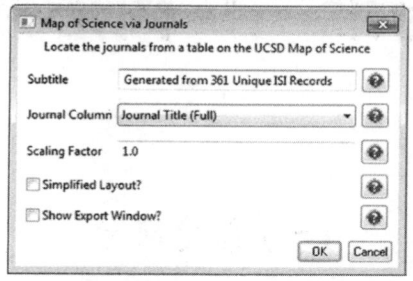

图4.16　在UCSD科学地图中用于叠加FourNetSciResearchers.isi 论文的参数

选择"OK"后，数据管理器中会出现三个文件，其中之一显示科学地图中的"所属期刊"，另一个显示"非属期刊"。查看第二个文件，更正所有拼写错误，这样，更多期刊可以图示出来。第三个文件是补充(PostScript)文件。保存该文件，将其转换为 PDF(参见附录)，并查看这一文件(见图4.17)。可视化图形显示四位研究者所涉及的主题——他们发表论文所属子学科都用圆圈显示。圆圈大小是基于论文的被引频次，颜色是基于所属13门学科而编码的。数学与物理(大紫色圆圈)中存在重要主题集中情况，计算机科学和社会科学中也存在这种现象。阅读图例说明会发现无法定位22份论文——应该检查这些论文是否有拼写错误。

🏠 **家庭作业**

下载你感兴趣的引用数据，请确保数据包含一些期刊名称。将这些期刊名及所下载的数据叠加到科学地图上，类似于在第4.6节中执行的工作流程。基于你的数据集所涵盖的研究领域，看看该示意图是否符合你的期望。

第5章

"与谁"：树形数据

（一）理 论 部 分

本章介绍了如何使用树型数据来回答"与谁"的问题。树型数据集，如目录结构、组织层次结构、分枝过程、家谱或分类层次结构，通常使用树型可视化图形进行组合和显示，主要是树视图(tree views)、树形图(treemaps)或树型图示(tree graphs)。

本节讨论可视化效果的示例、相关术语和可视化分层数据(hierarchical data)的不同方法。

5.1　可视化示例

在这里，我们将讨论树状可视化效果的4个例子。第一个示例是由莫里茨·斯特凡(Moritz Stefaner)设计的。此图描绘了一种分类法，该分类法是在欧洲建筑内容(Metadata for Architectural Contents in Europe，缩写为 MACE)项目中元数据的开发和使用中形成的(见图5.1)。[①]该项目旨在为教育和学习建筑提供更好的数字资源。该图示显示这种建筑资源的分类法的可视化形式。该可视化图形由不同语言，即英语、西班牙语、德语、意大利语和荷兰语中的2 800多个术语组成。最常用的词语放置在图形中心，自该中心开始而通向外部的放射线条，显示的是建筑学领域中使用更具体的词汇。

圆圈叠加了与每个类别相关的资源数目，可以帮助我们理解该分类法的结构和用途。对于该项目的主题专家(subject matter experts)而言，在质量控制以及迭代改进分类法方面，业已表明此可视化图形非常有用。这张地图是径向树形

---

① Wolpers，Martin，Martin Memmel，and Moritz Stefaner. 2010. "Supporting Architecture Education Using the MACE System." *International Journal of Technology Enhanced Learning* 2 (½): 132–144.

图(radial tree graph)很好的范例，我们将在本章后面更详细地讨论这种可视化图形。在MACE门户网站上还有交互式的版本。①

下一个可视化效果图，《生命之树》(见图5.2)②是径向树形图(radial tree graph)的另一个范例。该图由欧洲分子生物学实验室(European Molecular Biology Laboratory)的研究人员创建，显示了已被完全测序的191种基因组的物种发展史。三个子树对应于细胞生物体的三个领域：古细菌(Archaea)、真核生物(Eukaryota)和细菌。这些领域由图形外围三种彩色环带显示，环带中列出了191种物种名称。该图中心的树状结构基于直系同源(orthologs)，即物种形成过程(speciation)中共享一个祖先基因的不同物种的基因。

在另一个可视化图形中，我们看到世界性新闻组网络的回返者(returnees)树形视图(treemap)③(见图5.3)。这张视图由微软两位工程师创建，他们是马克·A.史密斯(Marc A. Smith)和丹尼尔·费舍尔(Danyel Fisher)，一位是社会学家，另一位是计算机科学家。他们创制的这幅图像，描绘了约190 000个新闻组的活动，这些新闻组在2004年发布了2.57亿个帖子。这一可视化图形使用的树形示意图布局(treemap layout)，最初是由马里兰大学的本·施奈德曼(Ben Shneiderman)提出的。④每个新闻组用一个正方形代表。例如，所有以"英国(UK)"开头的新闻组都位于带有"英国"标签的正方形中。在"英国"新闻组内的其他新闻组子类别，分别用"电视(tv)"和"rec"标注电视和娱乐新闻，此外还有许多其他子类别。树形图是一种空间填充布局(space-filling layout)。该图是经过分类处理的——所有大的类别在左下角，越往右上角，类别越小。

最后一个例子，《检视专利分类的演变和分布》(*Examining the Evolution and Distribution of Patent Classifications*)显示了专利分类及其随时间变化而演变的图示(见图5.4)。⑤该图显示了专利数量在两个时间段内的飞速增长：1983年至1987年和1998年至2002年。

---

① http://portal.mace-project.eu/BrowseByClassification
② Ciccarelli，Francesca，Tobias Doerks，Christian von Mering，Christopher J. Creevey，Berend Snel，Peer Bork. 2006. "Toward Automatic Reconstruction of a Highly Resolved Tree of Life." *Science* 311，5765: 1283–1287.
③ Fiore，Andrew，and Marc A. Smith. 2001. "Tree Map Visualizations of Newsgroups." Technical Report MSR-TR-2001-94，October 4. Microsoft Corporation Research Group.
④ Shneiderman，Ben. 1992. "Tree Visualization with Tree-Maps. 2-D Space-Filling Approach." In *ACM Transactions on Graphics* 11:92–99. New York: ACM Press.
⑤ Kutz，Daniel O. 2004. "Examining the Evolution and Distribution of Patent Classifications." In *Proceedings of the 8th International Conference on Information Visualisation*，983–988. Los Alamitos，CA: IEEE Computer Society.

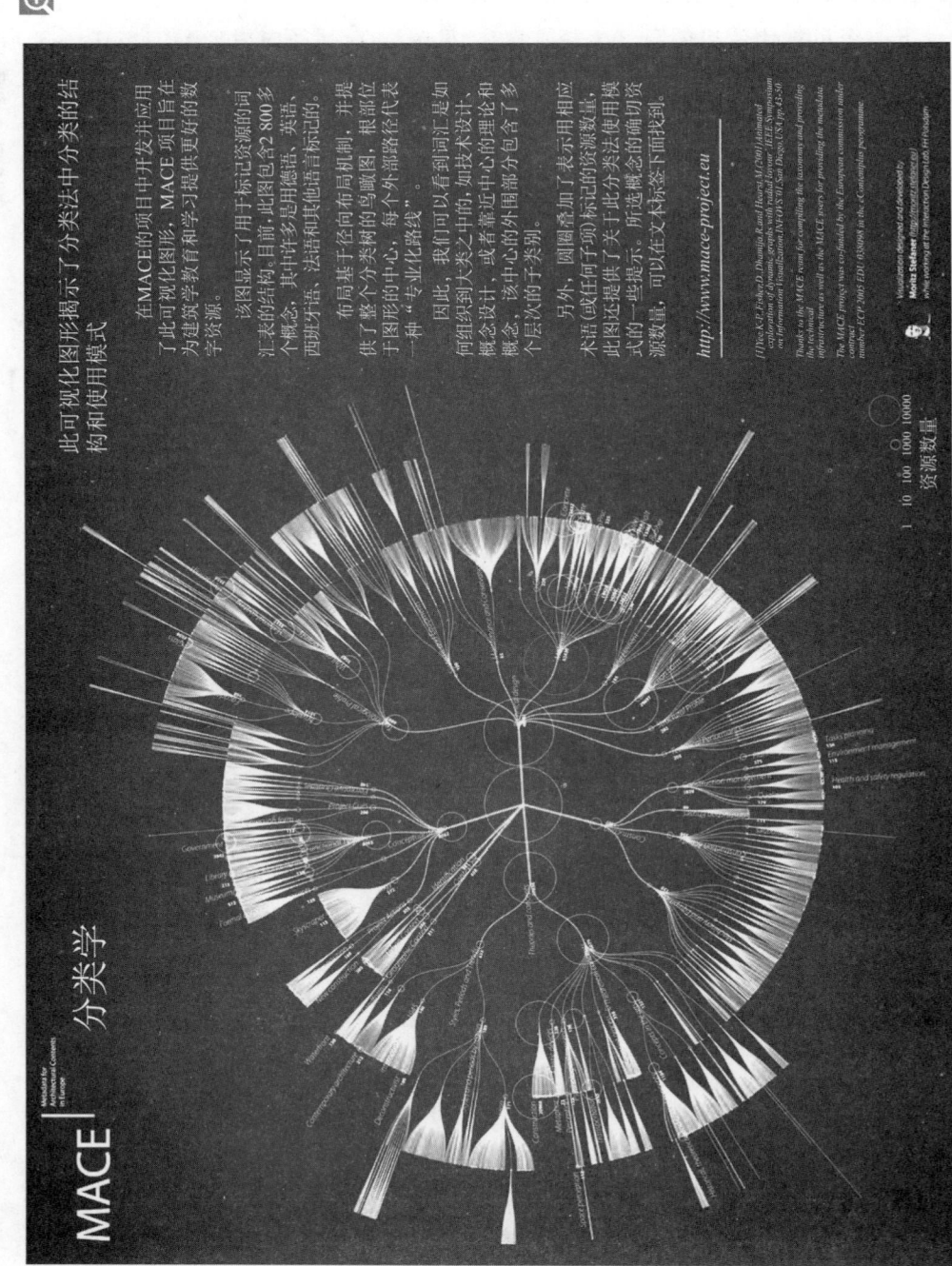

图5.1　莫里茨·斯特凡创制的MACE分类法可视化图形(2011)(http://scimaps.org/VII.9)

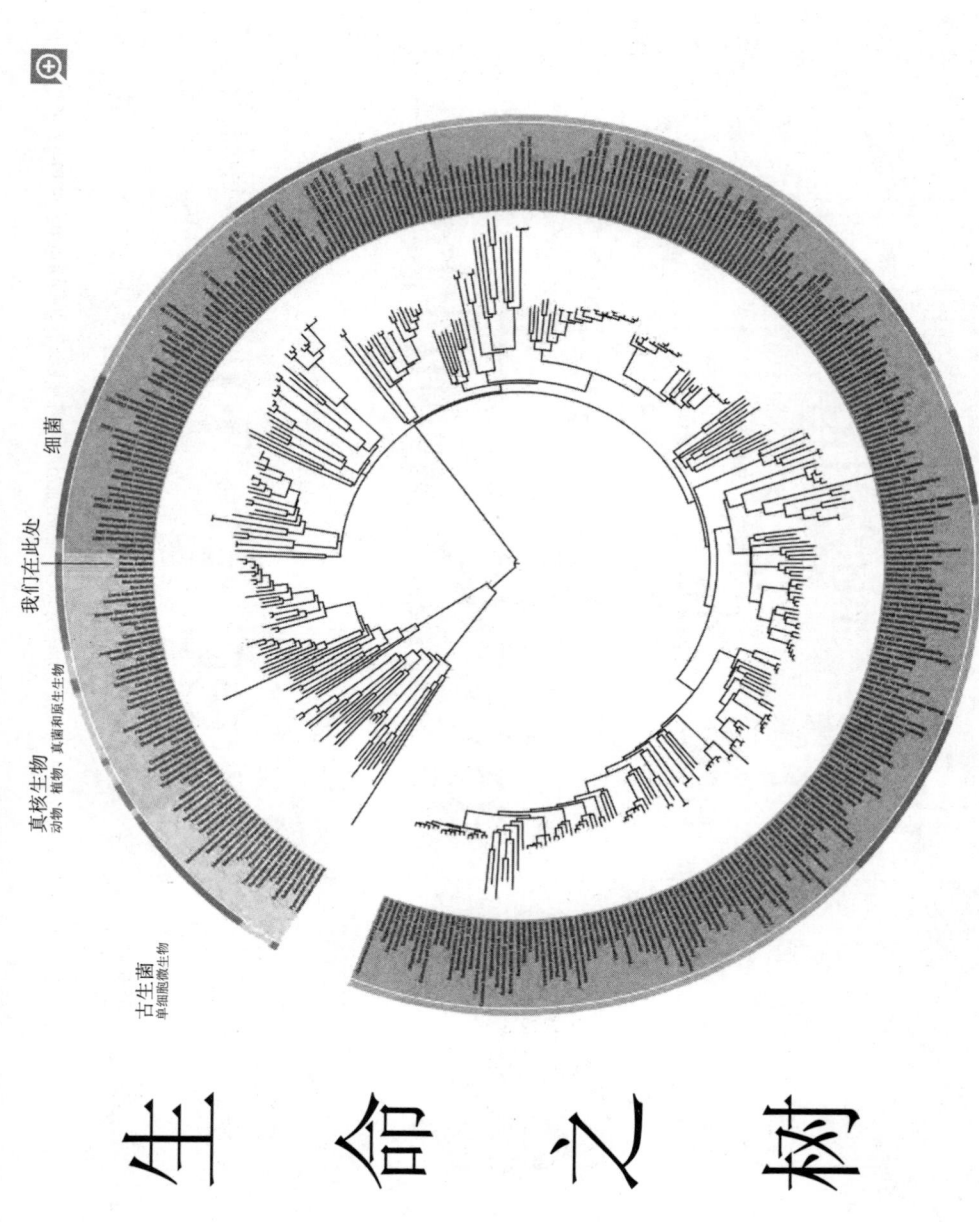

细菌

我们在此处

真核生物
动物、植物、真菌和原生生物

古生菌
单细胞微生物

生 命 之 树

图5.2 由皮尔·博克、弗朗西斯卡·奇卡雷利、克里斯·克里维、贝伦德·斯内尔、克里斯蒂安·冯·梅灵绘制的《生命之树》（http://scimaps.org/V1.1）

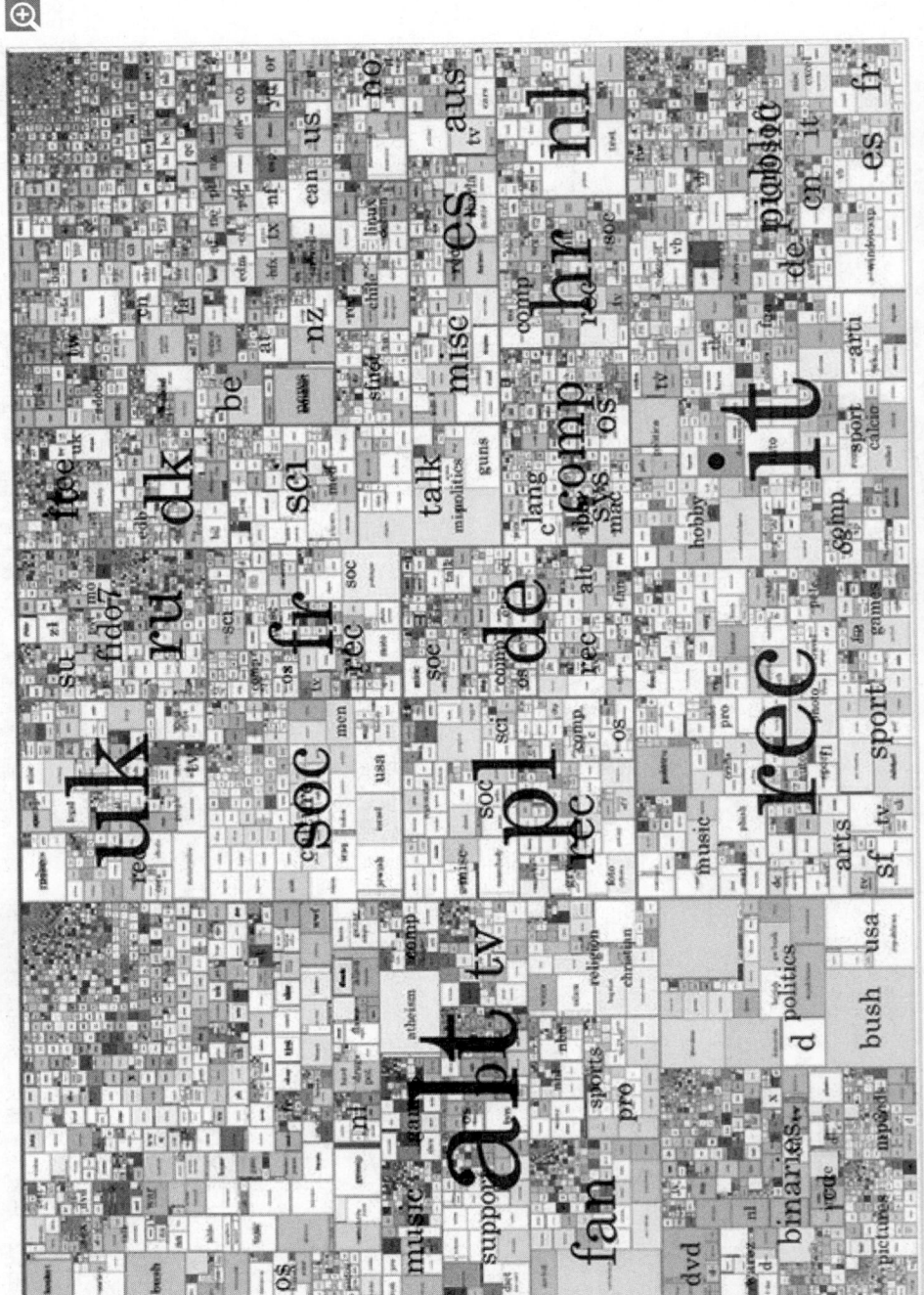

图5.3 马克·A. 史密斯和丹尼尔·费舍尔绘制的世界新闻组网络的返回者树形视图(2005)(http://scimaps.org/1.8)

该图以插页形式显示了增长缓慢的专利类别，即机械、化工等领域。此图也显示了快速增长的专利类别，其中包括电气和电子、计算机与通信以及药物与医疗。图示采用树形图布局，绿色表示增长，黑色表示停滞，红色表示下降。两个不同时间段的每一项专利类别由两个树形图呈现，所以我们可以看到专利类别的增长变化。图示右侧是前10个子类别及其专利数量列表。例如，类别514是药物、生物影响和身体治疗合成物。

图示的下半部分显示了苹果电脑和杰罗姆·勒梅森(JeromeLemelson)专利组合(patent portfolio)。我们可以看到苹果的专利随着时间的推移，大部分时间都在增长，仅有少数时间段是下降的。勒梅森的专利数量相对较少，但每年基本上持平。苹果公司的专利组合横跨 1980—2002 年，勒梅森的专利组合横跨1976 —1980 年。在五年内没有获得任何专利的类别，就用黄色编码显示。我们可以看到，在过去五年没有任何专利的类别里，苹果公司会时不时申请到新专利。然而，杰罗姆·勒梅森似乎主要是在新的类别中申请到专利，仿佛他是在覆盖更多的知识空间。

5.2 概述和术语

本节介绍关键术语和树形图的属性。树形图范例如图5.5 所示。该图通过边线(edges)相互连接的节点组成。这是一个**有根树系**(rooted tree)，因此具有指定的**根节点**(root node)，所有其他节点都是这根节点的子代。把标为 A的根节点想象为家族族谱中的"曾曾曾祖母"。标记为E的节点有一个**父辈节点**(parent node)B，还有一个**兄弟节点**(sibling)D 和两个**子节点**(children nodes)G 和 H。在层次结构分支上的最后一个节点称为**叶节点**(leaf)。

有些树形图是**无根树系**(un-rooted trees)，可以选择任何节点作为根节点。有些树形图是**二元树形网络**(binary trees)，如图5.5所示，每个节点最多有两个子节点。有些是属于有根树系的**平衡树系**(balanced trees)，但是所有叶节点到根节点的距离都一样。还有一种类型的树系被称为**分类树系**(sorted trees)(见图5.6)，每个节点的子节点都有指定的顺序，不过并非基于其自身的值。在此示例中，我们从 A节点到I节点使用的是所谓的**前跟次序**(pre-order traversal)，沿着虚线，顺着节点左、上、右的顺序以递归方式行进。综合来看，图5.6 中所示的树系是二元树形网络、不平衡的分类树系；如果我们指定 A 为根节点，那么可以把该图归类为有根树系。

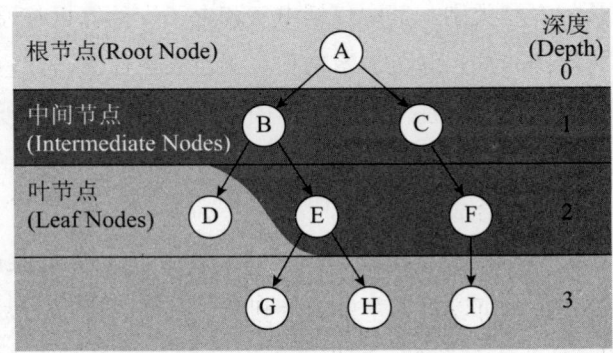

图5.5   深度不同的具有不同节点类型的树形图

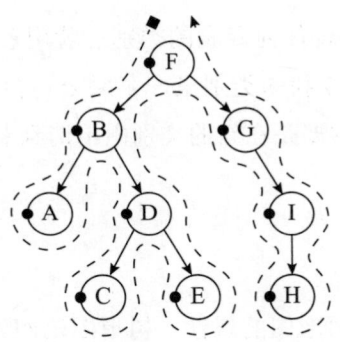

图5.6   分类的、二元的、不平衡的有根树系

就**节点属性**(node properties)而言，每个节点都有一个**入度**(in-degree)和**出度**(out-degree)，入度是指向该节点的边线数目，出度是该节点发出指向子节点的边线数目。根节点是树系中唯一的入度为零的节点。所有的叶节点的出度为零。树系中节点的**深度**(depth)指的是从根节点到该节点路径的长度。根节点的深度为零。每个节点和边线都可以有额外的属性。例如，在家谱中，一个人可能有姓名、年龄、性别、发型和眼睛颜色等属性。

就**树系属性**(tree properties)而言，通常分析树系以计算其**大小**(size)，即节点的数量；也计算节点的**高度**(height)(也称为深度)，即从根节点到最深的节点的路径的长度。在图5.5和图5.6中，树系大小都为9，深度都为3。

5.3   工作流程设计

让我们看看树形数据分析和研究的工作流程设计。第1章中已经介绍过，我们使用迭代过程(见图5.7)来确定相关决策者的需求，以便详细了解所需分析的类型和层级。我们然后尝试获取最佳数据，读取和分析这些数据，随后将数据可视化——这个过程涉及选择可视化类型、叠加数据，以及直观地对数据进行编码——最后我们**部署**(DEPLOY)可视化效果图形，便于相关决策者理解和验证。

图5.7示例性地说明了树形数据的这个过程。这个例子比较特别，因为大多数可视化效果没有设定参照系统，但是此例中的参考系统是从数据本身中生成的。例如，可能使用不同的算法布局文件目录结构(例如，一组节点和它们的边线)，如力导向布局(force-directed layouts)或第5.5节中讨论过的树形图示。在分析阶段运行计算时，额外的节点、边线以及树系属性可能会以可视化方式编码。

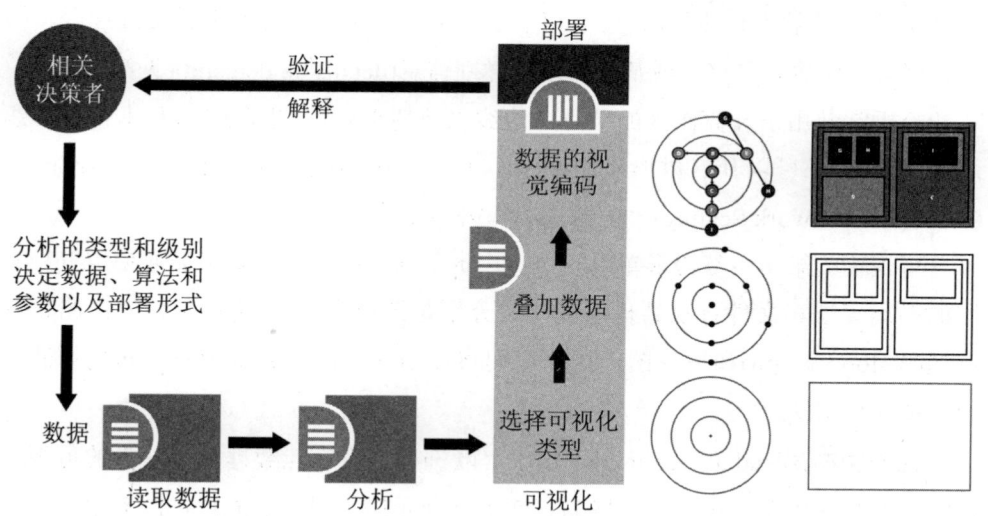

图5.7 具有两种树形布局示例的树形数据的可视化工作流程

阅读与预处理数据

在此阶段，我们可以从诸如IBM的Many Eyes[①]、Pajek 数据集[②]、斯坦福大学的大型网络数据集集合(Large Network Dataset Collection)[③]、Tore Opsahl的数据集[④]、TreeBASE Web[⑤] 或 Sci2 工具数据集[⑥]的存储库中下载树形数据。我们可以使用Sci2 工具这类软件程序来读取目录结构(见第5.5节)或从表格数据提取网

[①] http://www-958.ibm.com/software/data/cognos/manyeyes/datasets
[②] http://vlado.fmf.uni-lj.si/pub/networks/data
[③] http://snap.stanford.edu/data
[④] http://toreopsahl.com/datasets
[⑤] http://treebase.org
[⑥] http://sci2.wiki.cns.iu.edu/display/SCI2TUTORIAL/2.5+Sample+Datasets

络(见第6.3节的网络提取)。我们可以运行网络抓取工具(web crawler)来阅读网络内容。[1]

有多种数据格式来表示树形数据，但是数据通常采用网络格式，例如GraphML，用来表示图示的XML架构。其也广泛使用Pajek，正如网络工作台(Network Workbench，缩写为NWB)格式。其他数据格式包括TreeML，还有XML架构；其还使用Edgelists，这是一种简单的可以显示节点之间联系的文本文件；还有CSV格式，一种逗号分隔符数据(delimited data)。

分析与可视化

树形分析和可视化旨在最大化地探索和传达结构(如大小、高度)和内容信息(节点和边线属性)，同时有效地利用展示空间。交互性可能用于支持搜索、筛选、聚类，缩放和平移，或基于需求的详细信息(details on demand)(见第7章)。

分析常被用于计算额外的节点、边线以及树形属性(见第5.2节和本章的实践部分)。我们还可以开展树形简化(例如，使用第6.4节中讨论的探路者网络定位)(Pathfinder Network Scaling)、子树提取和树形比较。

可视化的第一步是树形布局的计算。本章部分的例子示范了如何使用五种不同的布局算法将文件目录结构可视化，分别是圆形布局、树视图、径向图、气球图(balloon graph)和树形图，这里我们将详细介绍两种典型的树形布局算法：径向图和树形图。

径向图布局(radial tree layout)用于"欧洲建筑内容元数据分类法"的可视化(见图5.1)和《生命之树》(见图5.2)。使用这种布局，根节点放置在图形中心，子节点都位于同心圆上，从根节点向外呈扇形散开。子节点均匀地分布在同心圆上，树形的分支不重叠。也就是说，算法必须考虑到存在多少子节点，以便有效地布局该图形。

具体而言，该算法将树形数据的结构和信息读取到最大的圆圈上，这个最大的圆圈可以显示在屏幕上或打印出来，我们可以把树系中最深层级(level)的节点放置在这个最大的圆圈上(如果节点大小是像图5.1中那样的编码，可能必须缩放其大小)。层级之间的距离(d)等于最大圆的半径除以该树形图的深度。然后在此基础上，我们将根节点放置在图的中心，根节点的所有子节点都均匀地分布在第

---

① Thelwall，Mike. 2004. "Web Crawlers and Search Engines." In *Link Analysis: An Information Science Approach*，9–22. Bingley，UK: Emerald Group Publishing.

一圈360度的周围(L1)。然后我们用2π除以第一等级节点的数目来获得一级节点间的角度空间(θ)。我们其实是要尽量判断一下最多能放置多少个节点以保证不出现重叠情况，与此同时依照同样方式放置父节点。对于本示例中的所有后续层级，也就是层级2和层级 3，我们使用其父节点、其位置和其子节点所需的空间来放置所有剩余的节点。对于每个节点，我们在其父节点列表中移动，然后浏览父节点的所有子节点来计算子节点相对于该父节点的位置。

通过确定平分线(bisectorlimits)(见图5.8中的绿线)后，该算法就划分出节点可用的空间。平分线将保证节点间间隔均匀，这样一个节点的子节点就不会和相邻节点的子节点重叠。要确定平分线，我们首先要找到切线(tangent lines)，切线垂直于父节点及其所在的圆(见图5.9中的蓝色线条)。蓝色线条间的交点，就是根节点发出的平分线所在的另一点。基本上，径向树布局算法(the radial tree layout algorithm)考虑三种情况：情况0放置根节点；情况1放置第一层级的节点，以便它们彼此间距相等，并计算出每个节点的平分线和切线；情况2注意到其他所有层级，包括第二层级以及更高层级的节点。它将该层级的所有节点连接成圆形，并获得父节点的一份列表，然后查找每个父节点的子节点的数目，再计算出这些父节点的角度空间。然后，将每个父节点的所有节点连接成圆，以计算其子节点的位置。

一个简单的例子如图5.9 所示。我们之前已经讨论过，左图数形数据大小为9，右图数据深度为3。右图显示三个同心圆，将用来放置所有9个节点。根节点将被放置在中心，所有其他节点都根据它们的深度放在同心圆上。切线和平分线用于确保一个节点的子节点与相邻节点的子节点都不重叠。由于该树形数据很小，切线不交叉，使得这种布局相当平凡。

2004年世界网络新闻组回返者树视图(见图5.3)和《检视专利分类的演化和分布》(见图5.4)。树图可视化效果不是直观易明的，需要练习才能成功读取。图5.10 将树形图和包含同样数据的树视图进行了比较。要布局树形图，需要两条信息：有根树系的数据结构(a rooted tree data structure)和可用于布局的区域大小。我们一般通过指定树形图中左上角和右下角的点的坐标来定义矩形区域。算法本身是递归的。它将根节点作为输入，以及可用于布局和分区方向 (例如，水平方向)的区域。然后，以"活动"(active)的节点为编码，"活动"节点在一开始是根节点，同时确定从该节点发出的边线(outgoing edges)数目n。如果 n 小于 1，则编码停止。如果 n 大于1, 那么该区域将根据边线数目依分区方向进行划分。所划分区域的每个子区域的大小对应于其值 (例如，文件目录中的字节数)或数据的一些其他属性。这样操作后，就改变了分区方向。例如，如果之前是水平方向，现在就变成了垂直，用新的"活动"的节点再次运行算法后，就会产生新的区域面积，而且会更新分区方向。

也就是说，虽然径向树形图把最高层级的节点分配在最大的圆圈上，但树形图(tree map)算法将径向树形图分配给了层级为 0的根节点。接下来，这个空间被进一步划分，划分区域根据绿色根节点的子节点数目而定。如图5.10所示，根节点有两个子节点，显示为灰色。在树形图布局中，这两个节点得到大小相同的空间(见图5.10右)。此外，节点B有两个子节点(D、E)，节点 E 有两个子节点(G、H)。相应地，在左侧蓝色B框中，有两个橙色框，其中一个被进一步划分成两个框。节点C 有一个子节点(F)，F节点也有一个子节点(I)，I为叶节点。因此，右侧蓝色框中显示了此嵌套结构，以I为叶节点。

树形图(treemap)布局的优势是100%地使用了显示空间，并且可扩展到包含数百万条记录的数据集。它显示了层级结构的嵌套(the nesting of the hierarchical levels)，还可以表示几个叶节点属性。然而，树形图有一些缺陷。难于比较两个区域的大小(例如，一个细长矩形与一个正方形的对比结果)，或者标注非叶节点并显示其属性值。我们可以留出空间进行标注和视觉编码，但这占用了展示数据的空间。此外，矩形有时候非常小，使得用户有可能很难查看。

力导向布局(force-directed layouts)，如Kamada-Kawai算法、Fruchterman-Reingold算法、"广义期望最大化"(Generalized Expectation-Maximization，缩写为GEM)算法，可以应用于树形数据的布局(参见第6章关于网络的示例部分)。

🏠 自我测评

1. 在文件系统中的文件占用空间可视化方面，哪种(或哪些)树形可视化类型最有效?

    a. 树视图(Tree view)

    b. 径向树(Radial tree)

    c. 树形图(Tree map)

2. 在决策树可视化方面，哪种(或哪些)树形可视化类型最有效？

    a. 树视图(Tree view)

    b. 径向树(Radial tree)

    c. 树形图(Tree map)

3. 对家谱可视化，哪种(或哪些)树形可视化类型可能没有效果？

    a. 树视图(Tree view)

    b. 径向树(Radial tree)

    c. 树形图(Tree map)

4. 如下图所示，请确定属性

    a. 节点B：入度，出度，深度

    b. 树：大小，高度，是否平衡，是否二元的，是否分类的

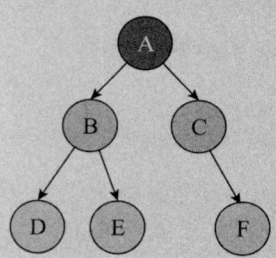

（二）实践部分

5.4 用SCI2可视化目录结构(分层数据)

数据类型和覆盖范围		分析类型/层级	·	●	⬤
🕐 时间范围	不适用	🕐 时间的			
✦ 区域	不适用	✦ 空间的			
☰ 主题领域	Sci2目录	☰ 主题的			
⛗ 网络类型	目录层次	⛗ 网络的	✕		

　　Sci2 提供了不同的算法来阅读、分析和可视化树形数据。例如，你可以在计算机或任何被绘制到计算机网络驱动器上阅读全部目录。只需运行"文件 > 读取目录层次结构"(*File > Read Directory Hierarchy*)，就会显示参数窗口，如图5.11所示。选择你计算机上的根目录，例如，Sci2目录可能刚好就在电脑的桌面上。然后输入要递归的级别数(the number of levelsto recurse)(即，读取该目录结构应达到的深度)。如果你想要阅读所有子目录，只需简单地确定单击"递归整个树系"(Recurse the entire tree)。接下来，你需要决定只查看文件目录还是同时查看在目录结构中的所有文件的名称，查阅或不查阅最后一个框。

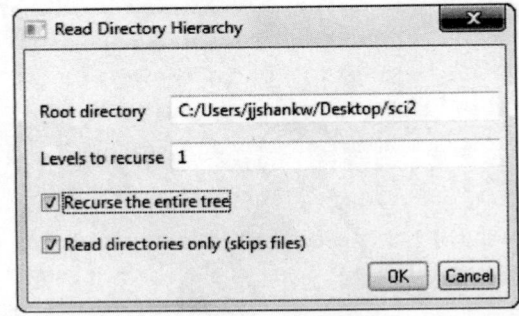

图5.11　　读取目录层次参数窗口：Sci2目录，递归整个树系并跳过输入的文件

　　注意，读取一个非常大的目录(例如整个硬盘)极其耗费时间。扫描Sci2的目录会在"数据管理器中"中添加一个"目录树"——数据可视化类库(测试版)图(Directory Tree)，如图5.12所示。

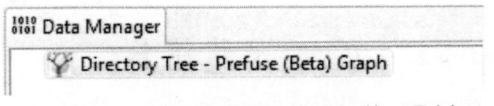

图5.12　　"数据管理器"中显示的目录树

　　此文件格式化后在 XML模式中被称为TreeML，使用数据可视化类库(测试版)图【*Prefuse(Beta)Graph*】。TreeML 文件包括一系列声明(declaration)和一系列以叶节点结束的分支列表。图5.13显示 Sci2 目录结构 TreeML 文件的开头。<branch>标记指示在层级结构中有子节点的节点，而<leaf>标记指示没有子节点的节点或在分支末端的节点。

　　若要查看整个TreeML 文件，用鼠标右键单击数据管理器中的目录树-数据可视化类库(测试版)图文件，并将其保存为TreeML(数据可视化类库)文件到你选择的目录位置。你可以使用很多免费的程序打开和编辑 XML 文件，如记事本(Notepad)或专有程序(proprietary programs)，如网页编辑软件(Adobe Dreamweaver)和XML编辑器(oXygen XML Editor)。

```
<tree>
  <declarations>
    <attributeDecl name="label" type="String"/>
  </declarations>
  <branch>
    <attribute name="label" value="sci2"/>
    <branch>
      <attribute name="label" value="configuration"/>
      <leaf>
        <attribute name="label" value=".settings"/>
      </leaf>
      <branch>
        <attribute name="label" value="org.eclipse.core.runtime"/>
        <leaf>
          <attribute name="label" value=".manager"/>
        </leaf>
      </branch>
      <branch>
        <attribute name="label" value="org.eclipse.equinox.app"/>
        <leaf>
          <attribute name="label" value=".manager"/>
        </leaf>
      </branch>
```

图5.13 表示为一个TreeML文件的Sci2目录的上面部分

随后，我们将使用五种不同的算法来可视化该树形结构示例：圆形布局(circular layout)、树视图(tree view)、径向树(radial tree)、气球图(balloon graph)和树形图(treemap)。

如果用**圆形布局**(circular layout)来可视化树形结构，你需要将数据管理器中的目录树-数据可视化类库(测试版)文件另存为"Pajek.net"文件。然后，将Pajek.net 文件重新加载到 Sci2中，你就能够使用 GUESS(GUESS是数据分析和可视化一种软件——译者注)【可视化>网络>GUESS(*Visualization > Networks > GUESS*)】将该网络可视化。一旦此网络已完全加载到GUESS后，就使用圆形布局 (*Layout > Circular*)。最后，通过设置"对象"(Object)到"所有节点"，添加节点标签，然后单击"显示标签"(见图5.14)。结果很快显示该树形数据的大小和它的**密度**(即节点和边线数目)。该树形数据的属性值可以被直观地编码。圆形布局(circular layout)并不能显示该树形数据的嵌套结构。

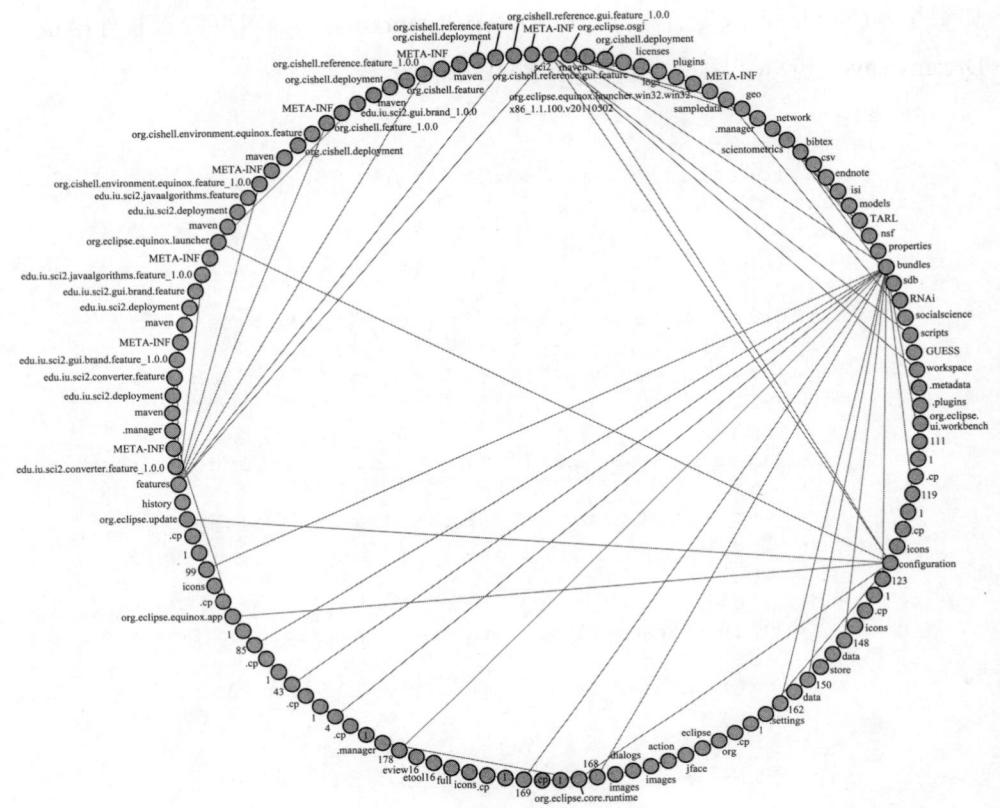

图5.14　Sci2目录的圆形布局可视化

要在树视图中可视化树形结构,请在"数据管理器"中选择"目录树 - 数据可视化类库(测试版)图",然后运行可视化>网络>树视图【数据可视化类库(测试版)】【*Visualization > Networks > Tree View (prefuse beta)*】。

初始的可视化显示了目录结构的前三个层级(level)(见图5.15)。如果你想要探索更深层的结构,单击该层级的任何目录,看看你所选取的节点下方嵌套的目录。如果你在寻找一个大型层次结构中某个特定的目录,"数据可视化类库"屏幕的左下方有一个搜索栏,可以让用户找到完全匹配已输入的搜索条件,这也是为什么你会看到"消歧义"(geo)在该可视化效果中以阴影突出显示的原因。

你还可以用一个径向图(radial graph)来可视化Sci2 的目录结构,请参阅第 5.3节中的解释。要看到这种布局的目录结构,只需运行可视化>网络>径向树/图(数据可视化类库字母符号)【*visualization > Networks > Radial Tree/Graph(prefuse alpha)*】(见图5.16)。通过在图形(例如,"科学计量学")中选择一个节点,该层次结构中的所有子节点都将突出显示。每当选择一个节点时,图形将重新排列以显示层次结构中该节点正下方的节点。请注意，径向树视图可能难以读取大型目录结构。

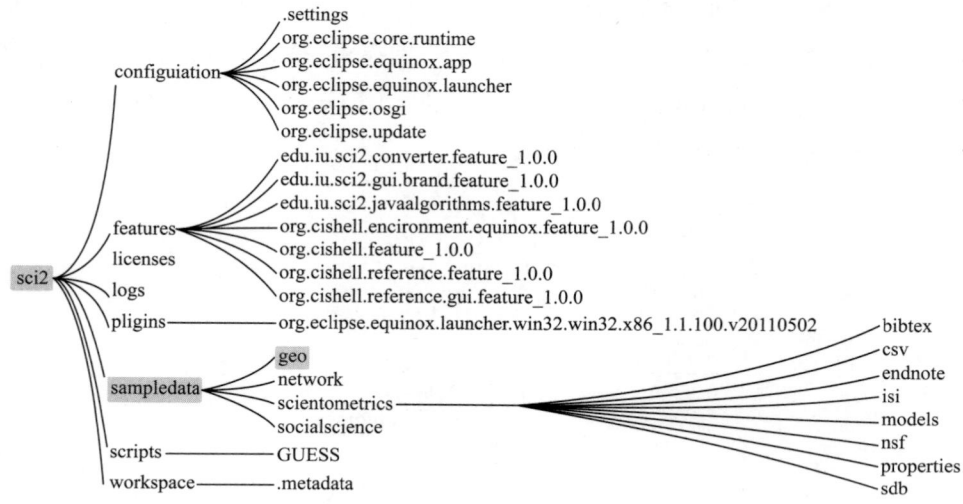

图5.15　Sci2目录的树视图可视化

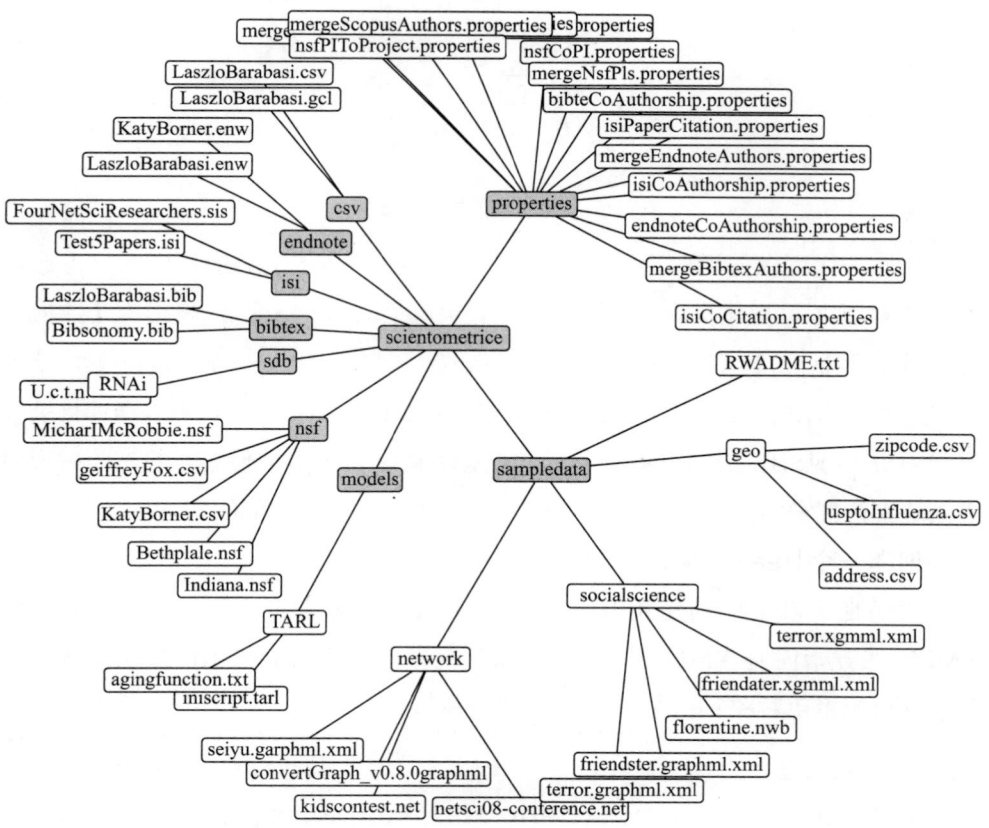

图5.16　Sci2"科学计量"目录的径向树图可视化

为了用气球图将树形数据可视化，必须安装额外的插件*BalloonGraph.zip*，该插件可以从第3.2节讨论过的 Sci2 *wiki*[①]上获取。重新启动 Sci2 之后，再次读取 Sci2 目录，并从数据管理器中选择"目录树-数据可视化类库(测试版)图"，然后选择可视化>气球图(数据可视化类库字母符号)【*Visualization > Balloon Graph (prefuse alpha)*】，结果如图5.17 所示。

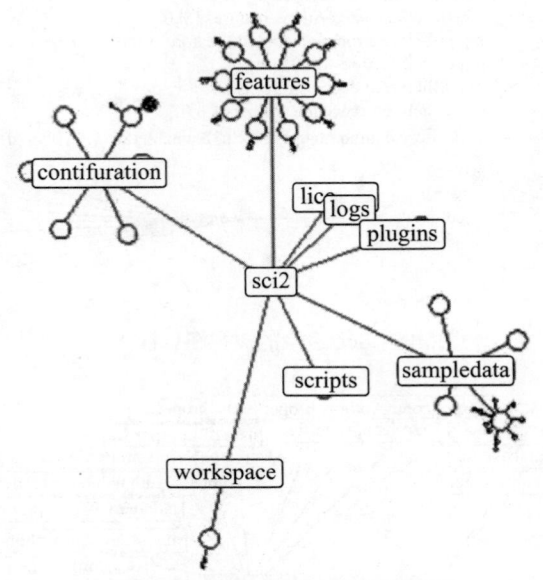

图5.17   Sci2目录的气球图可视化

此外，你可以使用树形图来可视化树形数据(见第5.3节的介绍)。只需选择"目录树-数据可视化类库(测试版)图"，并运行可视化>网络>树形图【数据可视化类库(测试版)】【*Visualization > Networks > Tree Map (prefuse beta)*】，结果如图5.18 (左图)所示。如果 Sci2 目录结构是和文件一起读取的，那么插件目录就显示为最大(见5.18右图)。本质上而言，Sci2 就是由很多插件组成的。此树形图界面还支持搜索(见右下角，输入"树"后的结果突出显示在右边)。

创建一个TreeML 文件

我们也可以手动创建和编辑较小的 TreeML 文件。这一过程有助于理解 XML。在开始任何 XML 编码之前，最好先草绘出你想要显示的层次结构。例如，你可能希望对图5.19(左)中所示的简单树进行编码。

---

①   http://wiki.cns.iu.edu/display/SCI2TUTORIAL/3.2+Additional+Plugins

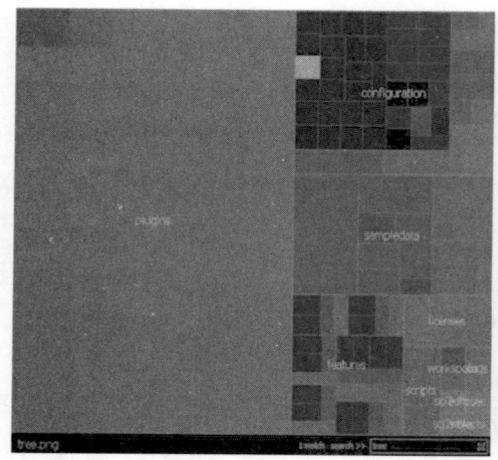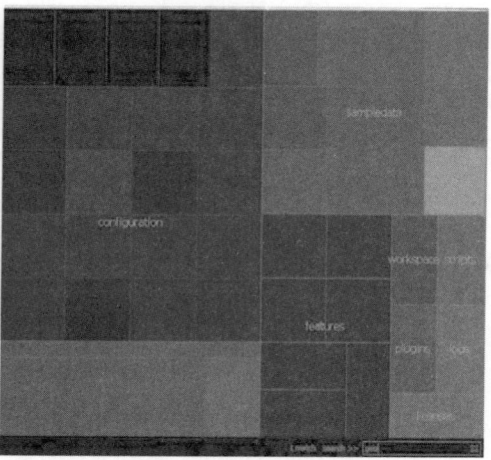

图5.18 Sci2目录的树形图可视化，左边包括所有文件，右边仅有目录

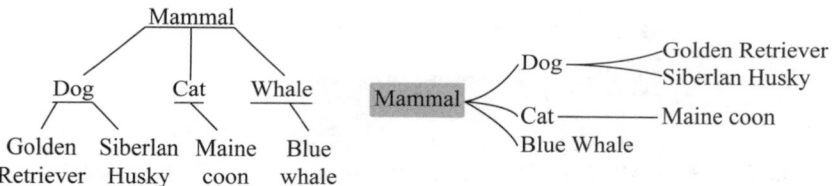

图5.19 简单的TreeML文件的草图(左)和树视图(右)

你可以使用任何文本编辑器，如记事本或专有程序，如网页编辑软件
(Adobe Dreamweaver)或者XML编辑器(oXygen XML Editor)创建一个 TreeML
文件(见图5.20)。

```xml
<?xml version="1.0" encoding="utf-8"?>
<tree>
<declarations>
<attributeDecl name="label" type="String"/>
</declarations>
<branch>
<attribute name="label" value="Mammal"/>
    <branch>
    <attribute name="label" value="Dog"/>
        <leaf>
        <attribute name="label" value="Golden Retriever"/>
        </leaf>
        <leaf>
        <attribute name="label" value="Siberian Husky"/>
        </leaf>
    </branch>
    <branch>
    <attribute name="label" value="Cat"/>
```

图5.20 自定义TreeML文件

```
    <leaf>
    <attribute name="label" value="Maine Coon"/>
    </leaf>
  </branch>
  <branch>
  <attribute name="label" value="Blue Whale"/>
  </branch>
</branch>
</tree>
```

图5.20　(续)

　　将该文件另存为 XML(.xml)文件并将其以"PrefuseTreeMLValidation"为文件名加载到 Sci2(见图5.21)。在加载该文件之后，你可以通过运行可视化>网络>树视图(数据可视化类库字母符号)【*Visualization > Networks > Tree View (prefuse beta)*】）来可视化该层次。图5.19(右)显示了该树层次结构的树视图效果。

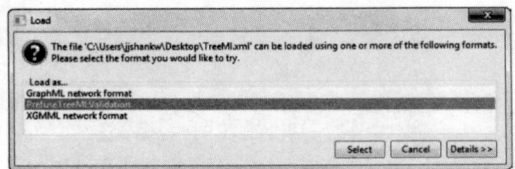

图5.21　将TreeML文件以PrefuseTreeMLValidation为文件名加载到Sci2中

🏠 家庭作业

1. 读取你计算机上的目录，并至少使用三种不同布局算法将其可视化。
2. 手动创建TreeML文件并将其可视化。

第6章

"与谁"：网络数据

（一）理论部分

　　本章我们将着眼于网络数据的分析和可视化。研究目标网络旨在增强我们对自然网络和人造网络的理解。网络数据以社会网络分析、物理学、信息科学、文献计量学、科学计量学、计量经济学、信息计量学、网络信息计量学、通信理论、科学社会学和其他一些学科为基础。[①②③]网络可能代表作者间的合作，家族间的商业和婚姻关系，也可以代表论文或专利之间的引用关系。网络研究的目的是确认高度关联的作者(或论文)：哪些拥有合作(或引用)关系；明确网络的性质，如大小和密度；了解网络的结构，例如群集和主干，等等。

　　网络有微观和宏观之分，其结构和动态分析在多个学科中都有研究。本章和前面的章节一样，我们首先讨论示例，介绍重要的术语，然后解释网络分析和可视化的一般工作流程。

6.1　可视化示例

　　人脑神经连接体示意图(The Human Connectomemap)(见图6.1)[④]中呈现了三种人类大脑。图6.1的左图显示的是死亡后脑组织的解剖图。该图展现了大脑主要的解剖区域和特征，但是没有体现大脑的连接。图6.1的右图是一幅完整的大脑皮层不同区域连接的解剖图。总体来看，大脑由1011个神经元(neurons)和1015个

　　① Börner，Katy，Soma Sanyal，and Alessandro Vespignani. 2007. " "Network Science." " Chap. 12 in *Annual Review of Information Science & Technology*，edited by Blaise Cronin，537–607. Medford，NJ: Information Today，Inc./American Society for Information Science and Technology.

　　② Newman，Mark E.J.. 2010. *Networks: An Introduction.* New York: Oxford University Press.

　　③ Easley，David，and Jon Kleinberg. 2010. *Networks，Crowds，and Markets: Reasoning About a Highly Connected World.* New York: Cambridge University Press.

　　④ Hagmann，Patric，Leila Cammoun，Xavier Gigandet，Reto Meuli，Christopher J. Honey，Van J. Wedeen，and Olaf Sporns. 2008. "Mapping the Structural Core of Human Cerebral Cortex." *PLoS Biology* 6，7: 1479–1493.

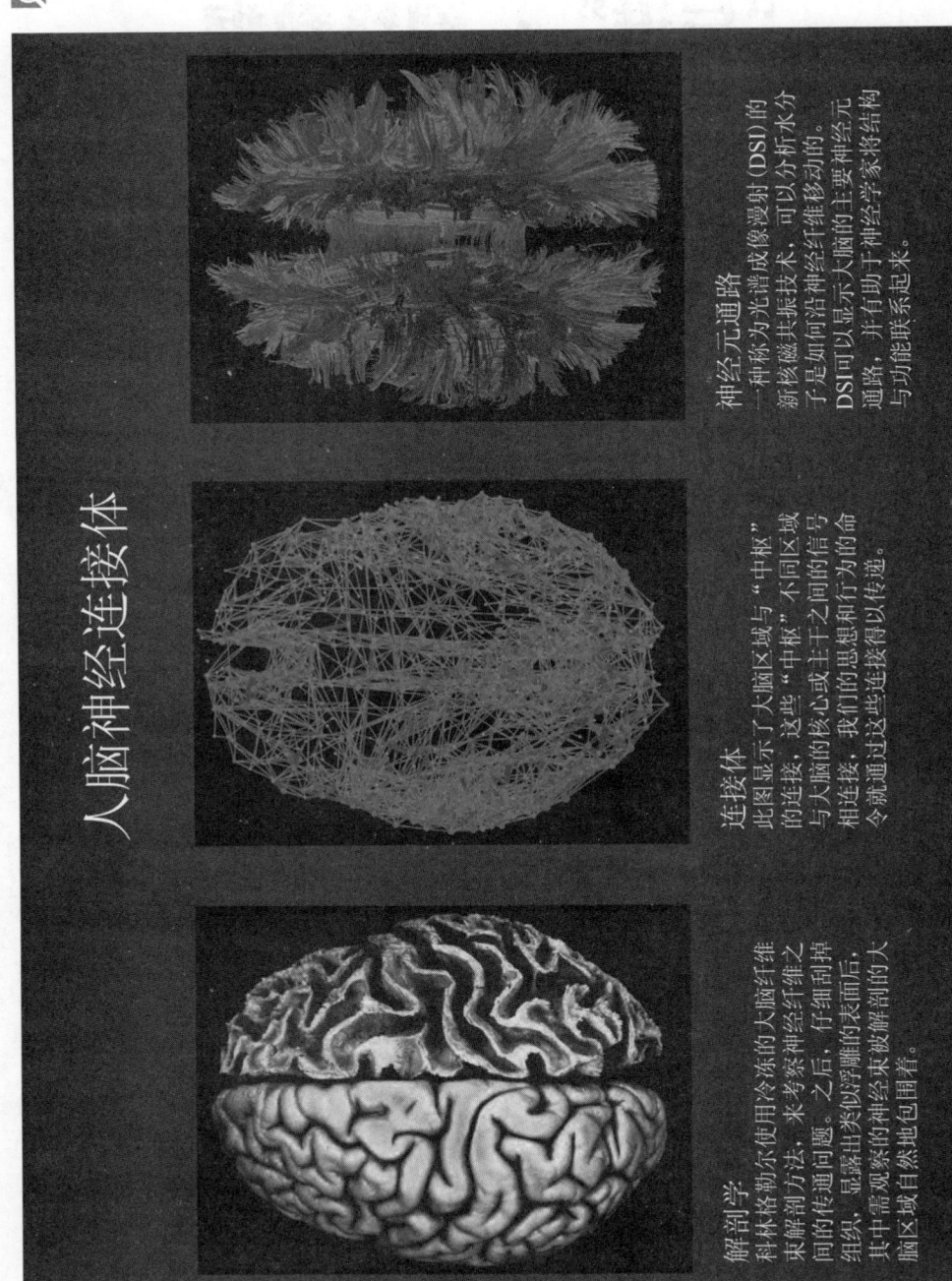

图6.1　帕特里克·哈格曼及奥拉夫·斯庞斯绘制的人脑连接体示意图(2008)(http://scimaps.org/VI.2)

人脑神经连接体

解剖学

科林格勒尔使用冷冻的大脑纤维束解剖方法，来考察神经纤维之间的传通问题。之后，仔细剖申纯组织，显露出类似浮雕的表面后，其中需观察的神经束被解剖的大脑区域自然地包围着。

连接体

此图显示了大脑区域与"中枢"的连接。这些"中枢"不同区域与大脑的核心或主干之间的信号相连接。我们的思想和行为的命令就通过这些连接得以传递。

神经元通路

一种称为光谱成像漫射(DSI)的新核磁共振技术，可以分析水分子是如何沿神经纤维移动的。DSI可以显示大脑的主要神经元通路，并有助于神经学家将结构与功能联系起来。

突触连接(synaptic links)组成，脑部的连接总长度据估计有上千英里。该图是由生物医学工程师和神经系统学家帕特里克·哈格曼(Patric Hagmann)于2008年使用核磁共振成像(magnetic resonance imaging，缩写为MRI)技术，收集了一位健在之人的数据后绘制而成的。

图6.1中间的示意图显示的是人脑的连接体(connectome)及脑部不同区域的相互连接状态。该图是由计算认知神经科学家奥拉夫·斯庞斯(Olaf Sporns)通过网络科学工具绘制的脑部。网络分析揭示了强健的小世界属性，存在由中心区域连接的多重模块以及由高度互连的一组脑部区域组成的结构核心。通过分析不同病人的脑部数据集可知，很明显，个体的连接体呈现出独特的结构特征，这可以用来解释认知和行为的差异。

我们看到的第二个可视化(见图6.2)，是与科学相关的维基百科活动的示意图。[1]该图在二维空间中展现了维基百科词条的分类情况：数学为蓝色，科学为绿色，科技为黄色。网络下方画有37×37半英寸的隐形网格，网格里面填充了关键文章的相关图片。

在四个角上，有相同2D布局的较小版本的图。左上角是根据文章编辑活动情况按大小编码而成的，右上角是2007年1月1日至4月6日的主要编辑数量，右下角是编辑活动激增的数量，左下角是其他文章与某一篇文章相关的次数。

第三个可视化例子(见图6.3)名称是《科学地图：预测科学大趋势》(*Maps of Science: Forecasting Large Trends in Science*)[2]，是从17 000多不同的期刊、会议论文集以及2001—2005年这5年间出版的丛书中的720万份出版数据编辑而成的(这幅图的详细描述和更新情况参见第4.6节)。科学的13个主要学科通过颜色编码并标注。在大图下，有6个较小的示意图，分别展示了不同科学领域在五年时间内是如何演化、奋进及相互影响的。

第四个例子(见图6.4)以全球视角展现了一个学术数据库，即1947—2005年对文艺复兴时期古董艺术品和建筑的普查(the Census of Antique Works of Art and

---

① Holloway，Todd，Miran Božičević，and Katy Börner. 2007. "Analyzing and Visualizing the Semantic Coverage of Wikipedia and Its Authors." *Complexity* 12，3: 30–40.

② Börner，Katy，Richard Klavans，Michael Patek，Angela Zoss，Joseph R. Biberstine，Robert P. Light，Vincent Lariviére，and Kevin W. Boyack. 2012. "Design and Update of a Classification System:The UCSD Map of Science." *PLoS One* 7，7: e39464.

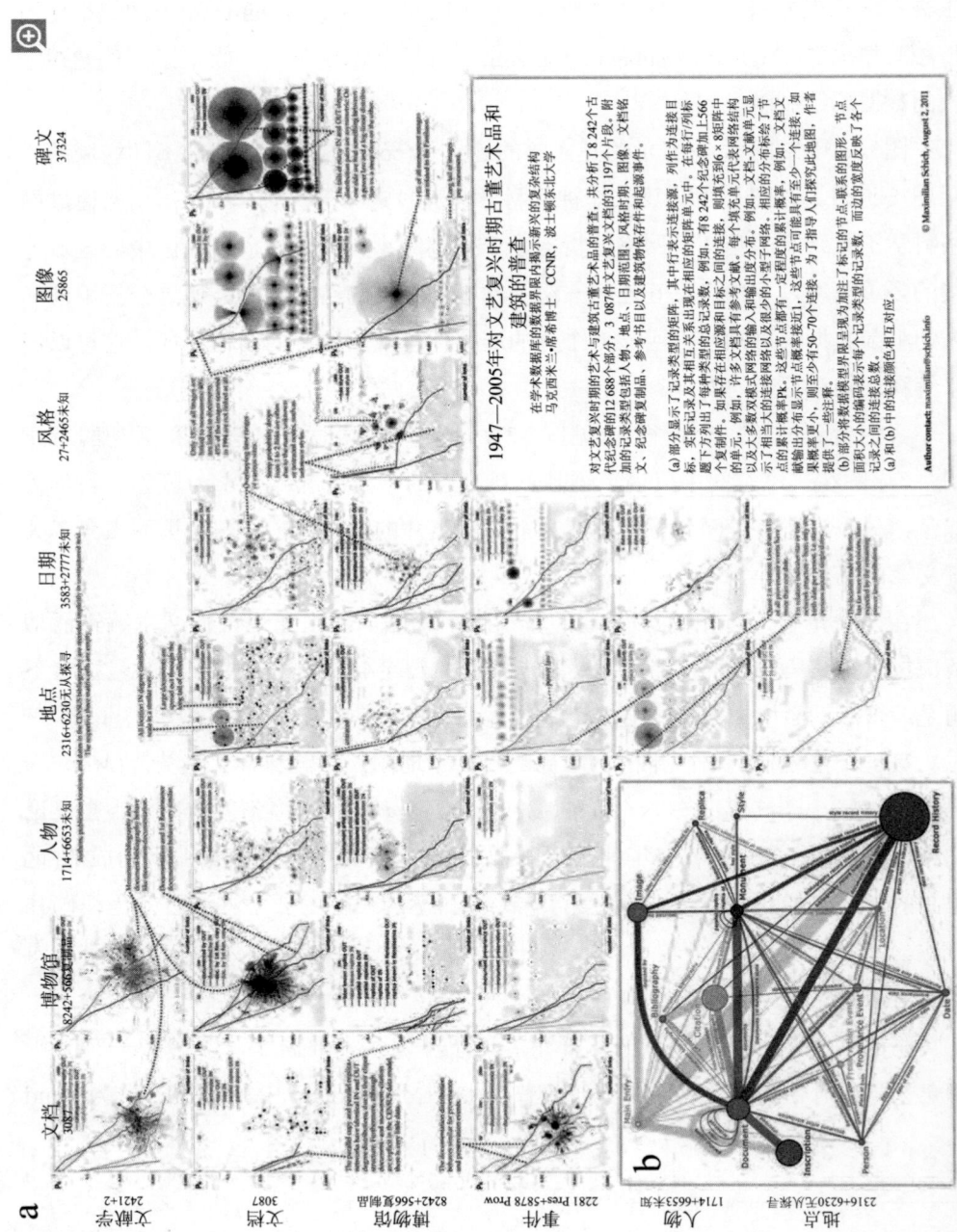

图6.4　马克西米兰·席希绘制的1947—2005年文艺复兴时期古董艺术品和建筑普查结果示意图(2011)(http://scimaps.org/VII.7)

Architecture Known in the Renaissance，1947–2005)[1]，传达了涵盖所有记录的种类及其之间的相互联系。不同的记录类型(例如文档、纪念碑、人物、地点、日期)都以矩阵(matrix)形式呈现。每行和每列的抬头分别表示记录类型名称和每种类型拥有记录的数量。在每个单元中，都根据网络和分布对数据进行描述，使人们能更好地了解记录类型的覆盖范围和相互联系。而图6.4左下的插图(b)展现了不同记录类型间的相互联系。这样的网络可视化也可应用于关系数据库(relational databases)或其他领域开放数据的连接情况。

第五个例子(见图6.5)展示的是出口商品的产品空间及其对国家发展的影响。[2]如果一个国家将两种产品一起出口，则假定这两种产品有一些共同点。在2D布局中，每一个节点代表一种产品。节点邻近度(node proximity)表示共同出口这些产品的次数。节点按照原材料、林产品(forest product)、谷类、石油等分类，并分别用颜色编码。例如，所有的石油节点都以深红色编码。

有趣的是，所有高科技、先进制造业领域的产品都在中间，而热带农业、服装或纺织品都在网络的外部边缘处。发展中国家通常出口网络边缘部位的商品，对这些国家而言，很难将其产品出口改变为网络中心部位的利润更高、科技含量更高级的产品。

在图6.5右侧，使用相同的图形来展示不同区域的经济所占范围。在图的顶部，黑点代表主要由工业化国家出口的产品。图的下方叠加的是东亚太平洋地区的数据，在图的最下方叠加的是拉丁美洲和加勒比海地区的数据。我们很容易就可以看出，工业化国家在网络内部的产品更多，在产品空间网络的核心部位拥有利润更高的产品。我们还可知，网络中内部核心区域的产品可能使用彼此相近的专业知识和制造技术。所以，如果其中的某一产品不再受国际市场欢迎，这些地区很容易重新培训工人以生产其他与原产品相似的产品。但是，如果出口的是在网络的边缘地带的产品，那么重新培训劳动力非常困难，而且，相邻近的产品也更少。

---

① Schich，Maximilian. 2010. "Revealing Matrices." In *Beautiful Visualization: Looking at Data through the Eyes of Experts*，edited by Julie Steele and Noah Lilinsky，227–254. Sebastopol，CA: O'Reilly.

② Hausmann，Ricardo，César A. Hidalgo，Sebastián Bustos，Michele Coscia，Sarah Chung，Juan Jimenez，Alexander Simoes，Muhammed A. Yildirim. 2011 *The Atlas of Economic Complexity*. Boston，MA: Harvard Kennedy School and MIT Media Lab.

6.2　概述和术语

　　有许多探究网络的研究学科。事实上，网络科学在图论和离散数学、社会学和通信研究，以及在文献计量学、科学计量学、网络计量学和网络测量学中，有着悠久的传统。最近，许多生物学家和物理学家也开始采用网络科学原理，在这么做的过程中积极推进了网络科学的理论和实践。网络学的研究往往令人困惑，因为不同研究领域对同一研究对象，常常使用非常不同的术语。比如说，数学家和物理学家把代表不同节点间的联系矩阵称为邻接矩阵(adjacency matrix)。然而，在统计学和社会网络分析中，这个矩阵被称为"社会基质""社会矩阵""社会关系图"(sociomatrix)。相似地，"平均最短路径长度"(average shortest path length)或"直径"(diameter)，在其他学科里被称做"特征路径长度"(characteristic path length)。"聚类系数"(Clustering coefficient)有时也叫"传递三元组分数"(fraction of transitive triples)。术语缺乏一致性，使得一个研究领域中形成的概念很难转换到另一个研究领域。有关关键术语、方法和应用的综述，请参见网络科学评论。[①]

　　总的来说，网络是由一组节点(nodes)【有时称点数(vertices)】和一组边(edges)【有时称连接(links)】组成的(见图6.6)，可以将**节点隔离**(isolated)。在图6.6这个特别的例子中，隔离了C节点，该节点没有和其他任何节点相连。也可以**标注**节点，这些节点可以拥有定量和定性的**属性**(attributes)(如通常表示节点面积大小的度)。

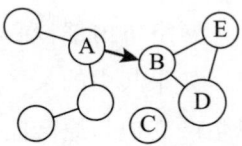

图6.6　网络样例

　　边可以是无指向性的(undirected)(如，两个字共同出现)，也可以是有方向的(directed)(如一篇论文引用了另一篇论文)。在图6.6中，所有的黑线都是无指向性的，而灰线有方向性。也可以标注边(例如权重、属性)，边还可以有附加属性。边也可以示意，也就是边可以表示积极的或消极的意思，例如朋友或敌人，信任

　　① Börner, Katy, Soma Sanyal, and Alessandro Vespignani. 2007. "Network Science." Chap. 12 in *Annual Review of Information Science & Technology*, edited by Blaise Cronin, 537–607. Medford, NJ: Information Today, Inc./American Society for Information Science and Technology.

或不信任。边从一个节点开始，终止于同一节点，这称之为自迴路 (self-loops)，参见图6.7中的各条浅灰色边。

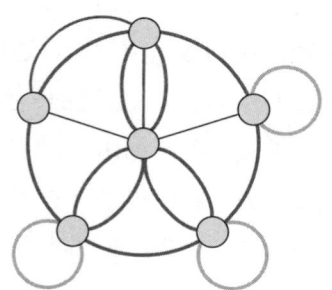

图6.7 以深灰色呈现多条边的多重图

网络也可以被标记，即节点和/或边具有分类性质(权重、属性)。它们可以是具有时间性的(temporal)组件，意味着在网络中，具有将每个节点和边关联在一起的时间标记(timestamp)(例如，表明其出现于网络中的时候)。网络可以是**无方向性**的，意味着节点对之间的关系都是对称的。网络也可以是有方向性的，这时也称作**有向图**(digraph)，其中连接的方向即关系的方向。一对节点间有多重边的网络叫做**多重图**(multigraph)(见图6.7)。

网络可以是**双向的**(bipartite)，如图6.8所示，拥有两组不相交的节点集U和V，U和V分别代表两类不同的实体，每条边将U集中的节点连接到V集中的节点。

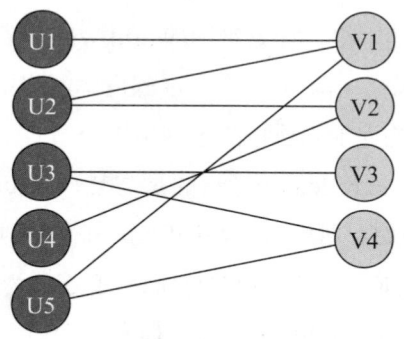

图6.8 有两种节点类型的双向网络

节点和边的属性(Node and Edge Properties)。计算节点、边和网络的附加属性有多重算法。[①]节点的度(degree)指的是连接到某个节点的边的数量。在图6.6的

① Börner，Katy，Soma Sanyal，and Alessandro Vespignani. 2007. "Network Science." Chap. 12 in *Annual Review of Information Science & Technology*，edited by Blaise Cronin，537–607. Medford，NJ: Information Today，Inc./American Society for Information Science and Technology.

网络样例中，节点E的度为2，节点C的度为0。节点的另一个常用量度(measure)称为中介中心性(betweenness centrality)，可以将中介中心性用于识别保持网络在一起的节点，或者在网络中扮演中间人作用的节点。**节点的中介中心性**是所有的节点对之间通过该节点的**最短路径条数**。类似地，**边的中介中心性**是所有可能的节点对之间通过该边的最短路径条数。**最短路径长度**(shortest path length)就是某一节点到另一节点所需要经过的最少的连路(links)数量。

网络属性(Network Properties)。我们可以计算所在网络的节点和边的数量。例如，在图6.6的网络中，有8个节点，7条边。同样，还可以计算隔离节点(不相连的节点)或自迴路(从某节点出发并在同一节点终止的边)的数量。而网络的**大小**(size)等于网络中节点的数量。网络**密度**(density)等于网络中边的数量除以相同大小网络的全连接的边的数量(即，若某一网络拥有节点数n且每个节点都和网络中的其他任何节点相连接；计算方法是n乘以n-1然后再除以2)。我们也可以计算节点的**平均总度**(average total degree)。我们还可以确定和计算**弱连接的组件**(weakly connected components)(如子网络)和**强连接的组件**(strongly connected components)(即在子网络中，每个节点和网络中其他节点之间都有一条有方向的边)。Sci2中的网络分析工具包可以计算指定网络的所有这些属性。[①]

网络的**直径**(diameter)指的是网络中所有可能节点对中最短路径的最大值(即，在全连接网络中，连接最远节点对的链路的数量)。有趣的是，即使是非常大的具有数百万个节点的网络，如万维网(World Wide Web)或脸谱网(Facebook)，其最短路径的长度非常短。基本上在几个步骤内，网络中的任一节点都能连接到其他所有节点，除了那些处于未连接的子网络中的节点。

聚类系数(clustering coefficient)考察的是与某一节点i相邻的两个节点之间也相互连接的平均概率(例如，两个节点与i相连)。证据表明，在大多数真实的网络中(如社交网络)，节点趋向于形成拥有相对高密度连接为特征的紧密的团体。

许多网络的结构都与图6.9中的相似。拥有一个巨大的**强连接组件**，一个巨大的外组件(OUT component)和一个巨大的内组件(IN component)，共同构成了一个蝶形领结形状。其中可能存在"管道"——节点和边的多个通道，这些管道将巨大的内组件中的节点与巨大的外组件的节点相连接，还可能有"卷须"，使单

---

① http://wiki.cns.iu.edu/pages/viewpage.action?pageId=1245863#id- 49NetworkAnalysisWithWhom-492ComputeBasicNetworkCharacteristics492ComputeBasicNetworkCharacteristics

一节点或/和巨大的内/外组件中的节点相互连接。整个网络被称为"巨大的弱连接组件"。此外，如图6.9的左边所示，还可能有未连接的组件。

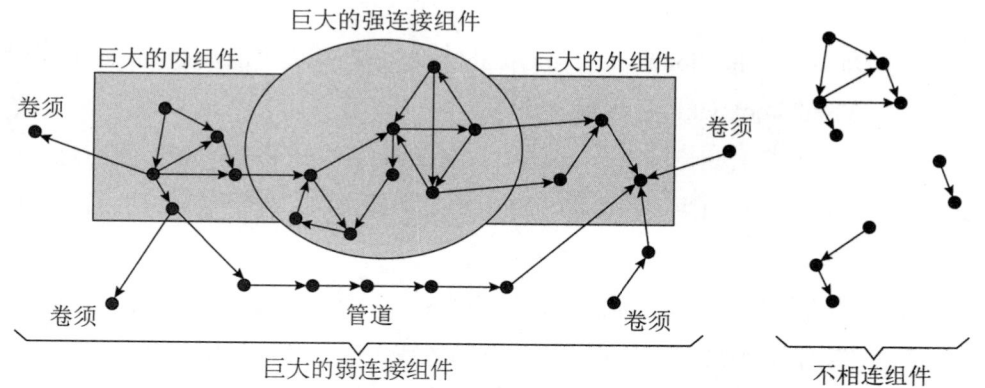

图6.9 展示了位于中心的、卷须之间的组件的强连接以及组件之间不相连的网络

6.3 工作流程设计

在本节，我们将讨论网络分析和可视化的一般流程(见图6.10)。网络可视化的困难在于许多网络没有定义明确的参考系(reference system)，即通过节点和边分布展示节点间的相似性或距离关系。大多数网络布局是非确定的，也就说，每次执行新的布局算法后，布局都会稍有不同。图6.10左边是一个力导向的网络节点布局，右边是拥有两组不同节点类型的双列表(two listings)的网络布局。

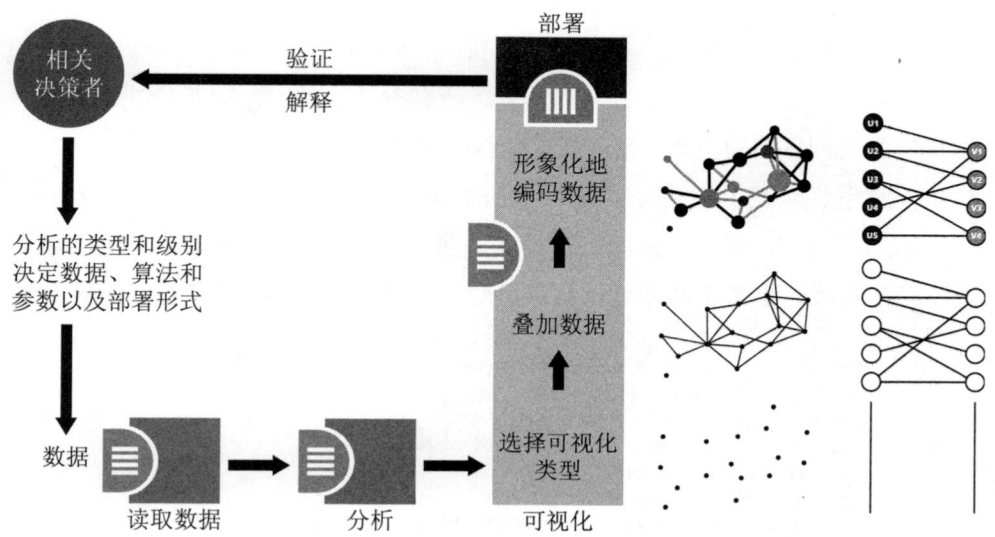

图6.10 网络数据需求驱动的工作流程设计

读取和预处理数据

许多网站及数据库都提供可轻松访问的各种类型的网络数据。例如 UCINET[1]、Pajek[2]、Gephi[3]、 CASOS[4]、斯坦福大型网络数据集(Stanford Large Network Dataset Collection)[5]、 Tore Opsahl[6]和 Sci2[7]等提供的数据集。其他的数据集还可在Sci2 Tool wiki[8]上找到。

网络数据有多种格式，如GraphML、 XGML、.NET格式，有不同的科学计量学格式，就如主要出版商和资助机构所定义和提供的。在提取网络的时候还有其他格式，如矩阵格式或简单的CSV文件。

标准输出格式包含以上提到的这些输入格式，还可以是图片格式，如JPG、PDF或PostScript。使用图片格式可以增强陈述或出版物的可视化效果。

数据预处理通常包括统一，例如辨认出数据集中所有的唯一节点。如果使用文本数据，文本需要经过标记化、词根化、删除停止词等步骤(参见第4章)。我们可能需要从列表数据中提取网络。

在给定网络中，我们需要去除**隔离节点**或**自迴路**，还可能需要合并两个网络，比如，创造出一组人物(节点)间社会关系和商业关系(边)的**多重图**。如果是个大型网络，可能需要设置阈值来减少节点和/或边的数量。例如，在出版物引用网络中，我们可能仅保留至少被引用过一次的论文。或者，我们可以应用聚类或骨干识别来理解复杂网络(详细内容参见第6.4节)。

网络提取

许多数据以表格形式呈现。例如，出版数据储存在表格中，其中每行代表一篇论文，列代表唯一论文ID、全部作者、所有参考文献、出版年份(见图6.11，左上)。预处理环节的一个重要步骤就是将网络从列表中提取出来。

总的来说，可以通过拥有多个值的列来提取共现网络(co-occurrence networks)。例如，用一列内的一篇论文中包含所有作者姓名来提取合著作者网络。用含有所有参考文献的列来提取共指关系【也称为文献耦合(bibliographic

① http://sites.google.com/site/ucinetsoftware/datasets
② http://pajek.imfm.si/doku.php?id=data:index
③ http://wiki.gephi.org/index.php/Datasets
④ http://www.casos.cs.cmu.edu/computational_tools/datasets
⑤ http://snap.stanford.edu/data
⑥ http://toreopsahl.com/datasets
⑦ http://sci2.wiki.cns.iu.edu/display/SCI2TUTORIAL/2.5+Sample+Datasets
⑧ http://sci2.wiki.cns.iu.edu/display/SCI2TUTORIAL/8.1+Datasets

coupling)】网络。

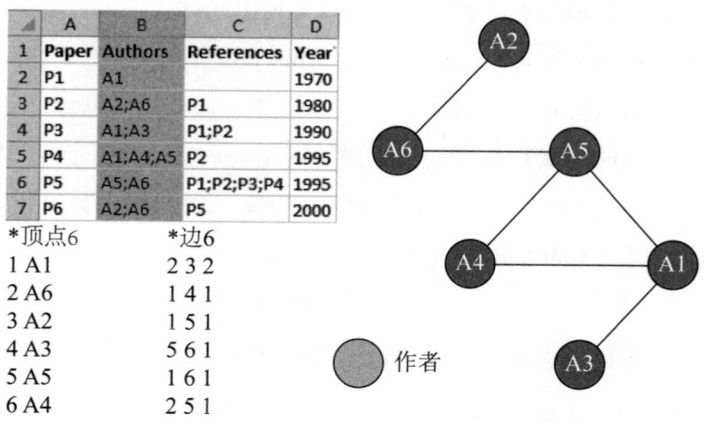

*顶点6
1 A1	2 3 2
2 A6	1 4 1
3 A2	1 5 1
4 A3	5 6 1
5 A5	1 6 1
6 A4	2 5 1

*边6

图6.11　加权的、无方向性的合著作者网络

可以用多重列来提取对分网络(bipartite networks)(如，作者及其论文)。如果两列包含相同类型的数据，那么我们可以提取直接连接网络(direct linkage networks)。例如，参考文献提及其他论文和文章——参考文献网络与论文，这与引用网络相似。

图6.11(左上)给出的4列表格中，我们可以提取多种不同的网络。只使用B列，我们可以提取合著作者网络(co-author network)。表格下方列出了无方向性的加权网络。此网络只有一种节点类型：作者。节点的数量和唯一作者的数量相等。边代表共同出现，在这里是合著者、关系。边的权重(weights)代表两个作者同时出现的次数。例如，A2和A6在论文P2和P6中同时出现，它们的连路是两次，因此比较宽。该网络还能以文本形式，即节点(点数)和边的一览表(见左下)呈现。节点列表给每个节点分配了唯一的识别符(identifier)(ID)，并列出所有的节点属性，这里是节点标签。边的列表代表每条边连接的两个节点识别符加上权重属性。注意，连接节点ID 2(A6)和ID3(A2)的边，其权重为2。所有其他的边权重为1。在Sci2工具中，这种类型的网络提取叫"提取共现网络"(Extrac Co-Occurrence Network)或"提取合著者网络"(Extract Co-Author Network)(参见第6.6节)。

利用两列数据，我们可以从同一表格中提取对分网络(见图6.12)。例如，使用论文和作者两种节点，可以导出一个未加权的定向网络。在图6.12中，作者节点为绿色，论文节点是橙色正方形。一篇文章也许有多个作者(如，P6指向A2和A6，P2也是如此)。右边的文本展示，列出了附加的节点属性的二分类型，该二分类型可以识别某节点是一位作者还是一篇论文。我们可以利用节点这一属性，直观地用图形变量编码节点的类型。在Sci2工具中，这类的网络提取称作"提取对分网络"(Extract Bipartite Network)(参见第6.8节)。

利用两列数据，还可以提取两种节点类型的未加权定向网络(见图6.13)。例如，如果使用相同的论文和作者列，生成的网络与图6.12中所示的网络相同。但是，文本展示并没有突出二分类型的属性。相反，我们可以计算每一个节点的入度(indegree)和出度(outdegree)，并且所有入度为0的节点一定是论文，入度为1或大于1的一定是作者。在Sci2中，这种网络提取称为"提取定向网络"(Extract Directed Network)(参见第6.7节)。

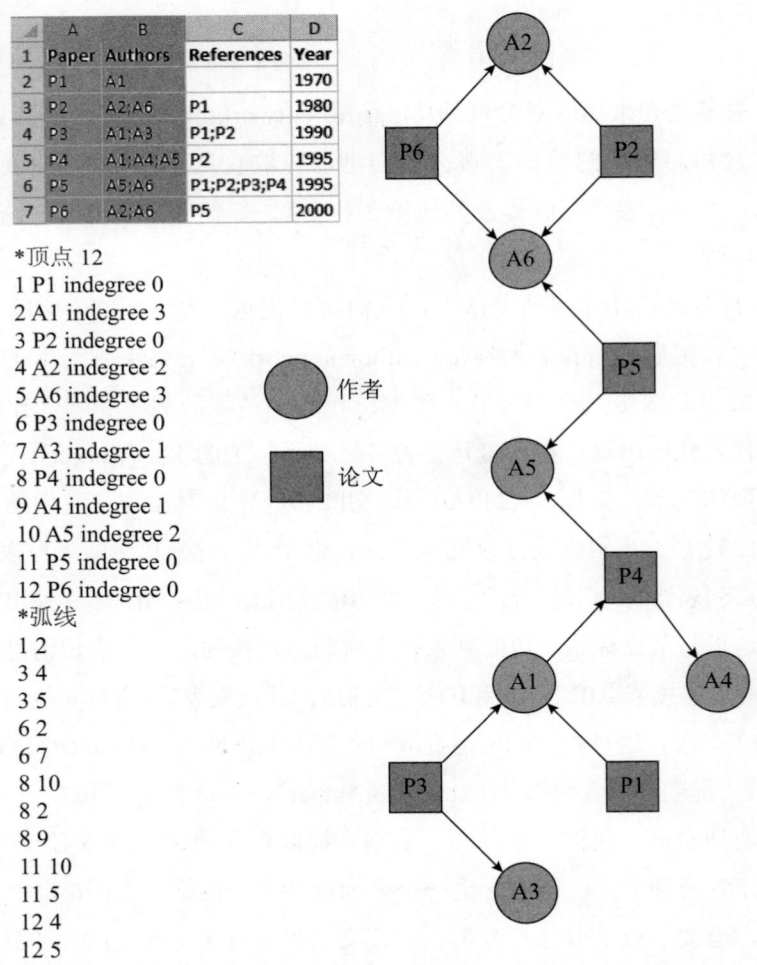

图6.13　具有入度值的未加权的、定向的对分作者-论文网络

定向网络提取非常有用，当不同列中包含同一类型数据时，可提取直接连接网络。例如，我们能从图6.14的论文和参考文献列中提取论文-引用网络。该网络没有权重，因为每篇论文都仅和一篇参考文献连接一次，论文的参考文献部分不会有重复列举的文献。该网络的定向是论文指向参考文献，时间上向后推移。网络可以按时间展示(如从左边1970年最早发表的论文到右边2000年最晚发表的论文)，显示这些论文是如何引用和彼此构建的。节点和边的列表在左下方。在Sci2工具中，这种网络提取被称为"提取定向网络"(参见第6.7节)。

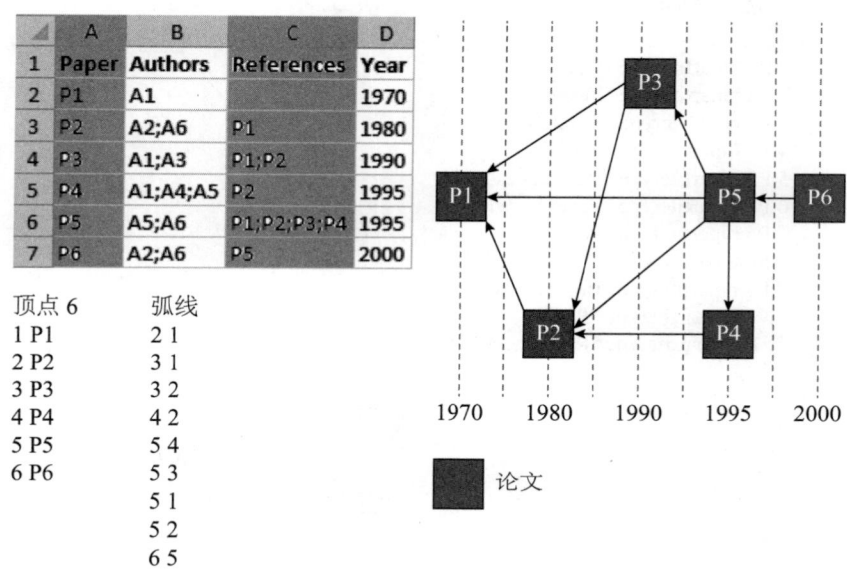

图6.14　节点按年度排列的、未加权的定向论文-引用网络

我们不能用对分网络提取来计算论文-引用网络(见图6.15)。对分网络会假设论文和参考文献为两种不同类型的节点，但事实并非如此。

在通过论文-引用网络探究知识扩散的时候，把引用连接从早期发表的论文指向新发表的论文的做法是可取的。Sci2中，只需应用"提取论文引用网络"(Extract Paper Citation Network)(参见第6.7节)。

分析和可视化

我们可以应用不同的网络分析算法来计算节点、边和网络属性，恰如在第6.2节中所讨论的，还可以用网络分析来发现聚类网络或识别其骨干(参见第6.4节)。我们可以使用产生的附加属性值来安排节点(如，相关的地理位置或主题位置)或在可视化期间，将节点映射(map)到图形变量中。总的来说，网络布局旨在有效利用展示区域，减少节点遮盖(occlusions)和边的交错(crossings)，同时最大限度地提高对称性。我们有可能放宽这些标准以加速布局的过程。接下来，我们要讨论网络中存在的不同布局标准：随机布局、圆形布局和力导向布局。

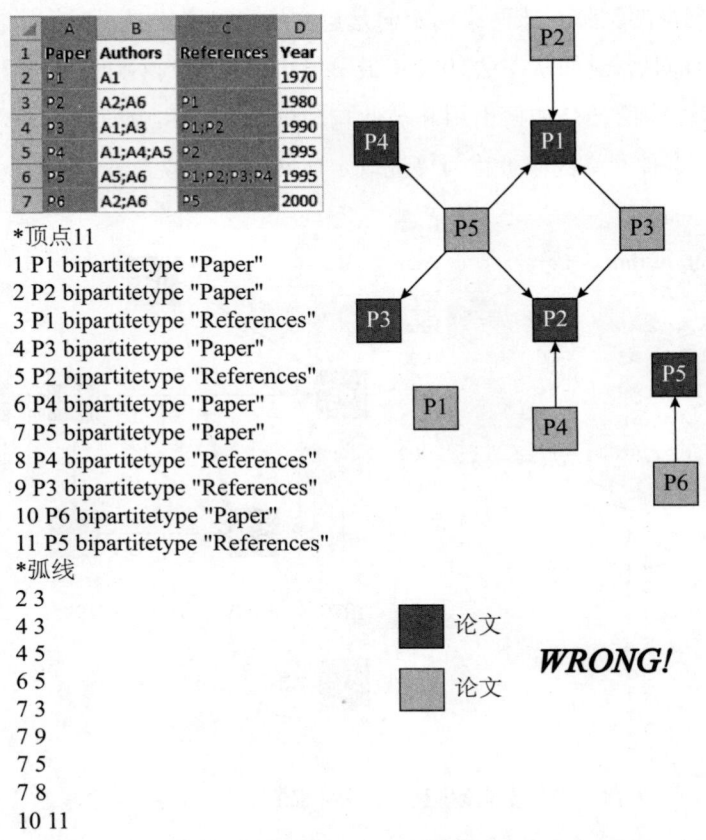

*顶点11
1 P1 bipartitetype "Paper"
2 P2 bipartitetype "Paper"
3 P1 bipartitetype "References"
4 P3 bipartitetype "Paper"
5 P2 bipartitetype "References"
6 P4 bipartitetype "Paper"
7 P5 bipartitetype "Paper"
8 P4 bipartitetype "References"
9 P3 bipartitetype "References"
10 P6 bipartitetype "Paper"
11 P5 bipartitetype "References"
*弧线
2 3
4 3
4 5
6 5
7 3
7 9
7 5
7 8
10 11

图6.15 以对分网络提取导出论文-引用网络的错误应用

　　随机布局(Random layout)(见图6.16)通过输入可展示区域的大小及一种网络(也就是说，可列举出节点、边以及它们的属性)后得出。然后，给每个节点安排了随机位置x和y，以确保其处于预先确定的展示区域。布局虽然很迅速，但是无法确认网络的结构。节点和边的数量提供了该网络大小和密度的第一印象。

　　圆形布局(Circular layout)(见图6.17)通过输入可展示区域的大小及一种网络后得出。然后计算出一个圆形作为节点布置的参考系，记住每个节点都是按大小编码的。所有节点都位于圆形上。节点序列(sequence)可能按字母排序或按照节点属性(如，度)，或按照节点相似性(similarity)(即越相似的节点越靠近)，或按照网络聚类(clustering)(即高度互连的节点靠得更近)进行分类。布局相对较快，但是慢于随机布局，因为附加节点属性也需要计算，同时节点属性可用于决定节点在圆上的序列。具有意义的节点序列的圆形布局非常有信息量(如，第6.6节的圆形等级可视化)。

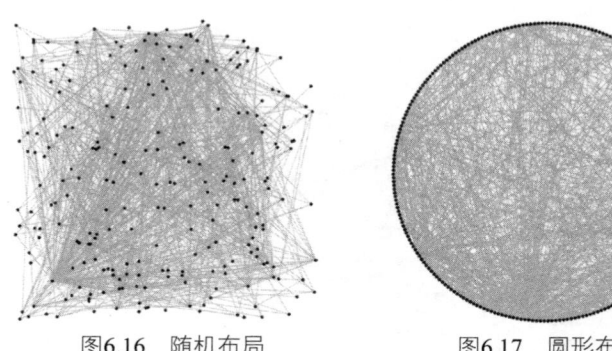

图6.16　随机布局　　　　图6.17　圆形布局

力导向布局(Force directed layout)(见图6.18)通过输入可展示区域的大小及一种网络后得出。使用节点间的相似性/距离关系的信息——例如，合著者连接权重——计算出节点各个位置，使得相似的节点在空间上相接近。这种布局计算成本昂贵，因为必须检视所有节点对且需要反复地执行布局以求最佳的效果。

图6.18　力导向布局

通过运行同一网络下的GUESS来执行Sci2中可用的广义期望最大布局(Generalized Expectation Maximization，缩写为GEM)，结果如图6.18所示。我们可以看见其子网络、它们的大小、密度和结构。

我们可以通过节点属性将节点进行大小、颜色编码，并标记各个节点(如根据论文、引用或合著者的数量)。同理，我们可通过边属性将其按大小、颜色编码(如根据两个作者合著的次数)。我们必须给出图例来交代数据图的图形变量类型(见图6.19和第6.6节)。

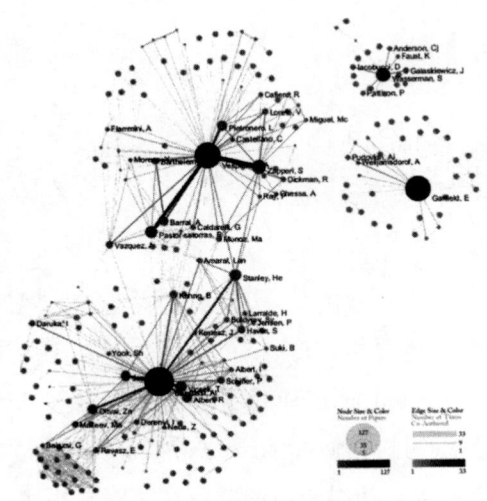

图6.19　合著者网络的GEM布局

我们此处讨论的其他一些布局，在本书其他部分提供了范例。

对分布局(Bipartite layout)(见第6.8节)呈递具有某种节点类型的网络作为两个列表。列表可按照字母排序，根据节点属性(如，度)、节点相似性(即越相似的节点越靠近)、网络聚类(即高度互连的节点靠得更近)等来分类。边将一种类型的节点和另一种类型的节点相连，还可以根据附加的边的属性进行宽度或颜色编码。

地铁地图式布局(Subway map layouts)(见第4.1节的图4.1)旨在均匀分布节点，统一边长，且绘图都用直角。这种布局能缩小面积、弯曲、斜率和角度，还能在定向网络中最大化流向的一致性。

叠加在地理空间图中的网络布局(Network overlays on geospatial maps)(见第3.3节的图3.13)使用地理空间参考系来分布节点(例如，基于地址信息)。

科学地图(Science maps)(见第4.6节的图4.17)使用的可能是一个网络的预定参考系统来布局数据(例，专业简介或职业轨迹)。

在可视化极大型网络时，发现并强调界标节点、主干和聚类是很有利的。我们可能需要交互性(interactivity)来支持搜索、筛选、缩放或满足信息细节的需求，如悬停在某一节点以获得额外的细节信息(见第7章)。

6.4　聚类和主干识别

我们将在本节介绍两种常用的让复杂网络意义可视化的方法。首先，聚类(clustering)，即识别网络中的社区(communities)(例如，将每个节点归类为一个或更多的群集，同时这一附加的节点属性可用于视觉编码)。第二，主干识别，就是确定最重要的边并删除其他的边。

聚类

已经开发了多种不同的群集(cluster)网络的算法。最近桑托·福尔图纳托(Santo Fortunato)对网络聚类进行了详细的评述，网络群集也称为**社区发现**(community detection)。[①]聚类的目的是在网络拓扑(graph topology)中使用信息编码识别出各种模块(modules)(即，节点的几何位置和节点间的空间关系)。使用图形变量类型或增加额外的聚类边界可获得可视化结果(参考第1.2节)，例子见图6.20。左边展示的是以颜色编码的节点，表明其对应于三个不同的集群。右边展示的是同一网络，但是用额外的椭圆来直观地描绘集群的层级。

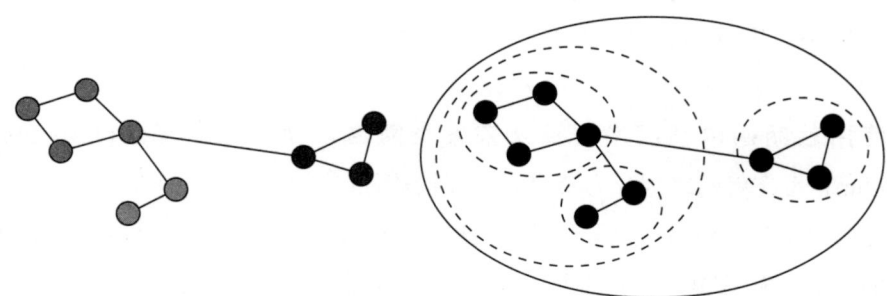

图6.20　网络集群的可视化呈现

分割聚类算法(Divisive clustering algorithms)检测社区间节点或边，并且将之从网络中移除(例，对节点和边属性采用阈值处理，就如下面要讨论的中介中心性)。聚合算法(Agglomerative algorithms)递归性地合并相似的节点。检测勃朗德尔(Blondel)社区的例子将在下面讨论。采用多种优化方法让目标函数(objective function)达到最大值。福尔图纳托[②]探讨过具体细节，不过本书并没有涵盖细节内容。

---

① 　Fortunato，Santo. 2010. "Community Detection in Graphs." *Physics Reports* 486: 75–174. Accessed September 5，2013. http://arxiv.org/pdf/0906.0612.pdf.
② 　Ibid.

采用节点中介中心性(node betweenness centrality)来群集网络。**中介中心性**(BC)测量的是节点在网络中的中心性、负荷或重要性。节点中介中心性等于所有节点对之间通过该节点的最短路径的条数。也就是说，较高中心性的节点出现在其他节点间路径上的次数更多。网络中节点n的中介中心性是这么得出的：(1)计算每个节点对之间的最短路径；(2)为所有节点对中的每一对节点，确定经过节点n的最短路径的部分；(3)将第二步计算得到的结果相加。在图6.21中每一节点的中介中心性用颜色表示，红色为最小，蓝色为最大。

图6.22是亚历山德罗·维斯皮那尼和艾伯特-拉斯洛·巴拉巴西合作的情况。我们依据中介中心性将节点按颜色和大小编码得到的网络。有5个节点的中介中心性大于10(红色)并已标记。黄色节点的中心性较高，但低于红色节点。黑色节点的中心性相当低。如果删除高中心性节点(比如全部红色节点)，那么该网络会分散为不同的子网络。

作为一种选择，可以计算边的中介中心性，高中心性的边也可删除。类似地，节点和边可以基于其他属性值(如论文或引用很少的作者可能被忽略)进行删除。但是，删除节点或边常常会产生问题，这就是为什么开发替代方法的原因。

使用勃朗德尔社区发现算法来聚类网络。勃朗德尔算法(Blondel's algorithm)[①]旨在将网络划分为节点紧密连接的社区，其中属于不同社区的节点之间的连接很稀疏。然后，以分区的模块度(modularity)来测量某一分区内部的这些社区的质量。在这里，模块度标量值介于-1到1之间。将某个社区内的连接密度同社区之间的连接密度相比较，模块度标量值与比较得出的结果相吻合。模块度不仅可作为达到最佳聚类方案的目标函数，而且也可把勃朗德尔算法与其他社区发现方法进行比较。

勃朗德尔算法读取N节点的加权网络(weighted network)。最初，每个节点都被分配至一个不同的社区，每个社区只有一个节点。在第一阶段，对每个节点i，将i从其社区中移出并将之放置到与其邻近的社区之中，就可以计算出模块度的增益(gain)。因为每个网络中的节点都需要运算，所以计算成本很高。之后节

---

①   Blondel，Vincent D.，Jean-Loup Guillaume，Renaud Lambiotte，and Etienne Lefebvre. 2008. "Fast Unfolding of Communities in Large Networks." *Journal of Statistical Mechanics* P10008. http://dx.doi.org/10.1088/1742-5468/2008/10/P10008.

点i被放置于模块度增益最大的社区中。如果出现平局，就用平局决胜规则(tie-breaking rule)解决。如果没有正增益，那么i仍然留在原社区内。网络中的所有节点都要依次反复执行这一程序，直到某个模块度局部最大值出现。第二阶段，算法将现有社区聚类以便建立新的社区网络。此处，新节点间的连接权重由相应两社区的节点间连接权重之和决定。同一社区内节点间的连接会在新网络中产生自迴路。这两个阶段需要反复操作，直到不再产生模块度增益。

该算法给每个节点制造多达3个社区级的附加聚类属性。没有增加边属性，也没有删除节点或边。图6.22就是一个例子，按照集群资格对节点进行颜色编码，展示了亚历山德罗·维斯皮那尼和艾伯特-拉斯洛·巴拉巴西之间的合作网络。我们只展示了聚类的最低水平。

为展示完整的聚类层级，可以采用圆形分层可视化(circular hierarchy visualization)(见第6.6节的图6.41)来处理该网络。运用这种方法，所有节点标记都列举在圆内。节点通过边相互连接，在此处代表合著关系。外圆代表社区分组的层次(hierarchical)。颜色编码在本例中代表合著作品的数量。参见第6.6节工作流程设计中关于如何运行勃朗德尔算法并采用圆形分层可视化所获得的结果。

主干识别

一个网络的主要结构(例，网络中处理主要通信量和/或有着最高传递速度的路径部分)也被称为网络**主干**(backbone)。主干识别在处理十分密集的网络时特别有价值，例如，无法辨认各个节点和一条条边，且整个布局像一团巨大的毛线团的时候。

美国的道路网就是一个例子。本·弗里(Ben Fry)绘制的美国境内所有道路网络(All Streets)[①](见图6.23)中，共有2.4亿条道路。维基百科上的道路网络主干[②](见图6.24)展示了美国48个相邻州的州际公路，使得我们能更好地了解如何快速从一地前往另一地。

识别网络主干的方法有很多种。最简单的一种是利用节点和/或边属性删除相关性低的连接。DrL是Sci2工具中最具扩展性的布局算法，此算法能通过仅仅保留每个节点权重最大的n条边的方法来处理大型密集网络，另一个方法是我们马上就要详细讨论的寻径网络测量(Pathfinder Network Scaling)。

---

① http://fathom.info/allstreets
② http://en.wikipedia.org/wiki/Interstate_Highway_System

图6.23   美国道路网络：2.4亿条独立公路的示意图

图6.24   美国州际公路主干网

寻径网络测量(Pathfinder Network Scaling)[①]输入的是代表每对节点间相似性或距离的矩阵。寻径网络测量仅保留最重要连接，而这些重要连接通过三角不等式(triangle inequality)剔除多余或违反直觉的连接，以此来提取网络。也就是说，如果两个节点间有多条不同的连接，只有在闵可夫斯基度规(Minkowski metric)下有较大权重的那条可以保留。基本上，最重要的边会被保留下来。输出的网络有着相同的节点数，但连接数更少了，看上去更像树形结构。

以亚历山德罗·维斯皮那尼和艾伯特-拉斯洛·巴拉巴西的合著网络为例(见

① Schvaneveldt，Roger W.，ed. 1990. *Pathfinder Associative Networks: Studies in Knowledge Organization*. Norwood，NJ: Ablex.

图6.25左)。寻径网络测量在缺省参数下，将网络结构简化为图6.25右图所示。①

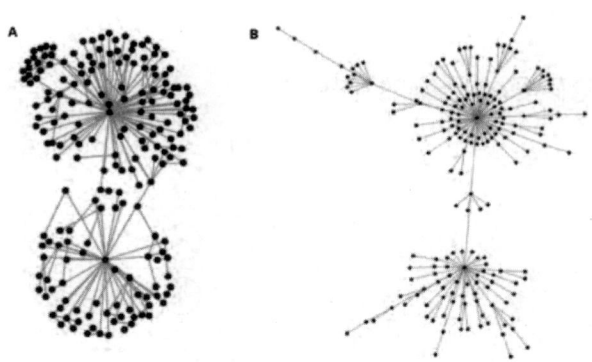

图6.25 亚历山德罗·维斯皮那尼和艾伯特-拉斯洛·巴拉巴西的合著网络(图A为完整网络，图B为通过寻径网络测量所得的主干网)

🏠 **自我测评**

网络如下图所示，请识别以下各项的属性。

1. 节点

　a.节点E和D的度

　b.隔离节点的标签

2. 网络

　a.大小，边数，组件数

　b.如果网络是定向的，是加权的，是完全连接的，是已被标记的，那么，网络是多重图吗？

3. 最大连通子图

　a.密度

　b.直径

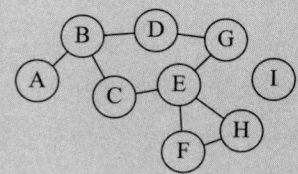

_____

① http://wiki.cns.iu.edu/display/SCI2TUTORIAL/5.1.4+Studying+Four+Major+NetSci+Researchers+(ISI+Data)

（二）实践部分

6.5　佛罗伦萨家族网络的可视化

数据类型和范围		分析类型/层级	·	●	⬤
🕐 时间范围	15世纪初期	🕐 时间的			
✦ 区域	意大利	✦ 空间的			
☰ 主题领域	历史、政治	☰ 主题的			
🔗 网络类型	婚姻和商业	🔗 网络的		✕	

该工作流程使用了约翰·帕吉特(John Padgett)的佛罗伦萨家族数据集，其中包括15世纪初期的16个意大利家族。在网络中，每个家族用一个节点表示，并通过代表婚姻或商业/借贷关系的边而连接。每个节点(家族)有多个属性：财富(数千里拉)，席位数(在市议会中的席位)和总关系数(数据集中所有商业和婚姻关系的总数)。

首先，操作"文件>加载"(*File>Load*)，将*florentine.nwb*①载入Sci2中。文件导入后，将会出现在"数据管理器"(Data Manager)中(见图6.26)。

图6.26　Sci2的"数据管理器"中已载入*florentine.nwb*

因为该网络文件本身已经包含了所有的节点和边的属性，我们将直接进入可视化步骤。从数据管理器中选择文件，并依次从菜单中选择"可视化>网络>GUESS"(*Visualization >Networks > GUESS*)(见图6.27)。

当网络导入GUESS中后会出现一个随机布局(见图6.28)。

从GUESS菜单中选择"布局>广义期望最大化"(*Layout>GEM*)，以力导向布局算法布局网络。注意广义期望最大化布局是非确定性的，也就是说，每次运行，会导致布局的结果略有不同。为使节点更加紧密，选择"布局>装箱"(*Layout>Bin Pack*)(见图6.29)。

---

① *yoursci2directory*/sampledata/socialscience

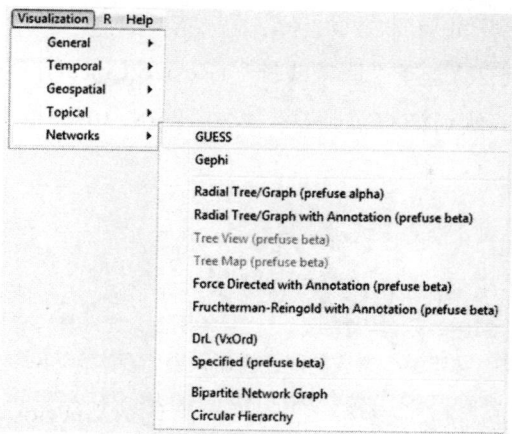

图6.27　从可视化>网络的菜单中选择"GUESS"

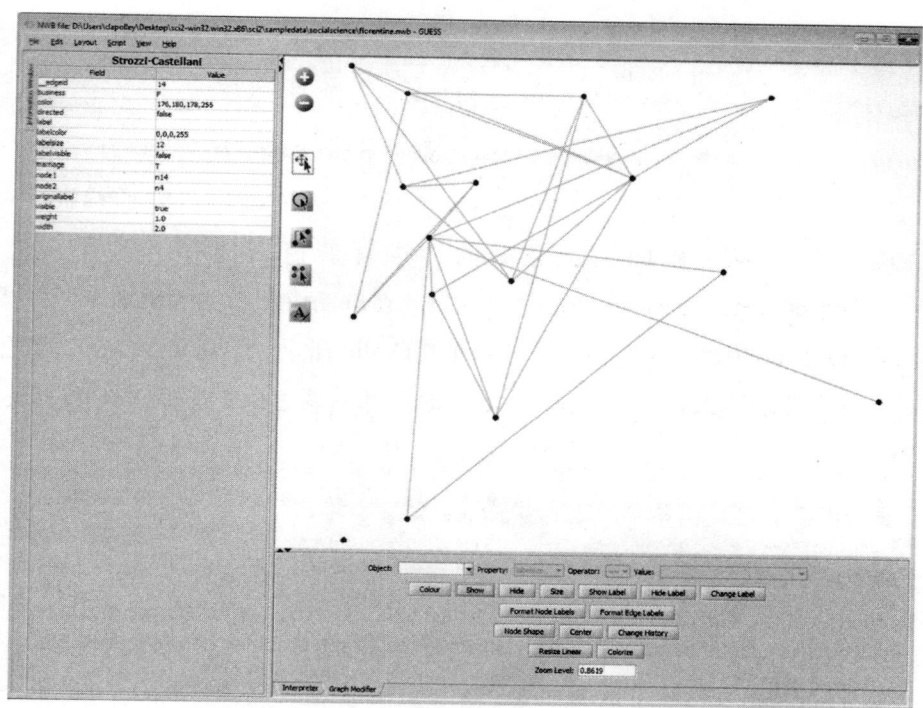

图6.28　GUESS中随机布局的佛罗伦萨家族网络

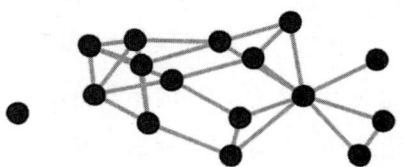

图6.29　应用GEM网络布局的佛罗伦萨家族网络

接下来，按照财富属性重新调整节点大小。在"图表修改器"(Graph Modifier)窗口(见图6.28)选择"调整线性"(Resize Linear)按钮，并将参数设置为"节点""财富"，然后调整范围是：5-20(见图6.30)。单击"执行调整线性"按钮。

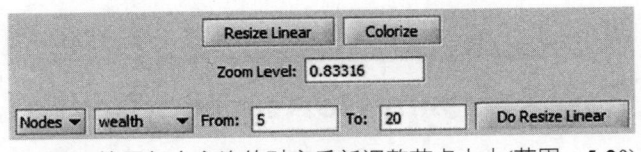

图6.30　按照每个家族的财富重新调整节点大小(范围：5-20)

下一步，给节点着色，选择"节点""席位数"(Priorates)，将颜色范围设置为：从黑到绿(见图6.31)。设置颜色只需单击正方形按钮，就会出现调色板。

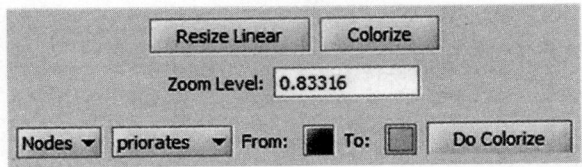

图6.31　佛罗伦萨家族网络(节点依据席位进行着色，颜色范围：从黑色到绿色)

随后对代表家族间关系类型的边进行着色。选择"对象：边基于->"(Object: edges based on ->)，将"性质"(Property)设置为"婚姻"，将"运算符"(Operator)设置为"＝＝"，"数值"(Value)设置为"T"。单击"颜色"按钮，从"图表修改器"(Graph Modifier)底部的调色板中选择"红色"(见图6.32)。

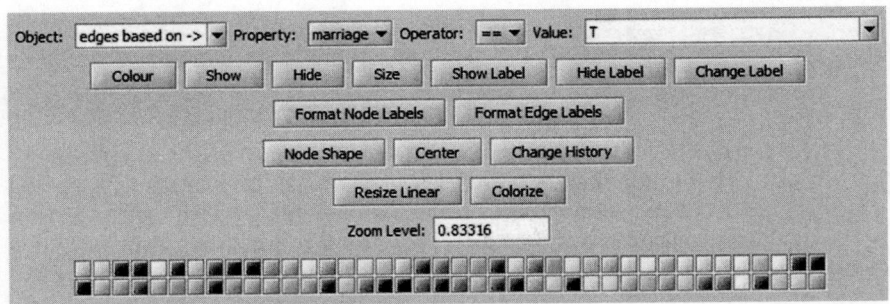

图6.32　依据关系类型给边着色

重复以上步骤，给商业关系着色，且选择蓝色。然后给既通过商业关系又通过婚姻关系连接家族的边选择一种不同的颜色。要做到这点，先把屏幕底部的按钮调至解释器"Interpreter"视图。输入以下命令：

```
>>> for e in g.edges:
...   if(e.marriage=="T" and e.business=="T"):
...         e.color=purple
...
...
>>>
```

注意，在完成第一行时敲击tab键一次，完成第二行时敲击两次，这样能确保代码被正确嵌入。这些命令告诉GUESS，在此图表(g.edges)中，如果有一条边，(e)既是通过婚姻(e.marriage=="T")又是通过商业(e.business=="T")连接两个家族，那么给这条边着紫色(e.color=purple)。

下一步，把GUESS底部的按钮调回"图表修改器"(Graph Modifier)。用家族名称标记所有节点。选择"对象：所有节点"(Object: all nodes)，然后单击"显示标记"(Show Label)按钮，之后节点标记会出现在可视化中。还有两种使网络看起来更具展示性的方法。调整节点之间的空间可以让标记更清晰。我们可以通过重新运行GEM布局自动执行此操作，或在图标窗口中用节点选择图标，手动调整各个节点，然后单击节点来拖动它们。

最后，随着网络规模的增加，每个节点周围的浓黑的边界会给阅读带来困难。要解决这个问题，可以将边界颜色设置为和节点一样。转到GUESS窗口底部的"解释器"选项卡，再键入以下命令：

```
>>> for n in g.nodes:
...   n.strokecolor = n.color
...
...
>>>
```

同样地，在输入第二行之前别忘记敲击tab键。这个代码是告诉GUESS，在此图表(*g.nodes*)中的每个节点(*n*)，所有节点边界颜色(*n.strokecolor*)和节点颜色(*n.color*)都要保持一致。这样，在最后的可视化图中，边界就看不见了(见图6.33)。请查看附录中的"创建可视化图例"(Creating Legends for Visualizations)，了解如何通过图例来表示从数据变量到图形变量类型的方式。

从可视化的结果能够看出，有两个主要家族与网络中其他所有家族相连。这两个家族是美第奇家族(the Medici)和斯特罗奇家族(the Strozzi)。该图还表明，美第奇家族和网络中的大部分都有连接，因此这一家族在该社区内是一种至关重要的中介角色。

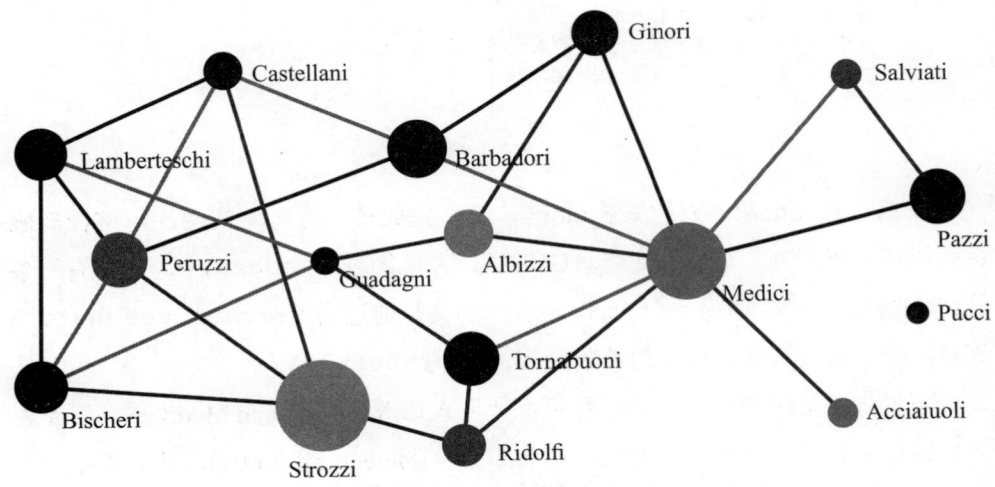

图6.33　佛罗伦萨家族网络最终可视化图

6.6　作者共现(合著者)网络

数据类型和范围		分析类型/层级		·	●	⬤
🕐 时间范围	1955—2007	🕐 时间的				
✦ 区域	各种各样的地理空间	✦ 空间的				
≡ 主题领域	网络科学	≡ 主题的				
⛋ 网络类型	合著者网络	⛋ 网络的				✕

　　"四大网络科学研究者"(The Four Network Science Researchers)文件包含了2007年从科学网(WoS)检索获得的四位网络科学研究者发表的作品。他们是斯坦利·沃瑟曼(Stanley Wasserman)、尤金·加菲尔德(Eugene Garfield)、亚历山德罗·维斯皮那尼和艾伯特-拉斯洛·巴拉巴西。在这个工作流程中,我们介绍了创建作者共存网络,通常叫做合著者网络(co-author network)。

　　首先,在Sci2工具中载入*FourNetSciResearchers.isi*文件①。然后在"数据管理器"中选择"361个唯一的ISI记录"(361 Unique ISI Records),依次运行"数据准备>提取合著者网络"(*Data Preparation > Extract Co-Author Network*),这意味着在处理ISI数据。结果在"数据管理"中导出两个文件:"提取出的合著网

---
　　① yoursci2directory/sampledata/scientometrics/isi

络"(Extracted Co-Authorship Network)和"作者信息"(Author information)，其中列出了唯一作者。

　　右键单击文件，选择"查看"(View)，打开"作者信息"。该文件会在你默认的电子表格编辑程序中打开。将作者姓名按字母顺序排列，并确保其他列也照此排列。找出指的是同一个人的名字，并在网络中仅用一个节点表示。如果你想合并两个名字，在重复节点行的"combineValues"一列中删除星号(*)。然后，复制要保留名字的"唯一索引"(uniqueIndex)，并将其粘贴到希望删除的姓名单元里。图6.34里的一个例子。其中"Albet，R"是"Albert，R"的误拼。表格经过调整以保留"Albert，R"节点，并且把所有"Albet，R"的"作者作品数"(number_of_authored_works)和"引用数"(times_cited)加入到该节点中。

	A	B	C	D	E
1	label	number_of_authored_works	times_cited	uniqueIndex	combineValues
2	Abt, Ha	1	3	142	*
3	Alava, M	1	26	195	*
4	Albert, I	5	207	65	*
5	Albert, L	1	6	69	*
6	Albert, R	17	7741	60	*
7	Albet, R	1	16	60	
8	Alippi, A	2	107	214	*

图6.34　调整"作者信息"表格，合并两个作者节点

　　将修改过的表格保存为CSV文件，重新加载到Sci2中。按住CTRL键，选择新加载的"作者信息"表格和合著者网络，保持选中。同时选中这两个文件后，运行"数据管理器>合并节点更新网络"(*Data Preparation>Update Network by Merging Nodes*)(见图6.35)。使用正确的聚类函数文件，*mergeIsiAuthors.properties*[①]，以确保合并节点数等于原有节点的"作者作品数"(number_of_authored_works)和"引用数"(times_cited)的总数值。了解更多聚类函数文件，请查看附录中"属性文件"(Property Files)一节。

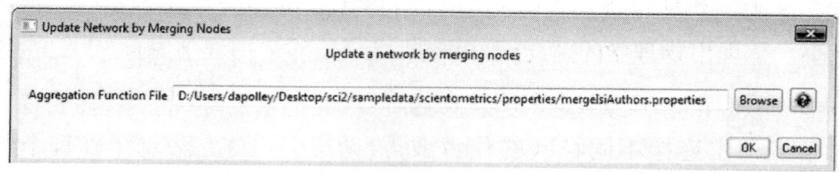

图6.35　选择"聚合函数文件"(Aggregation Function File)

　　最后获得的是一个更新的网络，所报告的是合并后的节点。依次选择"可

① *yoursci2directory*/sampledata/scientometrics/properties

视化>网络>GUESS" (*Visualization > Networks >GUESS*)对更新后的合著者网络进行可视化。执行"布局 >广义期望最大化和布局>装箱" (*Layout > GEM and Layout>Bin Pack*)后(见图6.36)，可以看到4个节点聚类，其中两个是相互连接的，这代表了4位主要作者数据集中合著者网络。

用图形变量类型给附加节点和边属性编码，在"图表修改器"中输入以下命令：

1. *Resize Linear > Nodes > number_of_authored_works > From: 10 To: 50*

2. *Colorize > Nodes > times_cited > From:* ▢ *To:* > ■

3. *Resize Linear > Edges > number_of_coauthored_works > From: 25 To: 8*

4. *Colorize > Edges > number_of_coauthored_works > From:* ▨ *To* ■

5. 在解释器中输入类型：

```
>>> nodesbynumworks=g.nodes[:]
>>> def bynumworks(n1, n2):
...        return cmp(n1.number _ of _ authored _ works,
           n2.number _ of _ authored _ works)
...
>>> nodesbynumworks.sort(bynumworks)
>>> nodesbynumworks.reverse()
>>> for i in range(0, 50):
...        nodesbynumworks[i].labelvisible=true
...
>>>
```

可获得如图6.36所示的效果，作者节点按照作者发表的论文数量调整大小，依照论文被引次数着色。边按照两个作者合作的次数进行加权和着色。剩下的命令是根据所著的作品数识别出前50名作者并标记这些节点。

这一网络有3个弱连接组件。其中最大的组件是代表巴拉巴西和维斯皮那尼的节点，他们两人合著过很多次，同时与其他几位作者有合著关系。在此网络中，维斯皮那尼和斯特凡诺•(Stefano Zapperi)有最强的合作关系。其他两个组件相当小，体现出物理学(巴拉巴西和维斯皮那尼都是物理学家)、社会科学(沃瑟曼)和信息科学(加菲尔德)的不同的合作模式。

为了识别出连接不同社区的作者节点(见第6.4节)，需要计算每个节点的中介中心性(BC)。在"数据管理器"中选中"提取合著者网络"(Extracted Co-Authorship Network)文件，依次运行"分析 > 加权和非定向 > 节点的中介中心性" (*Analysis > Weighted and Undirected > Node Betweenness Centrality*)，设置参数中代表两个作者共同撰写论文次数的"权重"(Weight)(见图6.37)。

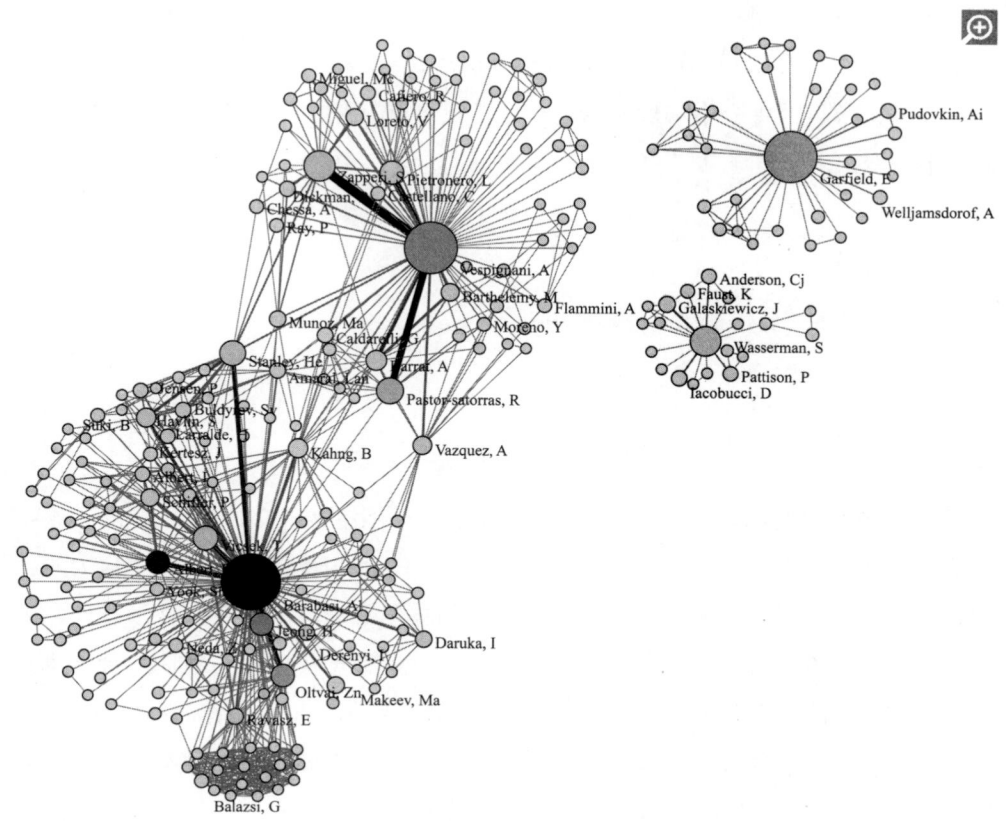

图6.36 四位网络学研究者合著网络(节点大小依据其著作数量)(http://cns.iu.edu/ivmoocbook14/6.36.pdf)

图6.37 基于权重计算节点的中介中心性

这将为每个节点添加一个BC值。选中生成的网络，依次选择"可视化>网络>GUESS"(*Visualize >Networks >GUESS*)可视化该网络，并选择"布局 >广义期望最大化"(*Layout > GEM*)以及布局>装箱(*Layout> Bin Pack*)获得布局结果。

现在，重复上述命令，会得到图6.36。但是有一点不同。在这个网络中，我们是基于节点的BC值来确定节点大小的。

选择"重新调整线性>节点>中介中心性>范围：从10到前50"(*Resize Linear> Nodes > betweenness centrality> From: 10 To: > 50*)

要基于节点的中介中心性来给前50个节点进行标记的话，在"解释器"中输入以下命令：

```
>>> nodesbybc=g.nodes[:]
>>> def bybc(n1, n2):
...          return cmp(n1.betweenness _ centrality,
             n2.betweenness _ centrality)
...
>>> nodesbybc.sort(bybc)
>>> nodesbybc.reverse()
>>> for i in range(0, 50):
...          nodesbybc[i].labelvisible=true
```

所得到网络的部署将有所不同，但是这三个网络的总体结构是相似的。该布局所展示的是基于节点的中介中心性而调整节点的大小(见图6.38)。其中最大的、也是中介中心性最高的节点是巴拉巴西和维斯皮尼亚尼。这个结果并不意外，因为四大主要学者中，他们二位是重量级成员，在此数据集中，与他们的合著者数目是最大的。两人都有物理学背景，这可能是他们经常与他人合作的部分原因。

现在，用勃朗德尔社区发现(Blondel Community Detection)来计算这个合著者网络的作者聚类层次(hierarchical clustering)(见第6.4节)[1]。选择"网络>加权和非定向>勃朗德尔社区"发现(*Networks > Weighted and Undirected > Blondel Community Detection*)来运行算法。将"权重"属性设为"加权"(weight)(见图6.39)。

得出的是一个新网络，每个节点都获得了社区属性(和图6.22中的网络一样)。通过圆形分层可视化来处理网络和聚类层次。选择"可视化>网络>计算层次"(*Visualize > Networks > Circular Hierarchy*)，采用默认参数(见图6.40)。

可在"数据管理器"中得到一个PostScript文件。保存文件，将其转换为PDF并查看(见图6.41)。PostScript文件转换为PDF的更多信息参见附录。

在环形分层可视化(circular hierarchy visualization)中，基于合著关系的相互连接的作者姓名，都呈现在环形带中。可以将边收拢，从而让网络更易于查看。在该网络外围，有三个圆圈。最里面的圆代表层级为0的社区，圆圈上标记的是各个社区的名称。其他两个圆分别代表层级为1或2的社区。例如，在放大的版本

---

① Blondel，Vincent D.，Jean-Loup Guillaume，Renaud Lambiotte，and Etienne Lefebvre. 2008. "Fast Unfolding of Communities in Large Networks." *Journal of Statistical Mechanics* P10008.

中，巴拉巴西的节点处于粉色社区中，但他还和其他社区中的作者有连接。

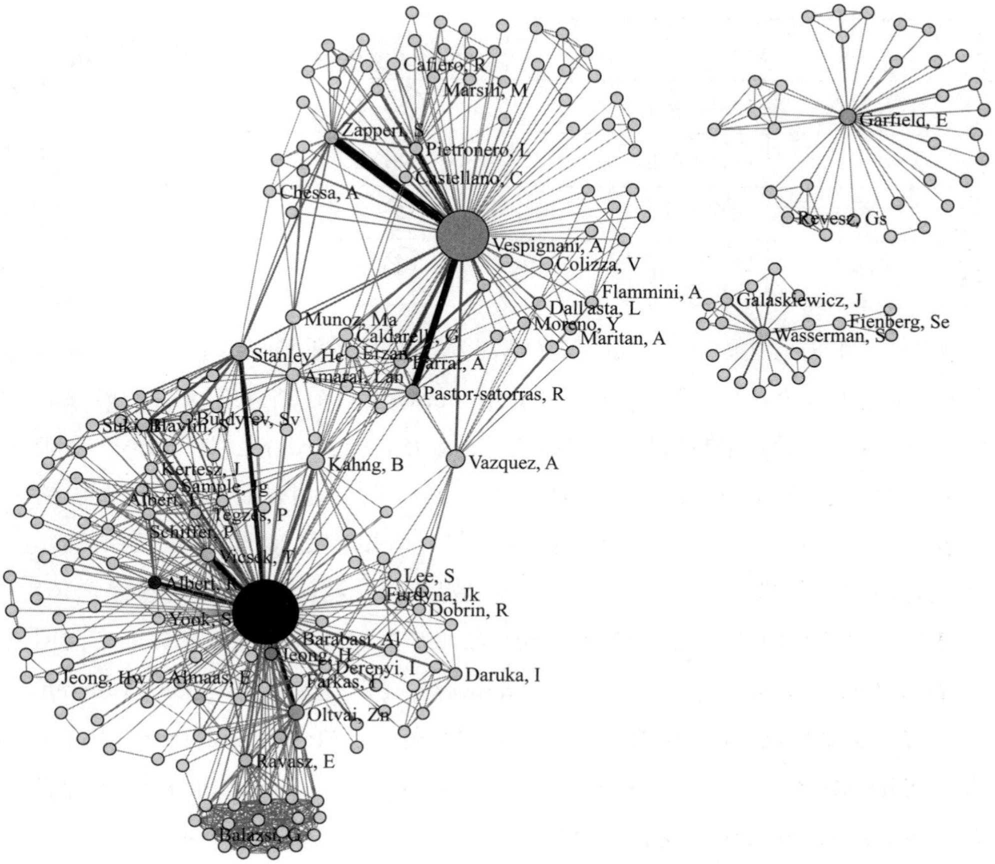

图6.38 四位网络学研究者合著网络(节点大小依据的是其中介中心性)(http://cns.iu.edu/ivmoocbook14/6.38.pdf)

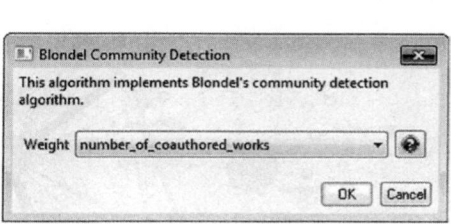

图6.39 基于权重计算勃朗德尔社区

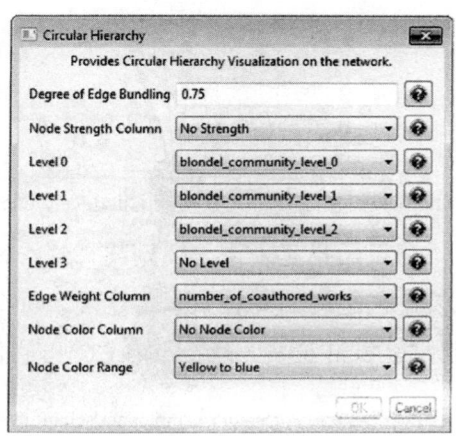

图6.40 环形分层可视化的参数

6.7　定向网络：论文–引用网络

数据类型和范围		分析类型/层级	•	●	⬤
🕐 时间跨度	1955—2007	🕐 时间的			
✛ 区域	各种各样的	✛ 空间的			
☰ 主题领域	网络科学	☰ 主题的			
🔗 网络类型	论文引用网络	🔗 网络的		✕	

在这个工作流程中，我们会展示怎样从上一节使用过的*FourNetSciResearchers.isi*①文件中提取论文-引用网络(paper-citation network)。在载入ISI文件的时候，Sci2会给"361个独特的ISI记录"(361 Unique ISI Records)文件中的每一篇论文创建一个"引用作"(Cite Me As)的属性。这一属性是按照原始ISI记录中的第一作者、出版年份(PY)、刊名缩写(J9)、卷号(VL)和起始页(BP)所创建的，作用是将论文与其参考文献匹配起来。想要提取论文-引用网络，先选择"361唯一 ISI 记录"(361 Unique ISI Records)表，并执行"数据准备> 提取定向网络"(*Data Preparation > Extract Directed Network*)，将"来源列"(Source Column)设为"参考文献检索"(Cited References)，"目标列"(Target Column)设为"引用作"(Cite Me As)，并在"聚合函数文件"(Aggregate Function File)中选择*isiPaperCitation.properties*(见图6.42)。

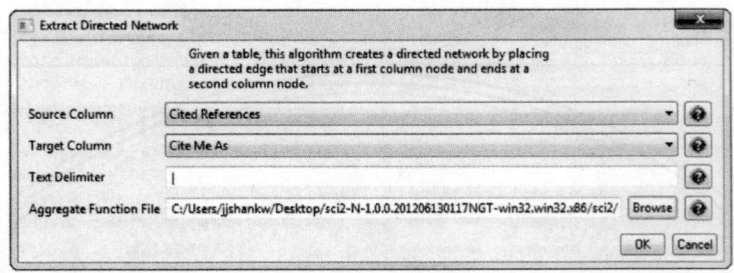

图6.42　从"参考文献检索(Cited References)"列中提取一个定向网络到"引用作"列

所得结果是一个定向网络，这个网络包含5342篇论文，361篇参考文献，以及它们之间的9612条引用连接。每个论文节点都有两个引用计数。本国的引用计数(local citation count)(LCC)指的是一篇文章被数据集中论文引用的频率。

---

① 　*yoursci2directory*/sampledata/scientometrics/isi

根据科学网的记录，全球引用计数(global citation count，缩写为GCC)等于原始ISI文件被引用次数(TC)的值。只有来自其他ISI记录中的参考文献才计入ISI论文的GCC值。目前，Sci2工具将参考文献的GCC设为-1，允许使用者精简网络，只保留原始的ISI记录。要查看完整网络，从"数据管理器"中选择"Network with directed edges from Cited References to Cite Me As"，选择"可视化>网络>GUESS"(*Visualization > Networks >GUESS*)。由于*FourNetSciResearchers.isi*这个数据集太大，因此载入需要一些时间。网络的GEM布局需要几分钟的时间来计算。打开或关闭节点标记的操作也要花时间，因为GUESS需要检查9612个节点。图6.43是完整的网络，包括15个弱连接组件以及等于或大于500次引用的论文节点标签。注意巨型组件(giant component)的大小。

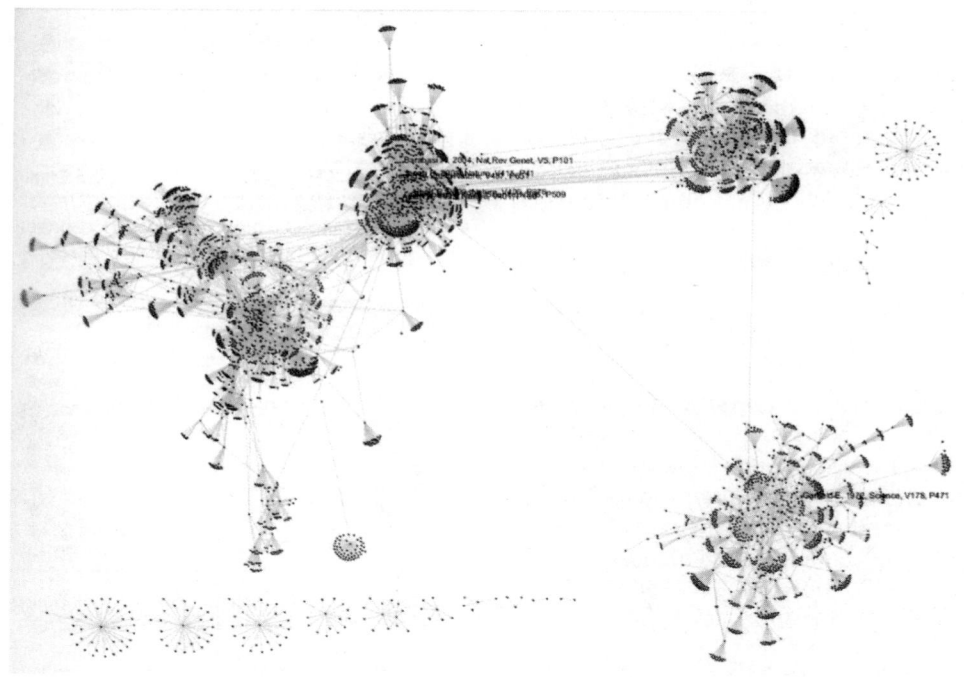

图6.43 *FourNetSciResearchers.isi*文件的论文-参考文献网络(http://cns.iu.edu/ivmoocbook14/6.43.tif)

6.8 对分网络：杰弗里·福克斯获得NSF资助情况

杰弗里·福克斯(Geoffrey Fox)是印第安纳大学研究生院副院长和令人尊敬

的计算机科学与信息学教授。*GeoffreyFox.csv*文件①包括了他在1978年至2010年期间获得的26项美国国家科学基金会(National Science Foundation，简称NSF)的资助，总金额为10 806 925美元。将*GeoffreyFox.csv*加载到Sci2。通过选择"数据准备 > 提取二分网络"(*Data Preparation > Extract Bipartite Network*)，将"第一列"(First column)设为"全部研究者"(All Investigators)，"第二列"(Second column)设为"资助数量"(Award Number)(见图6.44)，可提取出一个对分网络。在"聚合函数文件"(Aggregate Function File)中不要选择任何东西。

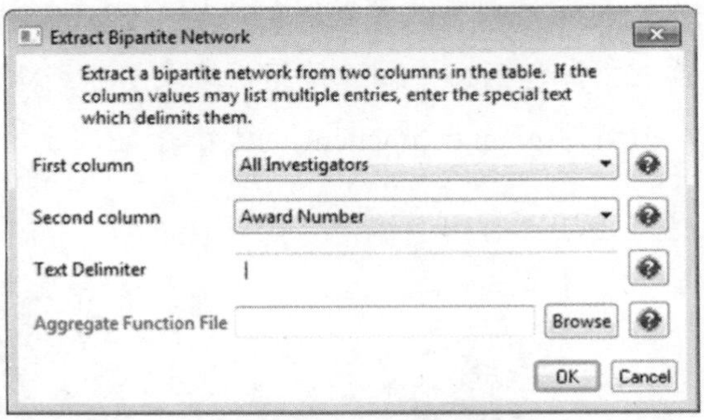

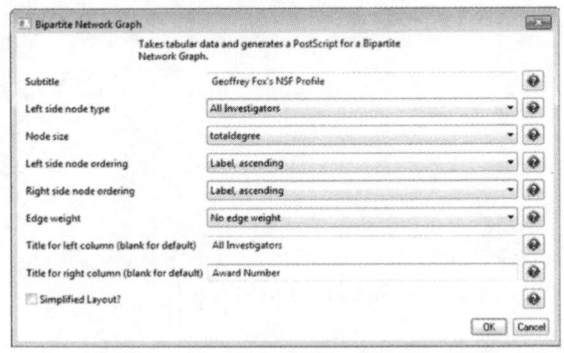

图6.44 提取连接所有项目研究者获资助数量的对分网络

下一步，计算网络中每个节点的度，选择"分析>网络>未加权和未定向>度"(*Analysis>Networks>Unweighted and Undirected > Degree*)。运行这些分析会决定所有节点的总度。选择"可视化>网络>对分网络图"(*Visualization>Networks> Bipartite Network Graph*)，并按图6.45输入参数，可以对所得网络可视化。

图6.45 以对分网络图(Bipartite Network Graph)将杰弗里·福克斯的对分网络可视化

最后结果会以PostScript文件形式出现在"数据管理器"中。保存PostScript

---

① *yoursci2directory*/sampledata/scientometrics/nsf

文件，将其转换为PDF(步骤参见附录)并查看(见图6.46)。这幅图左列显示出了所有研究者，同时在右边显示出他们所获资助项目的名称。由于数据集包括了福克斯的所有项目，福克斯节点和全部26项资助项相连接。举个例子，图例中的最大度值是26。加农(Gannon)、皮尔斯 (Pierce)和普林斯(Prince)都与福克斯在3个项目中有过合作。6个项目中有5位研究者——这是NSF所允许的最多研究者人数。

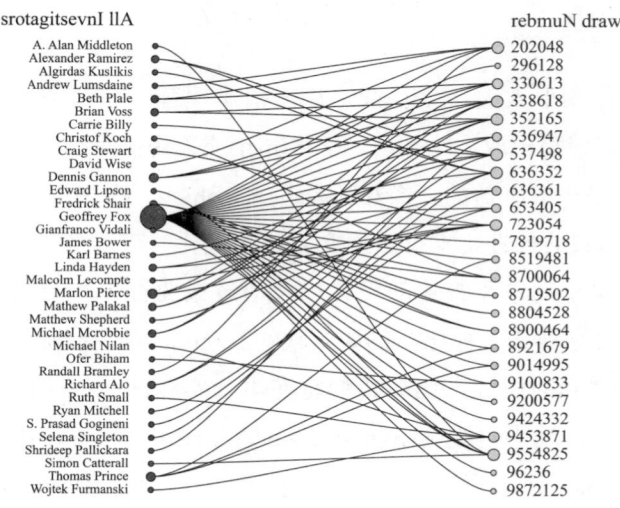

Network Visualization
Generated from Network with degree attribute added to node list.2
October 23, 2013 | 9:41 AM EDT

srotagitsevnI llA

rebmuN drawA

A. Alan Middleton
Alexander Ramirez
Algirdas Kuslikis
Andrew Lumsdaine
Beth Plale
Brian Voss
Carrie Billy
Christof Koch
Craig Stewart
David Wise
Dennis Gannon
Edward Lipson
Fredrick Shair
Geoffrey Fox
Gianfranco Vidali
James Bower
Karl Barnes
Linda Hayden
Malcolm Lecompte
Marlon Pierce
Mathew Palakal
Matthew Shepherd
Michael Mcrobbie
Michael Nilan
Ofer Biham
Randall Bramley
Richard Alo
Ruth Small
Ryan Mitchell
S. Prasad Gogineni
Selena Singleton
Shrideep Pallickara
Simon Catterall
Thomas Prince
Wojtek Furmanski

202048
296128
330613
338618
352165
536947
537498
636352
636361
653405
723054
7819718
8519481
8700064
8719502
8804528
8900464
8921679
9014995
9100833
9200577
9424332
9453871
9554825
96236
9872125

Legend
Sorted by
Left side:
Alphabetical
Right side:
Alphabetical

Area
totaldegree

26
13.5
1

How To Read This Map
This bipartite network shows two record types and their interconnections.Each record is represented bu a labeled circle that is size coded by a numerical attribute value.Records of each type are vertically alined and sorted,e.g.,by node size or alphabetically.Links between records of different type may be weighted as reprsented by line thickness.

CNS (cns.iu.edu)

图6.46　杰弗里•福克斯的NSF记录中 "所有研究者" 到 "获资助项目数" 的对分网络图
(http://cns.iu.edu/ivmoocbook14/6.46.pdf)

　　对分网络在两类不同实体(在本例中是研究者和NSF资助项目)之间的连接可视化方面，很有帮助。

> ⌂ **家庭作业**
>
> 　　从学术数据库(Scholarly Database)(http://sdb.cns.iu.edu)中选择数据，下载后再创建一个合著者网络。例如，在NSF数据集中检索某一特定研究者，然后创建他或她与合作研究者的网络。

第7章

动态可视化和部署

（一）理论部分

有些可视化图形太大、太复杂，让人很难理解。在这种情况下，支持交互式搜索、过滤、聚类、放大(zoom)、平移(pan)或采用满足细节信息需求的动态部署(deployment)是十分有益的。像Tableau[1]、Gephi[2]、GUESS[3]、Cytoscape[4]等工具，可以作为Sci2的插件，支持数据交互式可视化，可服务于数据探索和传播。我们将在本章讨论动态可视化的设计以及通过桌面程序、交互式在线可视化和大型触摸屏部署互动式可视化。诸如微软的Zoom.it[5]和Gigapan[6]这些在线服务，支持分享高分辨率的图片，比如我们将在本章实践部分讨论的大规模可视化。理论部分有两节，动态可视化(dynamic visualizations)和可视化部署(deployment of visualizations)。在第一部分中，我们讨论随着时间的进展来传达变化的不同方法。第二部分介绍部署可视化的多种不同方式(见图1.12)。

7.1 动态可视化

我们希望探讨或传播的动态可视化有很多类型。

(1) 数据属性可能会随时间变化而改变，时序图可用于展示随时间改变的性质(attributes)或派生的统计数据(derivative statistics)(见第2章例子)。

(2) 数据记录、数据属性和属性值随时间变化的数目。在这里，静态底图(base map)/参考系(例如，图表、图形、地理空间图或网络图表)可以与动态的不

---

[1] http://www.tableausoftware.com
[2] http://gephi.org
[3] http://graphexploration.cond.org
[4] http://www.cytoscape.org
[5] http://zoom.it
[6] http://gigapan.com

断变化的数据叠加在一起使用。

(3) 数据和参考系发生改变。例如，政治边界的变化，或叠加了数据动态而演变的网络，举个例子，移民轨迹或合作网络的变化。在这种情况下，必须针对每个时间阶段更新参考系统和叠加的数据。

展现动态或随时间变化的方式有许多种。我们可以用一幅静态图像(one static image)来言说一切。例如查尔斯·约瑟夫·米纳尔的"拿破仑大军挺进莫斯科"(见图2.3)。也可以使用同一参考系，将**多重静态图像**(multiple static images)并列或制成动画后再呈现。随着时间推移，叠加的数据会发生改变。第3章已讨论过的米纳尔的《1858、1864和1865年欧洲原棉进口情况》(见图3.1)，就是其中的一个例子。第1章中讨论过的《1986至2004年信息可视化研究者合著网络演变》(见图1.7)，却是将动画图像呈现为静态的网络布局图。有些动画可以开始、停止和重放。动态可视化可以采用交互式可视化(interactive visualizations)。第7.2节提供了多个此类例子。

当向他人展示数据、可视化和思路时，确保让听众了解(稍后还能记住)整个来龙去脉是十分重要的。本·施耐德曼[1]创造了一个法则：先综述、缩放和筛选，然后满足细节需求。自那时以来，这一法则就成为静态可视化展示和交互式系统设计的指导原则。

理想情况下，作为一种叙事方式，我们按时间顺序展示可视化内容。内容越简单越好，但是信息应该是真实的且要有信息含量。它们应该是脉络清晰的，包括为受众熟悉的过去、现在和未来。它们应该是具体的、可操作的(即，如果受众真正理解并被内容吸引，他们能够将之付诸实践)。汉斯·罗斯林(Hans Rosling)以Gapminder制作而成的题为《200国家、200年、4分钟》(200 Countries，200 Years，4 Minutes)[2]的文章，展示了多个国家的财富和健康状况。还有阿尔·戈尔(Al Gore)[3]的《难以忽视的真相》(Inconvenient Truth)，都是讲述故事并鼓励听众参与操作的最好例子。

---

[1]　Shneiderman，Ben. 1996. "The Eyes Have It: A Task by Data Type Taxonomy for Information Visualizations." In *Proceedings of the 1996 IEEE Symposium on Visual Languages*.Washington，DC:IEEE Computer Society.

[2]　http://www.youtube.com/watch?v=jbkSRLYSojo

[3]　http://www.imdb.com/video/imdb/vi2897608985

7.2　交互式可视化

我们在本节介绍5种不同的交互式可视化部署类型。第一种是用纸张打印输出的高分辨率图形和投影屏幕上低分辨照明(low-resolution illumination)图像的结合。第二种利用大型触控面板来部署。第三种是支持研究者网络的在线服务。第四种是Web服务，可以为不同的数据仓库(data silos)提供统一的可视化查询界面。最后一个例子展示怎样将Sci2工具算法用于在线网络服务。

照明图示(Illuminated Diagram Display)(见图7.1)结合了印刷的高数据密度和交互程序的灵活性。有太多相关数据需要展示到屏幕上，而且数据相对稳定时，这种技术通常是有益的。计算机可以把投影机作为智能聚光灯来为观众指出重点，例如，给出主要科学活动的概述，突出查询结果或生动地展示随时间变化某一观点的传播所带来的影响。

图7.1　照明图设置

图7.1就是设置与绘图科学展示(Mapping Science exhibit)[①]一起运行的例子。该展示用了两个大型显示器：叠加的透明的世界地图(左)和UCSD的科学地图(右)(关于地图设计和用法的详细信息，请见第4.4节)。另外，还有一个触屏显示器，可用于选择世界地图上和科学地图上的任意区域，或者输入检索词(见图7.2的界面)。

使用触控面板显示器，(只要用手指在触控面板某一区域划过)我们能选择世界地图上的任何区域。此图显示了世界地图和科学地图上的所有学术机构位置所

---

① 　http://scimaps.org/exhibit_info/#ID

在区域，还突出了这些机构的出版物。也就是说，我们可以看到所选地理位置存在的专门知识(在出版结果方面)。类似地，可在科学地图上选择主题领域(如社会科学)，这将突显出世界地图上所有开展此领域研究的所有机构。此外，我们还能使用搜索界面(search interface)(见图7.2左)，输入名称(例如你的姓名)。如果恰巧在MEDLINE数据库①中收录我们的出版物，那么就可以在世界地图和科学地图上看到我们的学术足迹了。

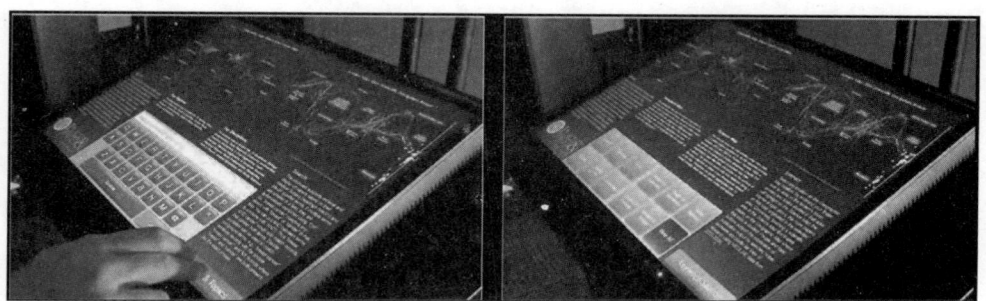

图7.2　照明图触摸屏显示

另外，还有用于跨学科研究领域和诺贝尔奖得主的按钮(见图7.2右)。单击这些按钮就能在两张地图上显现某特定领域或诺贝尔奖得主的所有作品。我们在此处示例性地叠加了已故印第安纳大学的埃莉诺·奥斯特罗姆(Elinor Ostrom)，她是第一位获得诺贝尔经济学奖的女性。

AcademyScope采用的是55英寸、高分辨率的多点触摸(multi-touch)显示器来研究20年前至今，美国国家科学院(National Academy of Sciences)、国家工程院(National Academy of Engineering)、医学研究所(Institute of Medicine)和国家研究委员会(National Research Council)的出版成果。②它是由印第安纳大学(Indiana University)网络科学中心的网络基础设施部(Cyberinfrastructure for Network Science Center)和美国国家科学院合作创建的。③

该可视化的自动模式(Automatic Mode)采用在线用户活动的实时数据反馈，能显示前7天的100份下载最频繁的报告和最新发布的报告。包括下载总数在内，展示的下载数据都是当前一分钟内最新的数据。

---

① 　http://www.nlm.nih.gov/bsd/pmresources.html
② 　http://www.youtube.com/watch?feature=player_embedded&v=pdqKBna1Fos
③ 　Börner，Katy，Chin Hua Kong，Samuel T. Mills，Adam H. Simpson，Bhumi Patel，and Rohit Alekar. 2013. AcademyScope [Interactive Display]. Bloomington，IN: Cyberinfrastructure for Network Science Center.

　　该**交互模式**(Interactive Mode)支持按照主题、子主题浏览和探索以及访问个人的报告(见图7.3)。用户可在右边选择一个主题来查看其所有子主题，触碰某一子主题可查看该领域所有报告以及这些报告之间的相关性。报告之间的连接会基于共有的关键术语和短语的出现率而自动生成。触碰任何报告都可在显示器的右边看到详细信息(见图7.4)。同时，它还提供二维码(QR code)供用户下载PDF版本的报告到智能设备上。

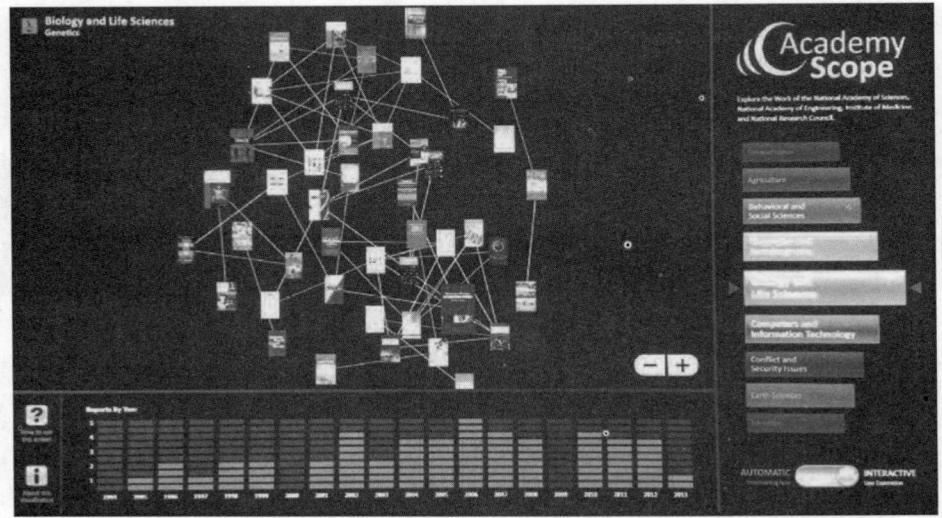

图7.3　交互模式下的AcademyScope

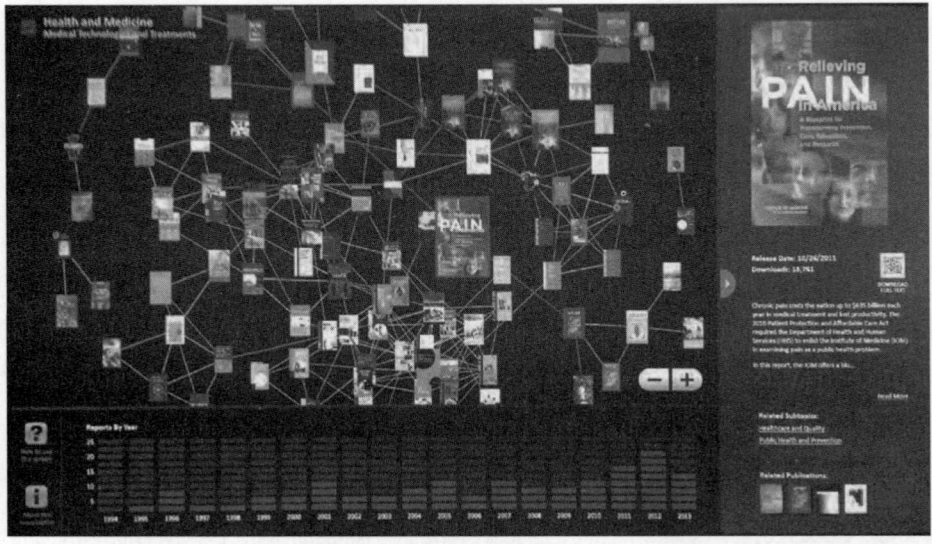

图7.4　AcademyScope交互模式下某一报告的详细信息

VIVO国际研究者网络服务(VIVO International Researcher Networking Service)[①]采用高质量的教学数据(例，识别学者的人力资源数据，他们的隶属关系和地理位置；出版成果的学术数据；教学的课程学分数据；受资助的科研项目数据)，支持学术网络和合作。它和脸书(Facebook)或领英(LinkedIn)不同，因为它能提供多种服务，例如以政府机构指定的格式打印简历。此外，VIVO是开放资源。[②]任何人都能下载并安装使用，大学、出版社、机构或科学团体都能使用；可以把它与现有数据连接，并提供XML格式的数据，或呈现高质量内容的网页，还能显示时间趋势、专业知识的主题覆盖以及不断演化的协作网络的可视化。

图7.5示例性地将所有佛罗里达大学(University of Florida，缩写为UF)教职员工的出版数据叠加到UCSD的科学网络(见第4.4节)上，展示了UF研究人员的专业知识。该界面支持通过组织层次的导航(例，放大特定的学院或系，可以找出不同单位所具有的专业知识)，还支持把不同院系以及下载的数据进行比较。

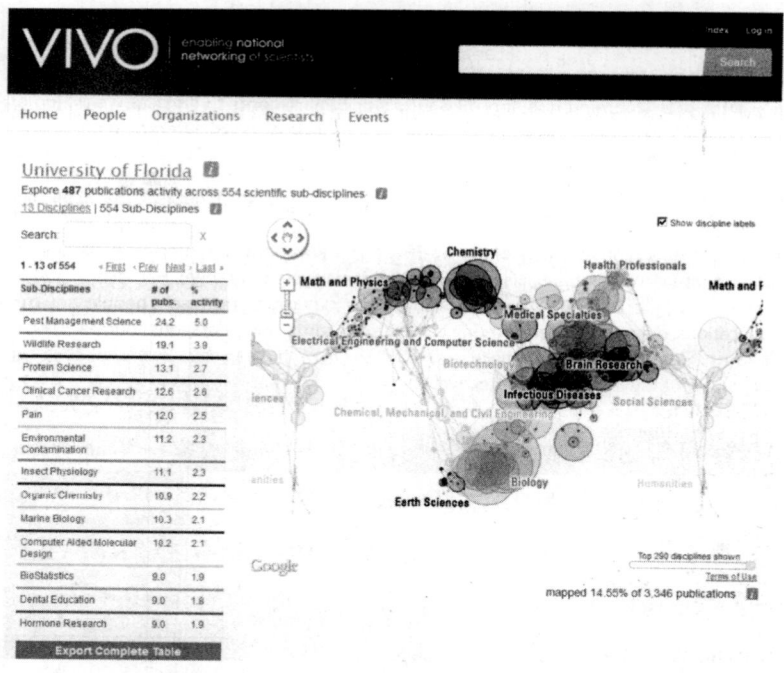

图7.5 UCSD科学地图叠加UF研究人员专业知识的VIVO界面展示

①　Börner，Katy，Mike Conlon，Jon Corson-Rikert，and Ying Ding，eds. 2012. *VIVO: A Semantic Approach to Scholarly Networking and Discovery*. San Francisco，CA: Morgan & Claypool Publishers LLC. http://cns.slis.indiana.edu/docs/publications/2012-borner-vivobook.pdf

②　http://vivoweb.org

对了解VIVO及其包含的数据集感兴趣吗？可以使用国际研究者网络服务(International Researcher Network)[①]来查询(见图7.6)。这个在线服务把数据叠加在可缩放的世界地图上，用蓝色表示哪些机构使用了VIVO，橙色表示"Elsevier's SciVal Expert System"，红色表示"Harvard's Catalyst Profiles"，等等。可以选择不同的数据类型：圆形代表人，方形代表出版物，菱形代表专利，三角形代表资助记录，五角形代表课程。我们可以单击其中任何一种，查看地图下方的详细数据列表，并通过不同的实例探索数据集的覆盖面以及数据集的质量。

绘制可持续性研究(Mapping Sustainability Research)[②](见图7.7)服务是为了帮助可持续性研究者和从业者了解生物量和生物燃料研究中存在的论文、专利和资助金而建立的。这一在线服务以美国地图和UCSD的科学地图作为7个不同数据集，制作出了互动性界面，包含3类出版物、3类基金资助和美国专利。我们可以选择任意数据集和年份范围以及关键词。对于出版物或专利，我们可以查询引用次数或专利件数。结果会以叠加数据的形式显示：出版物用正方形表示，资助金用三角形表示，专利用菱形表示。谷歌地图JavaScript应用程序界面(The Google Maps JavaScript API)被用来展示州和城市级别的地图。同样的API还可呈现科学地图，包括13个学科和554个子学科级别。在两种地图中，我们可以单击任何符号以获取更多的信息。在图7.7中，可以看到搜索"玉米"(corn)所得结果。单击加利福尼亚受基金资助的三角形标志，可以在右边看到来自美国农业部(the U.S. Department of Agriculture，缩写为USDA)和国家科学基金会(the National Science Foundation，NSF)的相关资助。单击NSF的连接，可阅读完整的资助记录。如果我们搜索"芒草"(Miscanthus)，一种特殊的二代生物燃料，就能获得不同的检索结果。

Sci2网络服务(Sci2 Web Services)将很快登录国家卫生研究院(National Institutes of Health，缩写为NIH)的网站，也被称为RePORTER。这是NETE AV与CNS的独特合作。使用这项新服务，只需简单的4步，我们就能够获取由NIH提供的时间分析(temporal analysis)、地理空间分析(geospatial analysis)、主题(topical)分析或网络分析数据(即基金资助数据和相关的出版和专利)(见图7.8)。首先，选择某一类分析(例如，回答何时问题的时序分析)。第二，选择一个数据集(例，按名称或组织选择主要研究者)。第三，选择分析类型。第四，将数据可视化(如使用时间条形图)(见第2.6节)。还可以选择其他的可视化类型，如比例符号

①　http://nrn.cns.iu.edu
②　http://mapsustain.cns.iu.edu

图(proportional symbol map)、UCSD科学地图和对分网络图。

图7.7 在MAP Sustain界面中搜索"玉米"所得结果

"何时"问题一般用时间分析　　　　　　　　　　何时
"何地"问题一般用地理空间分析　　　　　　　　何地
"什么"问题一般用主题分析　　　　　　　　　　什么
"和谁"问题一般用网络分析　　　　　　　　　　和谁

图7.8 Sci2 Web服务提供NIH RePORTER数据的分析和可视化

其他可能探讨的交互式可视化例子有马克斯·普朗克研究网络(Max Planck Research Network)[1]和美国国家海洋和大气管理局(the National Oceanic and Atmospheric Administration)的球面科学展示系统(Science On a Sphere)[2]。

🏠 **自我测评**

确认其他采用一幅静态图像、多重静态图像或动画传达数据动态的可视化例子。

(二) 实践部分

7.3 从Gephi中用Seadragon导出动态可视化

数据类型和范围		分析类型/层级	•	●	⬤
🕐 时间跨度	1955—2007	🕐 时间的			
✦ 区域	各种各样的地理空间	✦ 空间的			
☰ 主题领域	网络科学	☰ 主题的			
☌ 网络类型	合著者网络	☌ 网络的		✕	

我们在本节要利用第6.6节使用过的ISI数据，运用微软的Seadragon插件(最近更名为Zoom.it)来创建一个合著者网络(co-authorship network)。这是创建交互式可视化最简单的方法之一，对分享和探索非常大型的在线可视化也十分有用。

首先把ISI原始数据导入Sci2，使用Gephi提取合著者网络并将之可视化，利用Seadragon插件导出一个可直接安装到Web上的可缩放界面。

此工作流程需要运用Gephi，这是一款开源的(open-source)网络可视化工具。[3]安装了Gephi后，还要把Seadragon插件添加到工具中。在Gephi中添加插

---

[1] http://max-planck-research-networks.net
[2] http://www.sos.noaa.gov
[3] http://gephi.org

件很简单。随着工具启动，单击"工具>插件"(*Tools > Plugins*)后可以看到插件界面。选择"可用插件"(Available Plugins)标签，选定"Seadragon 网站导出"(Seadragon Web Export)(见图7.9)，单击"安装"(Install)。在成功安装后，你需要重新开启Gephi。可以通过选择"文件>导出"(*File >Export*)查看Seadragon插件是否已经安装成功。注意，你必须启动Gephi项目或者载入网络才能进入上述菜单。

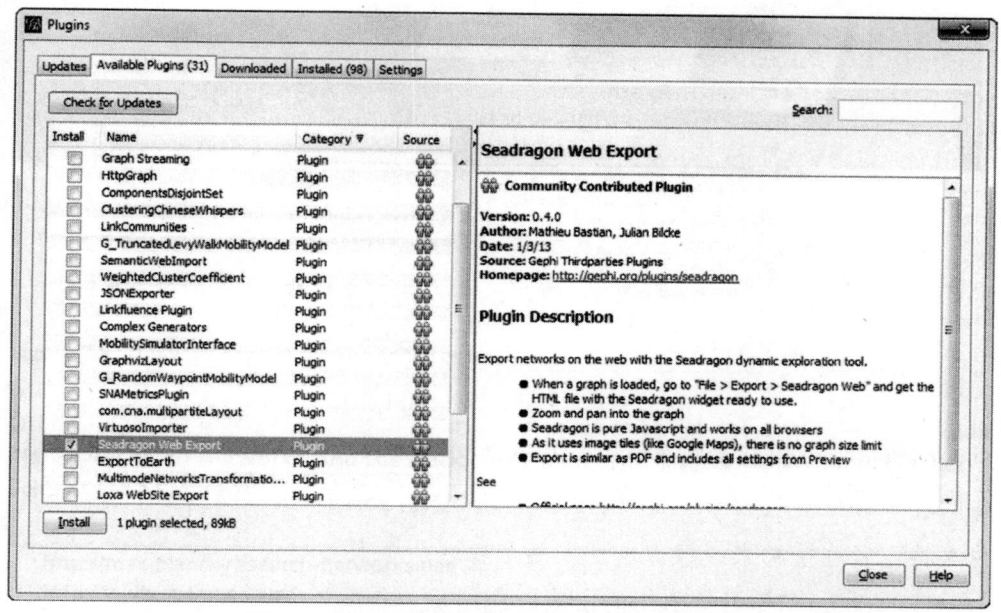

图7.9 在Gephi中添加Seadragon Web Export插件

现在，我们开始创建合著者网络，在后面的步骤中会运用Seadragon插件。打开Sci2，载入*FourNetSciResearchers.isi*文件[①]。数据集载入完成后，"数据管理器"中会出现两个文件。选择标有"361 Unique ISI Records"的表格，然后选择"数据准备>提取合著者网络"(*Data Preparation>Extract Co-Author Network*)(见图7.10)。

在提取合著者网络的时候，系统会提示你确认正在操作的数据类型，在这里选择ISI数据，然后单击"确定"(OK)(见图7.11)。

[①] *yoursci2directory*/sampledata/scientometrics/isi

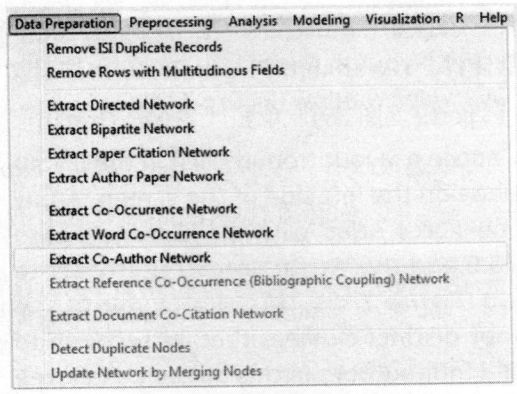

图7.10　提取合著者网络

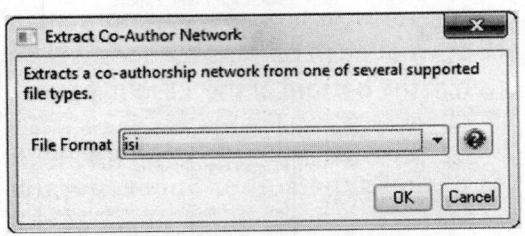

图7.11　选择正在操作的ISI数据

　　网络提取结果会有两个文件呈现在"数据管理器"中。第一个文件是"提取的合著者网络"(Extracted Co-Authorship Network)。这些网络基于其合著的论文将作者连接起来。节点增加了两个属性：个人参与合著的次数(在数据集中出现的次数)和作者被引用的次数。边增加一个属性：两个作者合著的次数(连接作者的边权重)。这些属性有助于加强网络视觉效果，还能传达更多的数据信息。另一个出现在"数据管理器"中的文件是作者信息表。该表可以让用户合并相同作者(详情见第6.6节)。现在，选择文件并运行"可视化>网络>Gephi"(*Visualization >Networks > Gephi*)，把网络载入Gephi(见图7.12)。

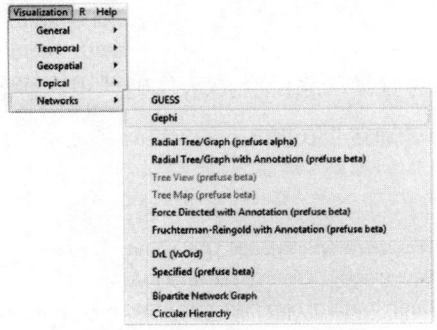

图7.12　Gephi中合著者网络可视化

网络加载到Gephi后，你可以看见一份导入报告，了解网络中的节点和边的数量，并要求你把网络作为无定向图表载入，单击"确定"(OK)。合著者网络是一种共生网络，无方向性。当网络载入Gephi后，会呈现随机布局，不过，你可能注意到程序会自动检测边权重，在这里，边权重对应的是两位作者合作的次数(见图7.13)。

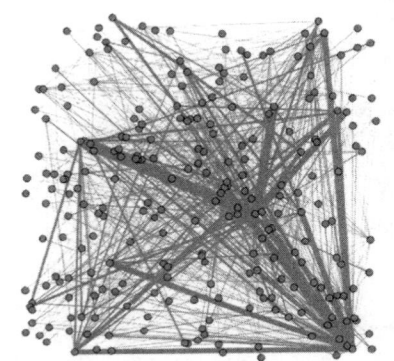

图7.13　Gephi中合著者随机布局(边权重自动呈现)

首先，我们将采用一种不同的让网络结构更为清晰的布局。要在Gephi中应用不同的布局，这需要在"概览"(Overview)窗口进行(见图7.14)。

图7.14　Gephi菜单下显示的"概览""数据实验室"和"预览"窗口选项卡

从屏幕左边的布局列表中选择一个布局。运用"力图集"(Force Atlas)算法，把"重要性"(Gravity)设置为50.0，把"吸引力"(Attraction Strength)设置为1.0(见图7.15)。这样在该数据集中，就能看见对应于4位作者的4个不同的集群(clusters)。可以自由调整布局的参数值，参数值的调整会影响到网络的展现状态。关于每个参数作用的信息会在"布局"(Layout)窗格的底部看到。

接下来，要按照作者出现在数据集之中的次数来调整节点大小。这能让你了解数据集里作者的影响。在左上角的"概览"(Overview)窗口中，选择"排名"(Ranking)选项卡，单击"节点"(Nodes)，选择菱形图案的"大小/权重"(Size/Weight)按钮。将"排名参数"(rank parameter)设为"著作数量"(number_of_authored_works)，单击"应用"(Apply)(见图7.16)。输入你想要的大小范围，本例中节点范围是10~50。Gephi将把数值呈现在一定范围下。在这个数据集中，作者出现的最少次数是1，最多次数是127。

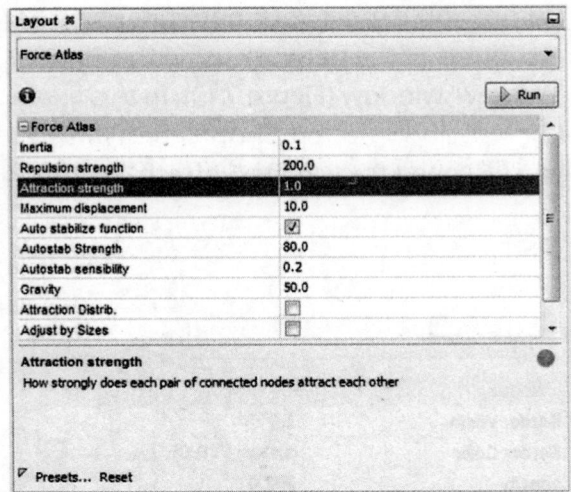

图7.15　Gephi中的"布局"窗口，采用"力图集"布局并呈现"吸引力"参数

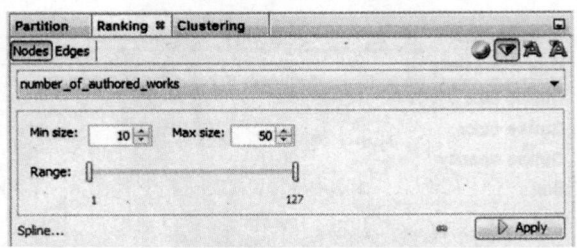

图7.16　在10~50范围内，按照著作数量调整节点大小

　　下一步，按照作者被引用的次数给节点渐变性地着色。这些图形变量类型和色值将告诉我们数据集中某些作者的重要性。仍然是在"排名"(Ranking)窗格中，选择色轮图标的"颜色"(Color)按钮，该按钮就在菱形图案的"大小/权重"(Size/Weight)按钮的左边。将"排名参数"(rank parameter)设为"被引次数"(times_cited)，单击"应用"(Apply)(见图7.17)。你可以选择色彩渐变右边的正方形调色板来改变配色方案。

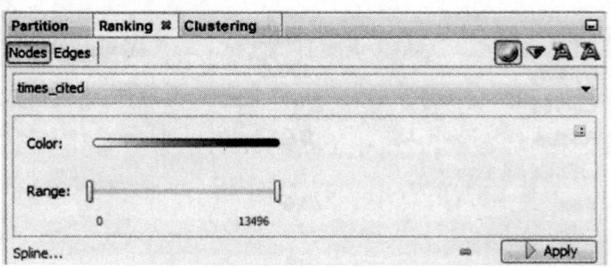

图7.17　按照被引用次数给节点着色

要给网络中的节点标记的话，选择"图形"(Graph)窗口底部有着暗灰色T图标的"显示节点标签"(Show Node Labels)按钮(见图7.18)。如果已经应用了节点标签，你可以运行"标签调整"(Label Adjust)布局，能轻易移动标签，避免重叠。

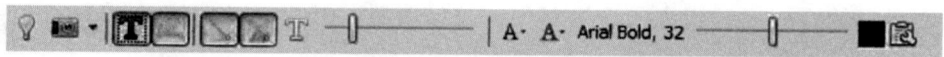

图7.18 选择"显示节点标记"按钮展示与每个节点相关的作者名

在用Seadragon导出网络之前，可以利用"预览"(Preview)窗口左边的"预览设置"(Preview Settings)来选择或编辑网络的不同视觉属性(见图7.19)。在本例中，我们将网络视图设置为"默认曲线"(Default Curved)，并选中"显示标签"(Show Labels)和"比例大小"。要查看更改情况，你需要单击"预览设置"窗格底部的"刷新"按钮。

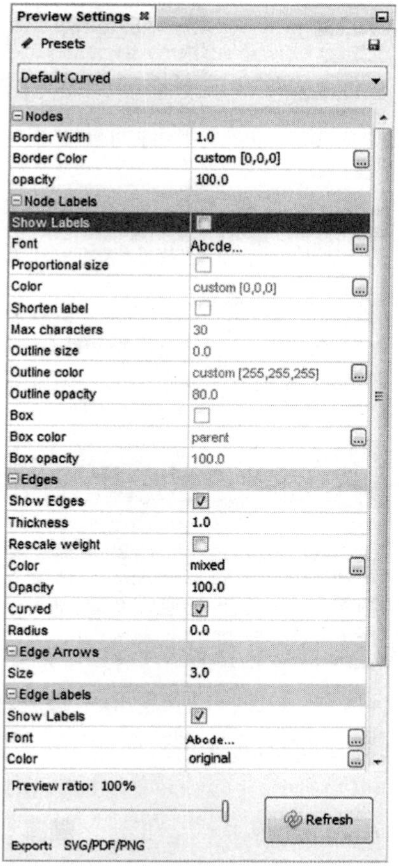

图7.19 Gephi中的"预览设置"窗

在获得的合著者网络(见图7.20)中，节点按照作者出现在数据集中的次数按比例呈现大小，按照作者被引次数来着色：黄色表示引用较少，红色表示引用次数多。这能帮助你了解数据集里相关作者的重要性，还能指导你对该主题的研究(例如，你可能想阅读高产且被多次引用的作者的文章)。此外，你还能看到不同作者间的连接以及代表其合著频率的连接强度，让你对该研究领域了解更进一层。

现在，假设你想为这个可视化创建一个交互式界面。如你所见，阅读每个节点的标签并不容易。但是，如果能放大某些区域，所有的节点标签都能清晰易读。你可以通过本节开头已安装在Gephi中的Seadragon Web导出插件来建立一个可缩放的界面。要导出此网络的话，返回到Gephi的"概览"(Overview)窗口，选择"文件>导出>Seadragon Web"(*File > Export >Seadragon Web...*)(见图7.21)。

Seadragon Web导出窗口会弹出对话框，要求你将可视化文件和相关文件导出到Web中的指定位置。如图7.22所示，其会提供像素(pixels)大小选择。尺寸越大，用户能够放大的次数则更多，但是导出时间会更长。

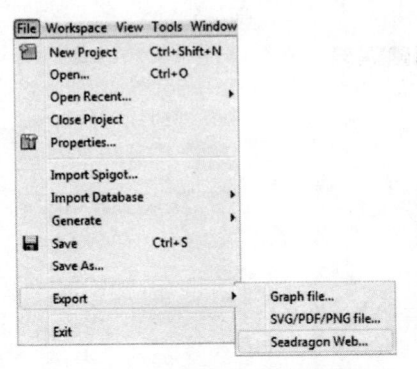
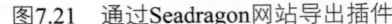
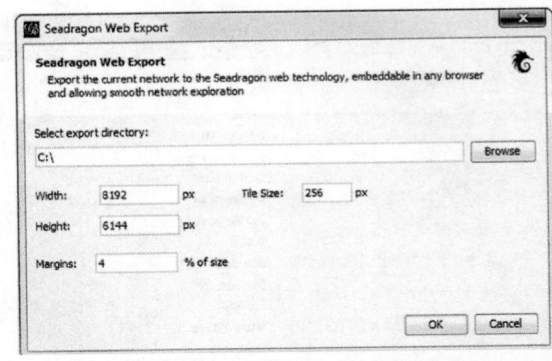

图7.21 通过Seadragon网站导出插件   图7.22 Seadragon Web 导出参数窗口

可以直接用你选择的网页浏览器在本地硬盘驱动器里查看结果。谷歌浏览器(Chrome)是一个例外，该浏览器只有在权限设置为"允许访问文件"(allow-file-accessfrom-files)后才能查看。在你选择的浏览器中打开HTML文件。可视化右下角的按钮允许用户放大和平移网络(见图7.23)。在可视化下附有把可视化效果安装到网站上的说明。

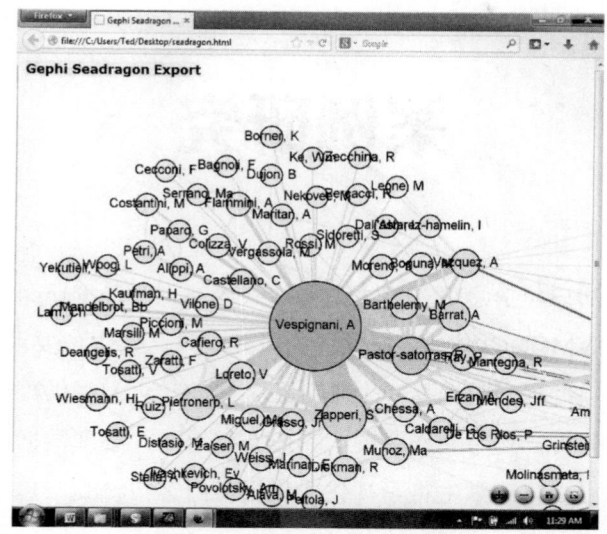

图7.23　合著者网络在线交互可视化

第8章

案例研究

这些案例是2013年信息可视化大型开放式网络课程(Information Visualization MOOC，缩写为IVMOOC)中对客户项目的研究成果。学生按要求组成4~5人的团队，从潜在客户项目列表中选择一个项目。客户向学生们提供数据，学生们则致力于客户的需求分析，初步制作草图，完成文献综述，整理数据和预处理数据，最后实现分析和可视化。学生将可视化成果提交给客户检验。包括客户的反馈和看法在内，本章将重点介绍其中的6个项目。

案例一 了解非紧急呼叫系统的扩散

客户：

约翰·奥伯恩(John C. O'Byrne)[jobyrne4@gmail.com]

弗吉尼亚理工学院(Virginia Tech)

团队成员：

邦妮·莱顿(Bonnie L. Layton)[bllayton@indiana.edu]

史蒂夫·莱顿(Steve C. Layton)[stlayton@indiana.edu]

詹姆斯·特鲁(James S. True)[jitrue@iu.edu]

印第安纳大学(Indiana University)

项目详情

美国各地方政府从20世纪90年代末开始采用非紧急呼叫系统，通称为"311系统"(311 systems)，这一系统减轻了911应急系统的负担，为市民提供需求热线，提高了联邦政府效率，同时让市民有机会参与到地方政府事务中来。弗吉尼亚理工学院公共管理和政策中心(Center for Public Administration and Policy)的博士研究生约翰·奥伯恩的论文主题，就是研究311系统采用的因素。他的数据包括1996—2012年美国大城市采用311系统的情况。他考察了多种促进采用的因素：城市人口规模，政府组成形式以及各地犯罪率。印第安纳大学(Indiana

University，缩写为IU)的一组信息学研究生设计了4个版本的地理空间可视化，展示美国境内311系统的扩散情况。他们通过创建不同版本来探索用户参与度、含义领会的不同程度，并保留了不同版本的可视化，包括触屏互动、纸质可视化和在线可视化。

需求分析

奥伯恩作为本项目的客户，需要一个能展示311系统采用率何时达到足以鼓励其他城市效仿的"临界量"(critical mass)的可视化成果。他想比较311数据和埃弗雷特·罗杰斯(Everett Rogers)的创新扩散曲线(Diffusion of Innovation curve)之间的关系，创新扩散曲线是基于上百项创新成果研究而建模的。[①]这些研究跟踪了许多学科中创新的接受程度，包括科学、医学、工业技术和社会学。团队建议，将两个数据集逐年合并于条状图中，该条状图下方用比例符号(圆圈)来代表城市累计接受率，每个条形代表在当年内的采用率。

奥伯恩建立了一个广泛的数据库，包括城市人口、犯罪率和政府形式。团队提出绘制三幅能体现研究者假设的可视化。假设如下。

(1) 人口较多的城市接受311速度较快。

(2) 犯罪率较高的城市接受速度较快。

(3) 有市长-理事会(mayor-council)政府的城市接受较快。

为了比较效果的优劣，团队创建了静态、动态和交互式多个版本的地图。

相关工作

可视化团队结合了斯图尔特·卡德(Stuart Card)、乔克·麦金利(Jock Mackinlay)和本·施奈德曼提出的视觉加工原则和理论。卡德和麦金利对可视化属性的定义构建来自：(1)标记，如点、线、面(surface)、面积(area)和体积(volume)；(2)图像属性(graphical properties)；(3)需要人工控制(human-controlled)加工的元素，如文本。[②]他们将两种人类视觉加工定义为自动的(automatic)，这种情况下，用户可以依靠并行处理能力(parallel processing)辨识出诸如颜色和位置之类的属性；另一种视觉加工形式为"受控加工"(controlled processing)，阅读任务处理就属于此类。相比较而言，前者受限于精力(power)，后者运作强劲

---

① Rogers，E.M. 2003. *Diffusion of Innovations*，34，344–347. New York: Free Press.

② Card，S.K.，and J. Mackinlay. 1997. "The Structure of the Information Visualization Design Space." In *Proceedings of the IEEE Symposium on Information Visualization*，92–99. Washington，DC: IEEE Computer Society.

但是受限于才智(capacity)。这些分类对于可视化任务很有效：一方面可以分解美国地图的地理空间和时间数据的可视化任务，同时(自动的)条形图结合了趋势数据(trend data)，这种数据是由能够解释每个接受度因素的文本组成的。以施奈德曼的基本原则"先概述、缩放和筛选，然后满足细节需求"为指导，团队先创建了采用率概览(S曲线和比例符号地图)，允许用户单击(筛选)来隔离每个采用因素。[①]

数据收集和准备

可视化团队将奥伯恩的城市数据库作为地图和采用率曲线可视化的基础。根据经度和纬度数据绘制城市，结合人口普查数据，以Sci2可视化软件中的比例符号图创建城市数据图矢量(vector)文件。[②]将这些文件载入矢量绘图工具(Adobe Illustrator)中以自定义颜色和线条，并导出至排版软件(Adobe InDesign)。利用排版软件的数字出版套件(Digital Publishing Suite)进行叠加，该团队制作了能展示每个城市采用311系统的动画。采用HTML和JQuery JavaScript框架创建了交互式网络可视化的按钮。针对触摸屏可视化，团队还用排版软件(InDesign)制作了iPad版本。

分析与可视化

团队意识到了数据的复杂性，认为比较相同数据的静态可视化与动画版本的可视化将更有效。他们将每个因素(人口、犯罪率、政府形式)分离成离散时间可视化。此外，团队认识到理解可视化需要经过"自动"和"受控加工"过程，他们认为自定进度(self-paced)的交互式体验会更有效率。这四种可视化成果包含了鼠标操作的自定进度版、非交互式动画版、触屏操作的自定进度版，还有静态版(见图8.1)。

尽管向奥伯恩提交了全部4个版本，但是团队重点打造了纸质版，因为奥伯恩希望把该可视化版插入到论文中。

奥伯恩的反馈总体上非常积极。他表示，视图的组织和层次反映了它们相对的重要性，能正确引导注意力自中心到右边栏，由上往下再往左。当被问及他是否将右下的城市人口条形图而非地图作为主导因素时，他表示，代表纽约的极高长条形让空间有受困之感，所以他认为条形图仍然应该作为次要选择。

关于调色板(color palette)，客户更喜欢三种颜色的版本，虽然他也能接受作

① Shneiderman，B. 1996. "The Eyes Have It: A Task by Data Type Taxonomy for Information Visualizations." In *Proceedings of the IEEE Symposium on Visual Languages*，336–343. Washington，DC: IEEE Computer Society.

② Sci2 Team. 2009. "Science of Science(Sci2)Tool." Indiana University and SciTech Strategies. http://sci2.cns.iu.edu.

为红色的补充、将"非采用"区域的蓝色用绿色呈现的地图。

客户认识到，左偏下的创新采用率扩散的条形图，由于其多元性质，需要集中注意力仔细阅读(施奈德曼的"受控加工")。但是他说，将条形下的比例符号与城市标签配对，不会使信息太复杂。

因为客户的主要目的是把可视化成果用于论文中，他更喜欢分开作为独立数据的图和表格，但在会议环节会采用完整版本的海报。论文版本必须是黑白色，所以团队同意向他单独发送每张地图。

讨论

结合比例符号对比的地图，明确并支持了客户的3个假设。特别是在第一张地图中，可以清晰看到用红色表示的是人口较多的城市(采用了311系统)。如果读者研读比例符号对比标签，就会发现采用该系统的城市平均人口为685 160，而没有采用的城市平均人口为215 173。实际的城市采用率与罗杰斯的创新扩散曲线十分接近，这一点客户已经假设过。右下角的条形图也支持了城市越大，采用速度越快的假设。

团队对客户的反馈感到欣喜。在创建静态可视化过程中，数据的复杂性是个巨大的挑战。为了创造一个易读且美观的印刷版本，团队需要使用至少一个小报(tabloid)大小，才能让读者更清晰地看到细节。纸质版本缺少网络版或触屏版所拥有的通过滚动或单击图层信息的机会。团队认为交互式模式的可拓展性(scalability)不会受地理限制(创建出反映扩散情况的世界地图和扩散情况仅限于美国地图)。但是，仍然需要评估用户对信息的加工需求。在初始的原型设计过程中评估了用户的反馈后，团队意识到了一些信息的复杂性，并尝试进一步简化。在未来的版本中，团队希望在交互式版本中叠加更多的数据以促进互动(如，允许用户放大特定城市，查看人口分布的等值线图以及关于城市采用率的信息)。施奈德曼重视提供概览，同时允许用户深度钻研。要更有效地对地理空间/时间/定量的311数据进行可视化，交互式版本似乎更为合适。

致谢

笔者感谢印第安纳大学网络基础建设和网络科学中心(Cyberinfrastructure for Network Science Center)主任凯蒂·伯尔纳(Katy Börner)，信息和计算机学院信息学与图书馆学博士研究生斯科特·魏因加特(Scott E. Weingart)以及CNS研究和编辑助理大卫·波利(David E. Polley)的大力协助。

案例二　探索《魔兽世界》玩家活动的成功

团队成员：

阿鲁·耶瑟兰(Arul Jeyaseelan) [ajeyasee@indiana.edu]

印第安纳大学(Indiana University)

团队成员/客户：

艾萨克·诺里斯(Isaac Knowles) [iknowles@indiana.edu]

印第安纳大学(Indiana University)

项目详情

在视频游戏开发和发行行业，分析和可视化越来越多地用于推动设计和营销决策。特别是对基于大型虚拟世界的游戏，游戏中的"虚拟地理"(virtual geography)非常重要。从一个地方到另一个地方涉及成本和收益，或者对于另一端的玩家而言，需要承受巨大的决策考量。分析师和开发人员需要特定工具来了解玩家如何应对虚拟周边环境，以及这些环境是如何吸引玩家的。

例如：动视暴雪公司(Activision Blizzard)的《魔兽世界》(World of Warcraft，缩写为WoW)。它是一款基于巨大的虚拟世界的大型多人在线角色扮演游戏。游戏里，玩家可以横跨4大洲，每洲都有独特的地理特征、面临的挑战、国境路线和经济中心。虚拟世界中有些部分访问率高于其他地方，但每个地方都需要达到严格的质量标准。未充分利用的区域代表着投资损失，而拥挤的区域会导致服务器(server)或客户端崩溃(client crashes)。因此，地理空间分析对发现和解决这些问题以及其他问题都至关重要。

为此，我们开发了一个工具来帮助用户了解《魔兽世界》中玩家的运动情况。使用虚拟世界的地图，我们为游戏创建了一个地理信息系统，允许用户调查基础数据集中玩家的交通行为(travel behavior)。用户可以暂停和比较玩家在多个地理位置中的各种趋势。该工具还有助于回答如下问题：

(1) 主要的旅行枢纽有哪些？

(2) 旅行习惯如何随时间而改变？

(3) 如何根据服务器人口和游戏区的人口密度来定位和改变旅行习惯？

本项目的客户艾萨克·诺里斯(Isaac Knowles)(也是参与者之一)和爱德华·卡斯特罗诺瓦(Edward Castronova)，两位都是印第安纳大学的经济学家，他们研究的重点是虚拟世界经济。为了更好地了解人们如何按群组一起工作，我们的客户收集了千万份《魔兽世界》的玩家活动快照(snapshots)。这些玩家都是竞争突袭公会(guilds)的成员。在《魔兽世界》里，公会是官方承认的玩家组织。一些公会可能参与"突袭"，包括和计算机操控的怪物进行一系列战斗活动，这也要求协调好大量的玩家才能成功完成任务。其中排名最高的突袭公会是诺里斯和卡斯特罗诺瓦本次研究的对象。

需求分析

最初，客户的要求很宽泛，只强调最后的可视化要有助于识别数据中的模式和趋势。因此，我们决定构建一个定制的可视化工具而不是单一的可视化图，这不仅引起了客户相当大的兴趣，也得到了客户的同意。在设计阶段，我们很幸运，客户和参与者的同时存在能够对团队的思路做出反应，并建议放大图形或及时更改图形。对于我们正在处理的数据，他也具有大量第一手的知识，在项目开始前就整理并分析了数据。这是我们团队的一大优势，节省了很多时间。

相关工作

我们大量的工作是设计并发布一款新颖的数据探索工具。为此，我们创建了多个可视化来帮助用户了解数据中的基本地理空间和人口模式。这些可视化与之前一些研究《魔兽世界》的作品相似。

克里斯蒂安·图劳(Christian Thurau)和克里斯蒂安·鲍克哈格(Christian Bauckhage)历经4年，调查了《魔兽世界》中的140万个队伍。[1]他们确认了一些独特的公会的社会行为，还分析了这些不同的行为如何影响公会会员的升级速度。他们用直方图和条形图来表示美国和欧盟公会的发展。此外，他们还用网络分析展现了美国和欧盟公会是怎样随时间演化的。

尼古拉斯·杜契内奥特(Nicolas Ducheneaut)等人深入讨论了在线社交网络和现实组织行为间的关系。[2]为此，他们使用了直方图、条形图和折线图。除了网络分析，他们还用数据说明玩家在虚拟世界行为的程度和性质。在另一篇文章中，杜契内奥特等人分析了等级(class)、派系(faction)和种族(race)选择的趋势，所用数据

---

[1] Thurau, C., and C. Bauckhage. 2010. "Analyzing the Evolution of Social Groups in World of Warcraft." Paper presented at the *IEEE Conference on Computational Intelligence and Games*, IT University of Copenhagen.

[2] Ducheneaut, N., N. Yee, E. Nickell, and R.J. Moore. 2006. " 'Alone Together?': Exploring the Social Dynamics of Massively Multiplayer Online Games." In *Proceedings of the SIGCHI Conference on Human Factors in Computing Systems*, 406–417. New York: ACM.

与这里使用的十分相似。[①]但是他们的目标是魔兽世界中的"反向工程"(reverse engineer)，而我们的项目旨在揭示《魔兽世界》玩家的行为模式。

数据收集和准备

数据是玩家角色的周期性的快照，包括他们的游戏内位置、现实位置、公会、等级、种族和所讲语言等信息。玩家可以选择阵营，可以是部落(Horde)或联盟(Alliance)，玩家的选择限制了他们在阵营中的沟通效果，这些也都得到了记录。数据中大约有48 155个角色，其中玩家数量会相对少一些(30 000~40 000)，因为一个玩家可以有多个角色。只有在快照时间，在线的玩家才会出现在快照中。快照的截取间隔时间为半小时，从2011年12月到2012年5月，中间由于服务器故障和程序错误等原因出现过空白。表8.1包括了数据的基本信息，无须太多整理就可载入到我们的服务器。

表8.1　基本数据信息

地区	服务器	玩家	公会	合计
美国	58	31 995	382	2 966 757
欧盟	59	18 520	107	2 272 390

可视化

最后的可视化是一个交互式的、高分辨率的世界地图。由于高分辨率地图文件的大小(9000×6710，13MB)以及可供生成模型的时间持续比较短，我们放弃了网络应用格式，而选择桌面客户端模型，并将所有资源预先包装好。桌面客户端是Java应用，以MySQL服务器上的数据作为后端(backend)。

对用户来说，单击位置按钮出现两个主要效果。第一，在地图中，选中的标志(flag)会和其他所有标志连接起来，然后就可以在数据中看到该玩家。第二，会弹出一个新窗口，其中包含几个选项卡，这些选项卡提供了对玩家在某一特定位置的不同的视觉分析细分。我们用饼图展示概率信息，线形图展示人口数据，条形图比较静态玩家的信息(见图8.2)。

所有区域位置的原始尺寸图像保留在CSV文件中，该文件启动时就可以应用了。例如，奥格玛城(Orgrimmar)位于像素(2205，3679)处。有了这些信息，地图可以缩放以适应不同显示器的分辨率，并及时更新每个区域的正确位置。要处理超过500万个记录(见表8.1)，性能(performance)是主要问题。尽管已经尽可能优

---

①　Ducheneaut，N.，N. Yee，E. Nickell，and R.J. Moore. 2006. "Building an MMO with Mass Appeal: A Look at Gameplay in World of Warcraft." *Games and Culture* 1，4: 281–317.

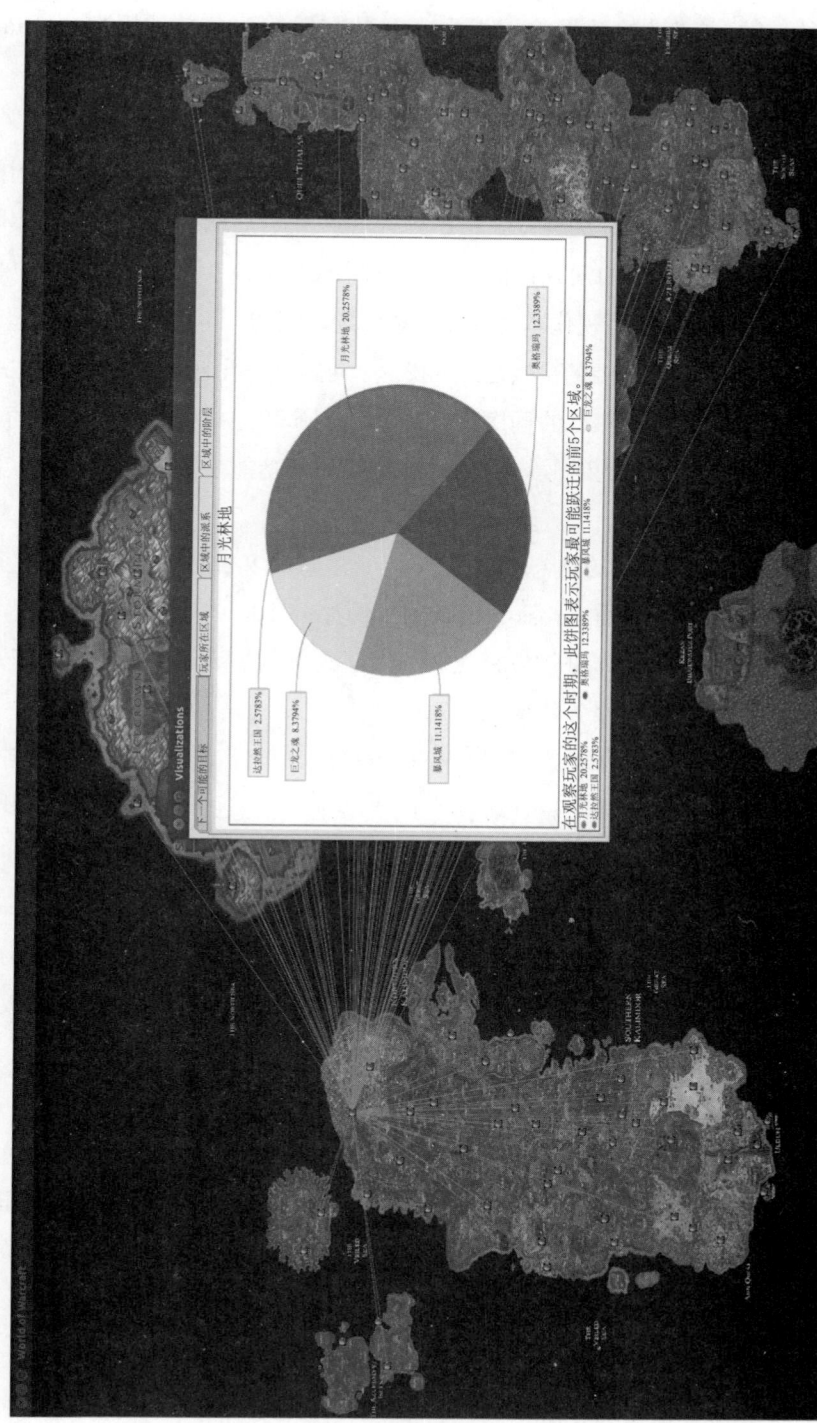

图8.2 《魔兽世界》月光林地的交通线路和下一位置概率的最终可视化图(http://cns.iu.edu/ivmoocbook14/8.2.jpg)

化过，但是应用程序还是会在提取玩家密集的位置信息时出现减速情况。一旦提取完毕，之前请求的数据将用于生产公共交通线路，并使用JfreeChart来制作图表。[①]

讨论

接下来会继续开发更加用户友好的版本。最近，我们正在开发桌面应用的网络版，使用Javascript和D3作为前端，PHP和MySQL作为后端。应用的新版本将尝试解决同学和检验者提出的问题：例如，不同区域之间联系缺乏互动性，难以比较不同区域之间的信息；可视化本身存在质量问题，例如，可以使用饼图来展示玩家在何处旅行的信息。最主要的挑战是：寻找一个向客户提供地图图像的有效方式。

尽管我们团队有几位熟练的程序员，界面的制作和完成还是比较困难的。因此，在向同学和客户展示的时候，我们只能接受界面功能受限的现状，继续完善这一工具。

第一，目前工具提供的信息是静态的，无法查看和比较不同时期的数据。也不能查看较小的数据截面(cross-sections)。例如，不能单独对特定服务器、派系、玩家或其他群组的数据进行可视化。为改进这些问题，我们会在可视化中添加界面元素，同时增加向服务器请求信息的能力。

第二，尽管让工具更加动态只是个小技术课题，但让其更易于操作则需要大量工作。例如在现在的情况下，比较两个或更多地点信息的唯一方法是调出它们的信息窗口做并行比较。如此处理，只能说聊胜于无，很难发现细微的差别。我们需要视觉上差异效果更突出一点。

第三，尽管我们没有专门的工具处理公会成员竞争性的数据。以后我们的界面将会调整，以分析公会成就。例如，区域选择和交通速度会影响公会的效率，以及在竞争中的最终排位。

致谢

作者要感谢的其他组员是(按字母顺序)：施拉亚瑟·钱德(Shreyasee Chand)、霍志超(Zhichao Huo)、萨米尔·拉维(Sameer Ravi)和加百列·周(Gabriel Zhou)。同样感谢爱德华·卡斯特罗诺瓦(Edward Castronova)的评论以及对数据处理方面的帮助。还要感谢凯蒂·伯尔纳(Katy Börner)、斯科特·魏因加特(Scott E. Weingart)、大卫·波利(David E.Polley)和其他同学的宝贵建议和鼓励。

---

① http://www.jfree.org/jfreechart

案例三 用观察相机研究学生-教师互动

客户：

亚当·马尔济斯(Adam V. Maltese)[amalteste@indiana.edu]

约书亚·丹尼斯(Joshua Danish) [jdanish@indiana.edu]

印第安纳大学(Indiana University)

团队成员：

迈克尔·金达(Michael P. Ginda) [mginda@indiana.edu]

塔西·格雷迪(Tassie Gniady)[ctgniady@indiana.edu]

迈克尔·博伊尔斯(Michael J. Boyles) [mjboyles@iu.edu]

印第安纳大学(Indiana University)

劳拉·里德诺(Laura E. Ridenour) [ridenour@uwm.edu]

威斯康星大学密尔沃基分校(University of Wisconsin-Milwaukee)

项目详情

本项目的目标以及可视化结果的分析是帮助研究人员理解学生如何参与科学、技术、工程和数学(缩写为STEM)课程的。具体来说，本项目旨在通过实时使用观察相机(Point of View，缩写为POV)替代自我报告或外部观察的形式来记录学生行动，了解大型科学课程教师活动和相应学生活动之间是否存在关联。教育研究领域的客户并没有提出具体的研究假设，但对用可视化这一新方式来理解数据十分感兴趣。

团队中有四位成员隶属于印第安纳大学。迈克尔·金达、塔西·格雷迪和劳拉·里德诺是图书和信息科学学院的研究生。迈克尔·博伊尔斯也是一名信息学研究生，同时也是印第安纳大学高级可视化实验室(Advanced Visualization Lab)的负责人。我们的客户亚当·马尔济斯博士和约书亚·丹尼斯博士来自印第安纳大学教育学院，他们二人是同事。

需求分析

研究者采用三种方法收集数据：教师上课时的录像，安装在学生棒球帽上的POV相机，以及带音频的智能钢笔(Livescribe Pens)。[①]我们团队需要决定哪些数据最有用，哪些数据需要收集并预处理，以及哪些视觉分析方法最适用。客户要

---

① Livescribe. 2007. Livescribe Echo Pen. http://www.livescribe.com/en-us/.

求的是一个可持续的可视化工作流程，换句话说，就是他们自己的团队也能重建的一种工作流程。此可视化还需要一种强调与教师行动相对应的学生行动的方式。

相关工作

STEM课程第一学年的退学率是最高的。这类课程的高退学率被认为学生与授课材料、教师和其他学生的参与性不足有关。[1][2]大型讲座式课程会造成参与障碍，通过积极参与，限制概念化的内容，可以减少现有课程的不足。而运用对话和自我批判的方式，解释思想背后的思维过程，同时研究已经展露出来的错误，会给学生的参与带来积极影响。[3][4]

通过在线课程管理软件和社交网络，可获得学生参与课程材料活动的数据。[5]对课程管理系统的数据可视化，使得教师能临时跟踪学生参与课程材料、讨论和表现，这有助于教师改进课程材料并跟进学生行为和学习效果。[6]

在语义网络(semantic web)研究领域中，语义浏览器能提供多种组织和可视化时间分类数据的工具。语义浏览可视化已应用于视频会议记录中，如远程教育，通过检索参与者活动来满足用户信息检索的请求。[7]把这种方法应用于类似Tableau Dashboard[8]动态可视化提供的服务，可以呈现富有成效的可视化结果。

数据收集和准备

为了检验入门性质的科学课程的学生认知行为以及他们如何调整注意力来应对课堂活动，我们收集了有机化学和生物学导论课不同班级的50名学生的POV视

① 　Gasiewski，J.A.，M.K. Eagan，G.A. Garcia，S. Hurtado，and M.J. Chang. 2011. "From Gatekeeping to Engagement: A Multicontextual, Mixed Method Study of Student Academic Engagement in Introductory STEM Courses." *Research in Higher Education* 53，2: 229–261.doi:10.1007/s11162-011-9247-y.

② 　Gill，R. 2011. "Effective Strategies for Engaging Students in Large-Lecture, Nonmajors Science Courses." *Journal of College Science Teaching* 41，2: 14–21

③ 　Long，H.E.，and J.T. Coldren，. 2006. "Interpersonal Influences in Large Lecture-Based Classes: ASocioinstructional Perspective." *College Teaching* 54，2: 237–243

④ 　Milne，I. 2010. "A Sense of Wonder, Arising from Aesthetic Experiences, Should Be the Starting Point for Inquiry in Primary Science." *Science Education International* 21，2: 102–115.

⑤ 　Badge，J.L.，N.F.W. Saunders，and A.J. Cann. 2012. "Beyond Marks: New Tools to Visualise Student Engagement via Social Networks." *Research in Learning Technology* 20，16283). doi:10.3402/rlt.v20i0/16283.

⑥ 　Mazza，R.，and V. Dimitrova. 2004. "Visualising Student Tracking Data to Support Instructors in Web-Based Distance Education." *Proceedings of the 13th International World Wide Web Conference on Alternate Track Papers* & Posters，154. New York: ACM Press. doi:10.1145/1013367.1013393.

⑦ 　Martins，D.S.，and M. da G.C. Pimentel. 2012. "Browsing Interaction Events in Recordings of *Small Group Activities via Multimedia Operators*." *Proceedings of the 18th Brazilian Symposium on Multimedia and the Web*，245. New York: ACM Press. doi:10.1145/2382636.2382689.

⑧ 　Tableau Software. 2013. Tableau Public. http://www.tableausoftware.com/public.

频数据和录课笔记。本文讨论的数据来自其中一个子数据集，包括6个学生的视频、7个学生的录课笔数据和一堂有机化学课的视频。下方的视频截图展示了收集的POV数据类型。学生的POV视频和录课笔的数据都采用扎根迭代(iterative)的方法编码，以判断形成的新趋势。教学过程也按改进版的"教师维度观察协议"(Teacher Dimensions Observation Protocol，缩写为TDOP)[1]中定义的行为进行编码。一些改进后的TDOP的内容被用来更好地捕捉教师行为和学生的回应动态。

我们把每个教师行动单独编码，没有考虑持续时间。这与TDOP规则的规定方式不同，该规则建议对2分钟时间内共同出现的行为进行编码。我们觉得，想充实教师的个人行为如何诱发学生的回应，连续地(continuum)监测一个班级是重要的。这样，我们可以精确到某特定行为的结果，而不是分组的普遍的课程行为。重要的是，需注意这种方式仅限于特定情况下对一种类型行为的编码。结果呈现行为片段，如果看做原始数据的话，看上去教师在大部分的课堂时间内随意从一个主题跳到另一个主题。但是，如果采用完整的时间线节点，并连续呈现那些行为，可清楚地看到，教师经常会在很流畅的教学技巧中转换。数据编码(Data coding)是通过ELAN定性软件包[2]实现的。每条不同的数据流都拥有音频轨道的一般元素。我们可以用音频轨道来同步所有视频和录课笔的记录，这样一来比较不同学生和不同数据来源也合理了。

所有数据都做了时间标记，并按照学生和教师活动编码系统进行编码(见表8.2)。原始编码方案有46个可能的教师行为，这里只用了10个。学生编码是数字，从1到9，每个数字都有指定的意义。

表8.2　教师和学生的书写编码

教师编码	意义	学生编码	意义
AT	管理任务	1	无笔记
CQ	教师理解问题	2	笔记-文本
DQ	教师展示问题	3	笔记-图画

① Hora，M.，and J. Ferrare. 2010. "The Teaching Dimensions Observation Protocol (TDOP)." Madison: University of Wisconsin-Madison，Wisconsin Center for Education Research.
② Brugman，H. and A. Russel. 2004. "Annotating Multimedia/Multi-modal resources with ELAN." *Proceedings of LREC 2004*，2065–2068. Fourth International Conference on Language Resourcesand Evaluation.

（续表）

教师编码	意义	学生编码	意义
EMP	强调	4	笔记-物流
L	授课	5	注释-文本
LHV	配以手写板书授课	6	注释-图画
LPV	配以预先制作的视觉教具授课	7	修正
NC	无编码		
RQ	教师发问		
SCQ	学生理解问题		
SNQ	学生提出新问题		
SR	学生回答		

Python和Excel可执行多种数据预处理和重组。教师行动和学生个体行动通过程序组合后进入单一活动时间轴(timeline)。按照每分钟的授课聚合6个POV相机的情感分析(Sentiment Analysis)并予以平均，以给出每分钟的总情感。其中的任何一种，都适合采用45分钟时间轴进行分析。

分析/可视化

使用Tableau Public[①]创建POV数据的交互式集合。可以看到加总的学生书写活动(Summed Student Writing Activities)，课堂每分钟的书写分析(Writing Analysis per Minute of Lecture)和课堂每分钟的情绪分析(Sentiment Analysis per Minute of Lecture)。通过可视化右侧的"选择选项"(Selection Options)的复选框可以查看和操作(见图8.3)。控制面板的中心有助于观察学生书写活动的集体情况、基于时间的学生书写情况以及与教师活动相关的情感观察。

通过POV教育控制面板(POV Education Dashboard)，研究者可以把鼠标放在书写分析(Writing Analysis)图的不同时间上，查看学生和教师互动的数据。在三幅视图中使用放大和平移功能，都可以获得更多细节。教师代码将学生书写总的情况与基于时间书写的观察二者之间联系了起来。简而言之，由于教师和学生书写活动可以被过滤掉，利用控制板，能够快速灵活地查看各种情景。

---

① http://bit.ly/YC7eY0

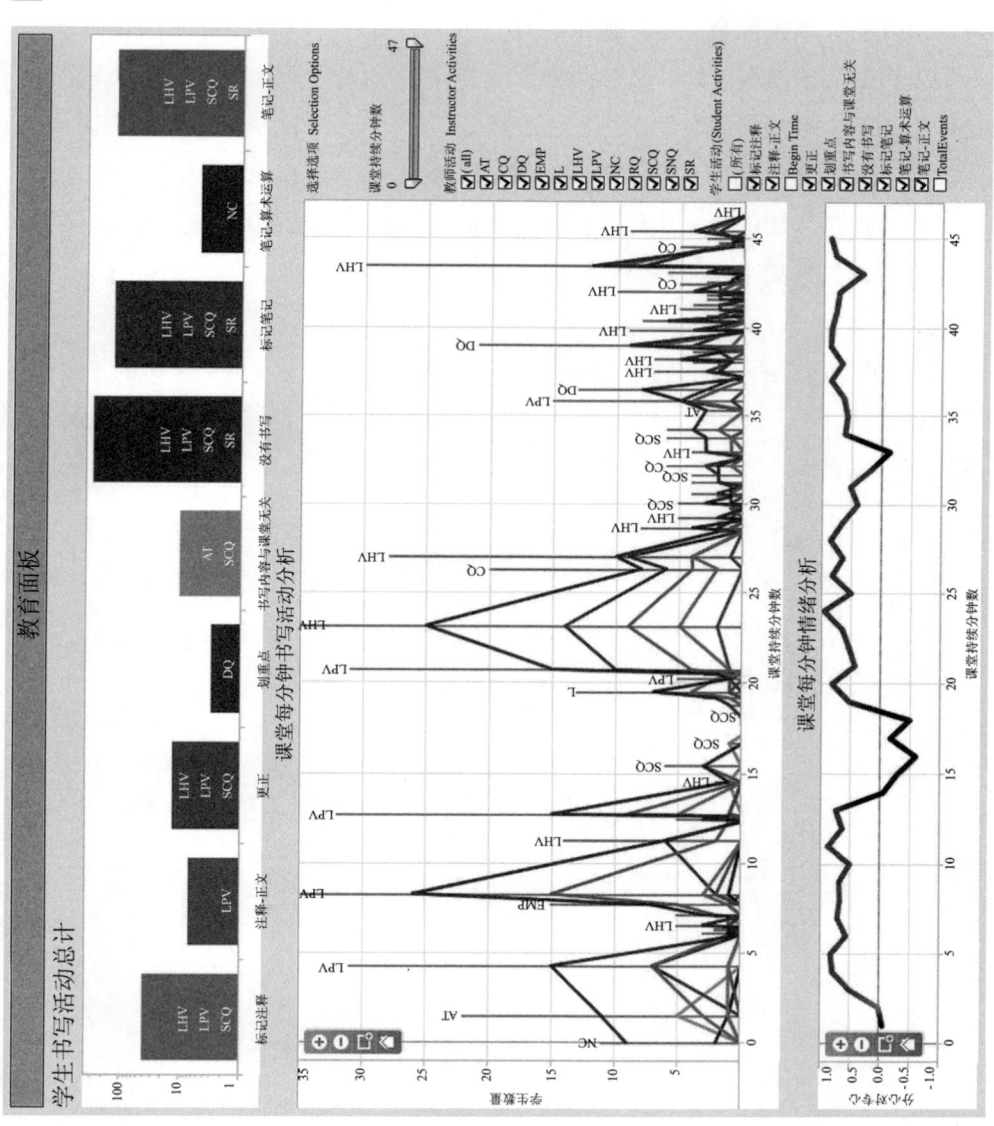

图8.3 通过Tableau Public创建的POV教育控制面板(http://cns.iu.edu/ivmoocbook14/8.3.jpg)

讨论

项目团队将教师活动和学生书写活动数据预处理后，编码分为以下三类：(1)教师和学生间无互动；(2)学生主导的互动；(3)教师主导的互动。将所编码的学生活动聚合到教师行为每组的持续时间内。客户只需简单调整这些分组就能按不同群组互动标准执行类似的可视化。

通过PEN活动衡量可知，在教师向学生提问的时候，学生参与度较高。相反的是，当同学向教师提问时，学生参与度较低。

以后，我们还将利用这些数据，通过Tableau对不同STEM课程和教师进行比较。例如，通过合理的后续工作来拓展现有界面，包括连接相同数据但提供多种不同查看方式的选项卡。

致谢

项目团队非常感谢斯科特·魏因加特和大卫·波利在技术和专业知识方面给予的帮助，感谢亚当·马尔济斯和约书亚·丹尼斯博士最初的项目思路以及对项目成果多次的检验。

案例四 Phylet：交互式"生命之树"可视化

客户：

斯蒂芬·史密斯(Stephen Smith) [blackrim@gmail.com]

密歇根大学(University of Michigan)

团队成员：

加百列·哈普(Gabriel Harp)[gabrielharp@gmail.com]

Genocarta，加州旧金山

马里亚诺·切科维斯基(Mariano Cecowski) [marianocecowski@gmail.com]

斯洛文尼亚卢，布尔雅那(Ljubljana，Slovenia)

斯蒂芬妮·波普(Stephanie Poppe) [spoppe@umail.iu.edu]

斯如梯·杰甘纳丹(Shruthi Jeganathan) [sjeganathan@indiana.edu]

印第安纳大学(Indiana University)

希德·弗莱塔格(Cid Freitag) [cjfreitag@gmail.com]

威斯康星大学(University of Wisconsin)

项目详情

Phylet利用图表网络可视化对"开放生命之树"(Open Tree of Life，OToL[①])的一个子集进行可视化(反弹力定向非循环图采用D3 Javascript库[②])。Phylet网络应用程序使用了增量图(incremental graph)API(HTTP JSON 请求)，客户端-服务器数据实现(Neo4j，Python，py2neo，网络缓存)，数据库和本地搜索(JavaScript，Python)，智能撤销/工作界面(Javascript)以及基于浏览器的用户界面(HTML5，Bootstrap.js)。

Phylet是由一个国际团队采用同步或非同步的工作方式，在六周内开发而成的。该项目是一个在Apache 2.0协议下，托管在Phylet代码库(code repository)[③]内的开放源代码的工程。它一直隶属于密歇根大学史密斯实验室(Smith Lab at the University of Michigan)，国家进化综合中心(National Center for Evolutionary Synthesis)，拥有不断增长的贡献者的网络。[④]

---

① http://blog.opentreeoflife.org
② http://d3js.org
③ Phylet code repository: http://bitbucket.org/phylet/phylet
④ http://www.onezoom.org and http://tolweb.org/tree

需求分析

开放生命之树是一个大规模的网络基础设施项目，旨在组合、分析、可视化和扩展全球所有现存(生物)物种的系统发生(phylogenetic)的数据。我们发现，不同的系统生成数据收集分析，会影响以下对进化树可视化的理解：(1)科学家对物种血统(lineages)和分类的意见分歧；(2)来源和支持关系普遍存在的证据；(3)不同物种集合体(assemblages)内存在的生物和遗传混乱现象。

在研究了用于非正式公共教育目的可放大的树形图(OneZoom and Tree of Life Web Project)①后，我们的重点放在了创建一种可视化，以帮助系统发生学(phylogenetics)、生物学、进化生物学和其他学科领域的研究者和专家，识别OToL数据内尚未解决的冲突性领域。这一工具旨在促进研究探索，假设生成和数据冲突的解决。最后的可视化成果要阐明尚未解决冲突领域内的重要的生物和方法论问题。

在项目最初阶段，我们研究并执行了多种可视化方式，包括动态树形图、环形树和D3内的环形包装(circle packing)以及Gephi中的完整网络。最后，我们选择的是使用D3的基于强度的动态加载图。

采用树状图来阐释进化历史可追溯到查尔斯·达尔文(Charles Darwin)创作《物种起源》(*The Origin of Species*)之前。自达尔文起，系统进化关系的视觉展示逐渐多样化。②尽管有了这些进步，生物进化与系统发生学的视觉语法(visual grammar)和符号精确度仍然相当模糊。

这很重要，因为心理学家米哈里·齐克森米哈利(Mihaly Csikszentmihalyi)曾提出，更精确的符号系统(notational systems)能让检测变化及评估个人或团体在特定领域内所做出的创造性贡献，变得更加简明易懂。③以音乐为例，存在不同的使用语境(contexts)，且每个使用语境都由包含不同语义标记的精确的音乐符号系统支撑。当某一领域，如进化生物学或系统发生学采用更加精确的符号系统时，就意味着创新性贡献能够更容易地检测、分享和获得奖励。这也使得该领域更灵活、反应更敏捷，也更富有创新性。它也可以采用至少两种不同的杠杆点(leverage point)为其他领域提供思路，吸引公众参与并带来深远影响。这两种杠

　　① Phylet 已迁至 http://phylet.herokuapp.com or http://phylet.com. 在撰写本文前，Phylet开发站地址为http://mariano.gmajna.net/gol/index.html.
　　② Pietsch，T. W. 2012. *Trees of Life: A Visual History of Evolution*. Baltimore: Johns Hopkins University Press.
　　③ Csikszentmihalyi，M. 1988. "Society，Culture，and Person: A Systems View of Creativity." In *The Nature ofCreativity: Contemporary Psychological Perspectives*，edited by R.J. Sternberg，429–440. Cambridge: CambridgeUniversity Press.

杆点是：第一，该领域内的社会一致性(social agreement)水平；第二，对该领域做出重要贡献的界限。

我们的项目包含两种不同方向的工作：数据集的视觉语法和用于浏览和导航数据集的网络应用程序。这与客户期望实现大型OToL数据集初步可视化的目标相吻合。

相关工作

由于目标设定为展示宽松的分层数据(hierarchical data)，我们考察了不同系统数据的可视化，以及一般的分层和网络信息。

我们评估了几种可用于可视化小系统发生(约几百个物种)的网络应用程序，其中既包括传统的基本分岔树状图格式，也包括环形的系统的树图。被评估的应用程序包括：PhyloBox，Archaeopteryx，OneZoom，DeepTree，Dendroscope。这些都可从网上免费获取。然而，有些应用程序的本质是动态的，不过所有应用程序都聚焦于严格的树形分类结构，在最理想的情况下，如豆科灌木(Mesquite)，可以比较两个不同且相冲突的分类树形。

另一类不严格的分层可视化(hierarchical visualizations)，面临着扩展性问题，如基于网络的GNOME。它依靠完整的数据集来实现可视化，只能处理小型的或预先定义的子集。

在工作流程和任务分析方面，生命百科全书(Encyclopedia of Life)提供了一些满足特定需求的方法，如参与相关社群的实践方法。[①]

数据收集和准备

原始的OToL数据由大约190万物种组成，包含2 159 861个节点，9 037 190个属性和6 505 797种关系。Phylet的可视化数据的来源子集包含120 461个节点，504 866个属性和367 334种关系。OToL研究员史蒂芬·史密斯(Stephen Smith)以Neo4j数据库格式提供数据，这也是我们通过可视化图书馆和基于Python的API来建立可视化而采用的格式。

在该可视化中，我们无法利用所有数据特征，只能选择简化领域来包含父代-子代关系(child-parent relationships)、数据来源，以及出现冲突或缺失冲突的任何父代-子代关系。我们也创建了附加属性，例如子代数量(the number of children)和父代数量(the number of parents)。这样允许根据子代数量确定所分解节

---

① http://wiki.eol.org/display/public

点的大小，提供了额外的导航提示。我们主要感兴趣的是能指引用户查看冲突区域，并同时在物种多样性周围提供次级直观提示的视觉语法。

分析与可视化

通过观察发现，进化树及类似的表征常常发挥着边界对象(boundary objects)的作用，也就是从科学到非科学，边界对象将不同社区中的技术及形成意义的做法连接起来。[①] 我们认为用户可能想要的是：分享一段关系，他们的技术工作研讨会议(working session)或者特定的图像或信息。

我们也瞄准一种可以扩展的视觉语法。图8.4展示了我们数据可视化的一些属性，可总结如下。

- 子节点和父节点(Children and parent nodes)：如果只有一个父节点，绿色表示已解决了冲突；如果有两个或两个以上父节点，用红色表示冲突尚未解决。
- 根据子节点数量确定节点大小。
- 来回多个箭头指向的黑色节点表示有更多关系可供探索。
- 蓝色边表示已解决的节点。
- 红色曲线表示采用"cp_ml"，"bootstrap"或其他识别方法未解决的节点。

我们迅速给出了多种草图，工作流程任务和包括以下一部分互动任务的可视化：

- 拖拽、平移、缩放可视化成果。
- 打开/关闭节点标签。
- 展示关于父代、子代等节点的信息和元数据(metadata)。
- 突出显示悬停时的节点路径，以此突出父代、子代节点。
- 在所显示的节点远程数据中，搜索包括通配符(wildcard)条目的节点。
- 沿着路径单击以达到某一节点。
- 从路径中删除动作。
- 分享、保存、加载工作对话。
- 将当前图形快照保存为SVG格式。
- 大力按切换键(gravity toggle)以停止节点的运动。

用户研究和原型设计揭示了许多重要见解，包括需要清晰的叙述、定义以及围绕可视化目标的讲述故事、所支持的任务、工作流程以及创造性地利用Phylet

---

① 　Star，S.L.，and J.R. Griesemer. 1989. "Institutional Ecology, Translations' and Boundary Objects: Amateurs and Professionals in Berkeley's Museum of Vertebrate Zoology, 1907–39." *Social Studies of Science* 19，3: 387–420.

功能的种种机会。

用户不喜欢切换任务(例，在可视化和图例说明之间切换)。这意味着，界面需要包括所有相关信息。学习使用到的资源(例，单击节点以互动)应嵌入到可视化本身之中。此外，用户希望在工作对话中选择性地显示路径点(waypoints)，以协助数据集导航。

用户界面、互动和制图方面都还有许多工作要做，这些会随着我们软件和数据技能提高而改善。后端的数据处理和可视化架构的优化会促进前端的可用性，实时动态查看和提升共享性。在接下来的步骤中，我们计划添加一个树视图可视化选项，以便更符合用户对此项任务的预期。

讨论

尽管技术的流畅性限制了我们工作的速度，但是我们最大的挑战还是来自于社会方面。分散性的合作对任何团队而言，仍然是一种相对新的体验。计算机和支持网络合作的工具，如Skype、Google+ Hangouts、即时通讯(instant messaging)、邮件、大文件传输服务、项目管理面板等，降低了合作难度，但是仍然需要有可为团队复制的战略以帮助确定目标、发现最佳操作方案、提供反馈、解决冲突、确定互补性的技能以及协调各种作用。据我们所知，目前尚没有供合作性地完成专门性的数据和信息可视化的成套工具，这将是未来研究的一个非常有趣的方向。

我们团队从频繁的面对面会议中获益良多，能够迅速、即时地做出决定。我们团队每一次提交的样品、报告书或文稿，都能让项目取得较大进展。从这个意义上而言，这次项目的完成得益于每位成员的自主自律和坚持不懈的努力。在软件编码和文档开发过程中，我们采用了版本控制系统(例如：Mercurial/Git)来控制追踪变化，这极大地促进了我们团队的进程。然而，我们选择的技术让一些成员无法参与到技术的实施过程中，尽管他们在设计、决策和研究方面都曾贡献了才智。

最后，这次协作和相互增援帮助团队成员获得了多种新的技能。这次任务并不圆满，坦白讲，我们创建的可视化成果中问题多于答案。对设计师和用户而言，产生的这些问题都很重要，也有助于指导Phylet项目更上一层楼。

致谢

作者感谢凯蒂·伯尔纳、大卫·波利、斯科特·魏因加特、凯伦·克兰斯顿和钱达·费伦(Chanda Phelan)的合作、指导与贡献。

案例五　Isis：绘制科学期刊史地理空间和主题分布

客户：

罗伯特·马龙博士(Dr. Robert J. Malone) [jay@hssonline.org]

科学史学会(History of Science Society)

团队成员：

大卫·哈伯德(David E. Hubbard) [hubbardd@library.tamu.edu]

德州农工大学(Texas A&M University)

阿努克·朗(Anouk Lang) [anouk@cantab.net]

斯特拉斯克莱德大学(University of Strathclyde)

凯瑟琳·里德(Kathleen Reed) [reed.kathleen@gmail.com]

温哥华岛大学(Vancouver Island University)

安纳利斯·汉森·施罗特(Anelise Hanson Shrout) [anshrout@davidson.edu]

戴维森学院(Davidson College)

林赛·泰勒(Lyndsay D. Troyer) [ld.Troyer@gmail.com]

科罗拉多州立大学(Colorado State University)

项目详情

本项目通过考察1913—2012年Isis这份期刊的作者和热点主题的地理分布来探索科学史(history of science)。本项目应科学史学会(History of Science Society)会长罗伯特·马龙博士(Dr. Robert J. Malone)的要求，由一名药剂师，两名学术图书馆员和两名数字人文主义者组成的团队完成本项目的分析工作。其主要见解有：来自欧洲及美国作者的贡献变化，20世纪美国作者地理位置的分布情况。除了作者的变化外，还探讨了个人研究向更大社会语境下的集体公关转变后相关文章的发表情况。

需求分析

Isis是科学史学会的官方出版物，它由比利时数学家乔治·萨顿(George Sarton)于1913年创立。马龙博士想要的是过去100年内，Isis作者及其区域位置的视觉呈现，这种可视化可以提供20世纪科学史上学术成就变化情况的动态图。客户还对海报形式的可视化表现出了浓厚的兴趣，这意味着需要静态的可视化，且展示在篇幅比较大的海报上时，要有合适的分辨率。团队面临的挑战是在静态可视化中，表示作者的地理空间分布的时间变化。客户虽无特别要求，但是团队还是对过去100年里这份刊物上文章的标题做了主题分析。

相关工作

许多可视化作者地理位置的研究都采用比例符号，[①②③]尽管地区分布图(choropleth maps)也是一种选择，且已经有人采用过。[④]在被引用研究方面，论文的绝对数量被编码到地图中特定的日期范围。本研究将通过图绘两个不同历史时期的出版情况差异来拓展这种方法。本研究的另一个任务是采用克莱因伯格的激增检测算法来探究主题趋势。[⑤]这种方法类似于马内(Mane)和伯尔纳(Börner)对《美国科学院院刊》(*Proceedings of the National Academy of Sciences*)中的主题突发和关键词共现的研究，[⑥]但本研究仅限于文章标题。迄今为止，尚无采用这些可视化类型对Isis或其他科学史出版物开展过研究。

数据收集和准备

客户提供的数据包括1913—2012年Isis出版的2133个条目。分析主要属性包括：出版年份、文章标题、每一篇文章第一作者的地理位置。文章标题都已经过处理，外文文章标题已翻译，地理位置和日期格式已标准化。通过Sci2中的激增检测对2133个文章标题进行分析(即，激增检测)。[⑦]由于客户数据中缺少相当一部分作者的地理位置信息，项目团队决定对前25年(1913—1937年)和最近25年(1988—2012年)作者的地理位置，做比较分析。限定在两个25年范围内后，数据就只包括1913—1937年的438个和1988—2012年的430个条目。

---

① Batty，M. 2003. "The Geography of Scientific Citation." *Environment and Planning A* 35，5: 761–765.

② LaRowe，G.，Ambre，S.，Burgoon，J.，Ke，W.，Börner，K. 2009. "The Scholarly Database and ItsUtility for Scientometrics Research." *Scientometrics* 79，2: 219–234.

③ Lin，J.M.，Bohland，J.W.，Andrews，P.，Burns，G.A.P.C.，Allen，C.B.，Mitra，P.P. 2008. "An Analysisof the Abstracts Presented at the Annual Meetings of the Society for Neuroscience from 2001to 2006." *PLoS ONE* 3，4: 2052.

④ Mothe，J.，Chrisment，C.，Dkaki，T.，Dousset，B.，Karouach，S. 2006. "Combining Mining andVisualization Tools to Discover the Geographic Structure of a Domain." *Computers，Environmentand Urban Systems* 30，4: 460–484.

⑤ Kleinberg，J. 2002. "Bursty and Hierarchical Structure in Streams." *Proceedings of the Eighth ACM SIGKDD International Conference on Knowledge Discovery and Data Mining*，91–101. New York: ACM.

⑥ Mane，K.K.，Börner，K. 2004. "Mapping Topics and Topic Bursts in PNAS." *Proceedings of the National Academy of Sciences of the United States of America* 101，Suppl. no.1: 5287–5290.

⑦ Sci2 Team. 2009. "Science of Science(Sci2)Tool." Indiana University and SciTech Strategies. http://sci2.cns.iu.edu.

分析和可视化

实验了大量的数据可视化方法后，我们给出了最终的可视化版本。最初的主题分析揭示出了文章标题中的许多功能词(functional words)(如，卷、索引和序言)，它们的存在会影响数据集，还有可能挤出其他更有趣的术语。借助AntConc，[①]可去除多余的通用术语，将使用频率突增的词归入到激增检测中。主题爆发(topical bursts)以加权水平条形的方式，按照相应的说明图例着色后，呈现在最后的可视化里。

最初的地理可视化，是使用比例符号将文章数编入2个历史时段的地理地图中，但是有些地理位置出现了比例符号拥挤情况。我们的替代方案是，选择地区分布图而不是比例符号图。通过计算1913—1937年和1988—2012年这两个历史时段各个国家论文的发表数量，将相应历史时期间发表的、不同的论文数目编码到单一的地区分布图内。由于两个时段中，美国的作者数都占据主导地位，美国每个州都按照国家的方式编码。这一地理可视化采用发散的棕色和绿色的配色方案，以展示出版活动的增减。最终的可视化包含了地理空间和主题的可视化，并用条形图展示每个国家出版物的绝对数量(见图8.5)。

讨论

一战爆发后，萨顿(Sarton)从比利时移居到美国马萨诸塞州的坎布里奇后重新创办了Isis。[②]这可能是早期(1913—1937年)东北部作者集中的部分原因，而在20世纪50年代萨顿去世后，作者分散在美国的各个地方(1988—2012年)。在作者地理位置方面，德国和美国的作者身份变化是最极端的。

在激增检测分析中可以发现，20世纪50年代似乎出现了编辑变化，因为在此之前与之后的激增模式呈现出明显的不同。这一变化与萨顿在1956年去世的时间相吻合。20世纪50年代后，该刊发表的论文注意力转向不同地域和时期，并从个人研究转向较大的团体研究。例如，1950—1970年科学史的工作人员开始关注中世纪时期欧洲的科学革命根源。兴趣重心也从个人研究转向集体合作研究。举个例子，在20世纪30年代中期至60年代，约翰(John)这个名字代表的人物

---

① Anthony，L. "AntConc." http://www.antlab.sci.waseda.ac.jp/software.html (accessed February27，2013).

② McClellan，J.E.，III. 1999. "Sarton，George Alfred Léon." In *American National Biography*，vol. 19，edited by J.A. Garraty and M.C. Carnes，295–297. New York: Oxford University Press.

包括：约翰·昆西·亚当斯(John Quincy Adams)、约翰·多恩(John Donne)和约翰·卫斯理(John Wesley)。伽利略(Galileo)这一词的爆发出现于20世纪50至90年代，牛顿(Newton)这个名字的爆发出现于20世纪50年代晚期到80年代中期。自20世纪70年代中期开始，涌现的词汇兴趣大多在集体事业上：政治(polit[ics])、社会(societi[es])、实验室(laboratori[es])、社会的(social)和博物馆(museum)。这样的转变体现了科学史领域的内外部辩论，之前只关注出版作品的观念被质疑，因为这种观念忽略了科学开展的背景。在客户检验环节，项目团队对这些模式的重要性提出了假设，客户及其同事则提供了背景信息，团队的研究假设得以具体化。

如果使用100年内全部数据的话，就可以制作更完整的图表，我们还可以使用其他文献计量方法(例如共引分析)，从而逐一研究每10年的变化。客户曾询问过查尔斯·达尔文一词，但是达尔文并不属于"突发性词汇"(bursty words)。我们将继续改进激增检测，使之能被用于文章标题中的人名(例，查尔斯·达尔文)。该数据集仅包括2 133文章和3个主要属性(年份、文章标题和位置)，但对于可视化地理位置和主题来说却足够复杂。本次研究中采用的方法，可应用于其他出版物并扩展到更大型项目的研究。

致谢

我们要感谢罗伯特·马龙博士给予的这次项目机会，以及帮助处理数据、提供反馈。同时，感谢匿名的科学史学会成员回答了我们的问题及提供了思路。

案例六 蜂巢纽约学习网络影响的可视化

客户：

拉菲·桑托(Rafi Santo)

印第安纳大学(Indiana University)

团队成员：

西蒙·达夫(Simon Duff) [simon.duff@gmail.com]

约翰·帕特森(John Patterson) [jono.patterson@googlemail.com]

卡马·莫顿(Camaal Moten) [camaal@gmail.com]

萨拉·韦伯(Sarah Webber) [sarahwebber@gmail.com]

项目详情

蜂巢纽约学习网络(Hive NYC Learning Network)，是一个包含56个组织的校外教育网络，旨在开发一系列技术、程序和方案，为年轻人创造相互联系的学习机会，建立起21世纪的学习方式。[①]该网络是由印第安纳大学和纽约大学蜂巢研究实验室(Hive Research Lab)的研究者们研究和支持的。

像蜂巢纽约这样的学习网络，在提高当地人口，特别是年轻人的技能和综合能力方面有着巨大的潜力。它还能促进教育者和学习机构的合作与创新。了解个人学习网络的运作和发展模式，有可能为其他学习网络的形成和改进提供极富价值的启发。

需求分析

本项目客户拉菲·桑托(Rafi Santo)是蜂巢研究实验室的项目负责人，也是印第安纳大学的博士研究生。客户提供的数据集包括：接受资助的组织，项目名称，资助年份日期，资助金额数和类型，以及项目影响到达年轻人的数量等信息。

客户的要求十分宽泛，可以总结为"对网络中不同的模式进行实质性研究，特别是组织间随时间进展的合作模式以及项目所用资源到达的年轻人数量"。

团队希望通过可视化回答三个问题。(1)谁接受了最多的资助，谁与谁何时一起合作？(2)与项目所影响到的年轻人数量相比，项目资助投资的回报率如何？(3)蜂巢纽约在该市地理位置方面的分布情况，这会对项目产生怎样的影响？为了回答这些问题，我们设计了三种可视化：

---

① Hive NYC Mission Statement: http://explorecreateshare.org/about/(accessed August 2013).

- 展示随时间变化的合作模式的网络图；

- 展现资助金额和所影响到的年轻人数量的图表；

- 可以了解蜂巢地理情况的地图。

相关工作

对于随时间变化的信息分享和合作的可视化来说，可以选择静态可视化，例如用界面的历史流变(history flow interface)展示维基百科条目随时间演变的情况[①]。但是里达(Reda)等人认为，对于展现社区的出现、演变和消退的时间层面的可视化，或动态社交网络来说，图表式的展示形式并不理想，他们提出采用交互式的可视化更好。雷迪斯托夫(Leydesdorff)等人采用网络图表动画来传递学术团体的演变。[②③]哈雷尔(Harrer)等建议采用三维可视化，将网络结构放置于前两个维度内，再用第三轴代表时间变化。沿着"时间片"移动，用户可以领略动态的网络。[④]福克斯(Falkowsi)和巴特赫尔(Bartelheimer)提出了两种展示动态社交网络的方法：一个旨在可视化固定子群体，另一个关注更短暂的群体中人员的进与出。这两种方法都展示了社区在每一时间点的状态。[⑤]最后，伯尔纳提出了一个合适的工作流程用以开展网络中"与谁合作"的分析，这正是我们项目采用的方案。[⑥]

数据收集和准备

蜂巢研究实验室提供的数据集包括2011—2013年间的54个项目，涉及47个成员机构。数据预处理包括修正组织名称的拼写错误，查找出重复记录，补充缺失数值并将数据转为标准格式(例，日期按照美国日历记法)。我们通过添加任何建立目标可视化所需的新数据来扩充原有数据，例如将组织机构地理编码，对应于

---

① 　Viégas，F. B.，M. Wattenberg，and K. Dave. 2004. "Studying Cooperation and Conflict betweenAuthors with History Flow Visualizations." *Proceedings of the SIGCHI Conference on Human Factorsin Computing Systems*，575–582. New York: ACM.

② 　Reda，K.，C. Tantipathananandh，A. Johnson，J. Leigh，and T. Berger Wolf. 2011. "*Visualizing the Evolution of Community Structures in Dynamic Social Networks*" Computer Graphics Forum 30，3: 1061–1070.

③ 　Leydesdorff，L.，Schank，T. 2008. Dynamic Animations of Journal Maps: Indicators of Structural Change and Interdisciplinary Developments，*Journal of the American Society for Information Science and Technology* 59.

④ 　Harrer，A.，S. Zeini，S. Ziebarth，and D. Münter. 2007. "Visualisation of the Dynamics ofComputer-Mediated Community Networks."

⑤ 　Falkowski，T.，and J. Bartelheimer. 2006. "Mining and Visualizing the Evolution of Subgroups in Social Networks." *Proceedings of the 2006 IEEE/WIC/ACM International Conference on WebIntelligence*，52–58. New York: ACM.

⑥ 　参见本书图6.10。

经纬度后加入到数据集中。我们还收集了蜂巢纽约的一系列背景信息。下一步是计算范围并统计数据(见表8.3)。

表8.3　基本数据

项目总数	54
机构总数	47
资助平均金额(美元)	60 200
资助总金额(全部项目)(美元)	3 300 000
平均每个项目所影响到的年轻人数	76
被影响到的年轻人数	3 449
平均每个项目的合作伙伴数	2.3
平均每个参与的年轻人的成本(美元)	1 697

分析与可视化

经过以上分析后，我们获得了带有说明的5种不同的可视化最终成果。

(1) 地理空间网络可视化，展示蜂巢纽约成员机构、项目联系以及将资助所影响到的年轻人数和资助类型，以点的形式编入图中。这让我们可以了解合作机构之间的联系和地理分布。总的来说，机构在地理上是紧密聚集的，但也有较远的连接紧密的合作伙伴，如Bronx Zoo和NYSci。

(2) 该网络将47个蜂巢合作伙伴机构作为节点，它们之间的合作关系作为边。节点按机构名称标记，任意两节点间的边，按照项目累计资助金额标记。

(3) 根据项目(列于左边)，采用对分网络分析说明机构参与(列于右边)的情况。每个记录通过标记过的圆来编码项目的联系，边按照资助金额加权。目标是说明每个机构对蜂巢纽约学习网络的总体影响的贡献。这幅图可视化一目了然，可以看出参与度最高、资助金额最多或分担工作量最大的机构。

(4) 我们团队还制作了一个投资回报率泡泡图(ROI Bubble Plot)。它采用最传统的气泡图模式，突出接受资助的项目和每个项目的投资回报。Y轴是影响到的年轻人，泡泡大小表示创造的联系。该图表明，所影响的年轻人数量看起来和投资额并不相关。但是2012年7月后的项目比早期项目更成功。这也许意味着蜂巢纽约在渐渐成熟。

(5) 时间网络可视化，以小型多重图表呈现，展示了特定时间范围内的合作。它表明了2011年3月到2013年1月间蜂巢成员之间联系的变化情况。每个项目的开始时间下方，标注了获得的总资助金额。这个可视化突出了秋季和春季时期在资助方面关系是如何形成的。少数机构在同一时间具有合作关系。

最后，结合所有这些可视化，可获得一个大型的最终可视化结果(见图8.6)。

讨论

从这些可视化中可获得许多见解。

● 蜂巢纽约学习网络发展迅速，资助是其发展的重要因素。该网络采用三阶和四阶的资助圈，有助于长期保留合作伙伴。

● 在资助金额和所影响到的年轻人数量之间没有关联，否则人们可能期望资助金额越多，影响到达的年轻人数量越多。这个结果并不让人惊讶，因为该网络将自身定位为以创新为导向，因此承受着更高的风险。

● 大多数蜂巢机构处于纽约市的中心区，有些机构在较远的地方，不过，该地方已经形成了战略性的联系(例如，动物园、大学和其他独特的机构类型)。

最初，蜂巢纽约被认为是一个不断发展演变的网络，拥有更多的有待开发和维系的"活的"关系。时间网络告诉我们另一个观点，正式的关系通过项目资助建立，随后解散为非正式的关系。成功的项目会引出未来的合作，这是由有所作为的项目推进积极反馈的循环。

在整个项目中，我们面临着诸如资金和项目数据可比性低、数据有限等种种问题。此外，时间限制在六周之内，也是一个巨大的挑战。

致谢

我们要感谢我们的客户拉菲·桑托(蜂巢研究实验室负责人和印第安纳大学的教授)，以及工作人员提供的反馈、信息和鼓励；感谢蜂巢纽约学习网络成员机构和Mozilla基金会对所有项目可视化的支持和执行；还要感谢Stamen Design协助制作了非常出色的地图。

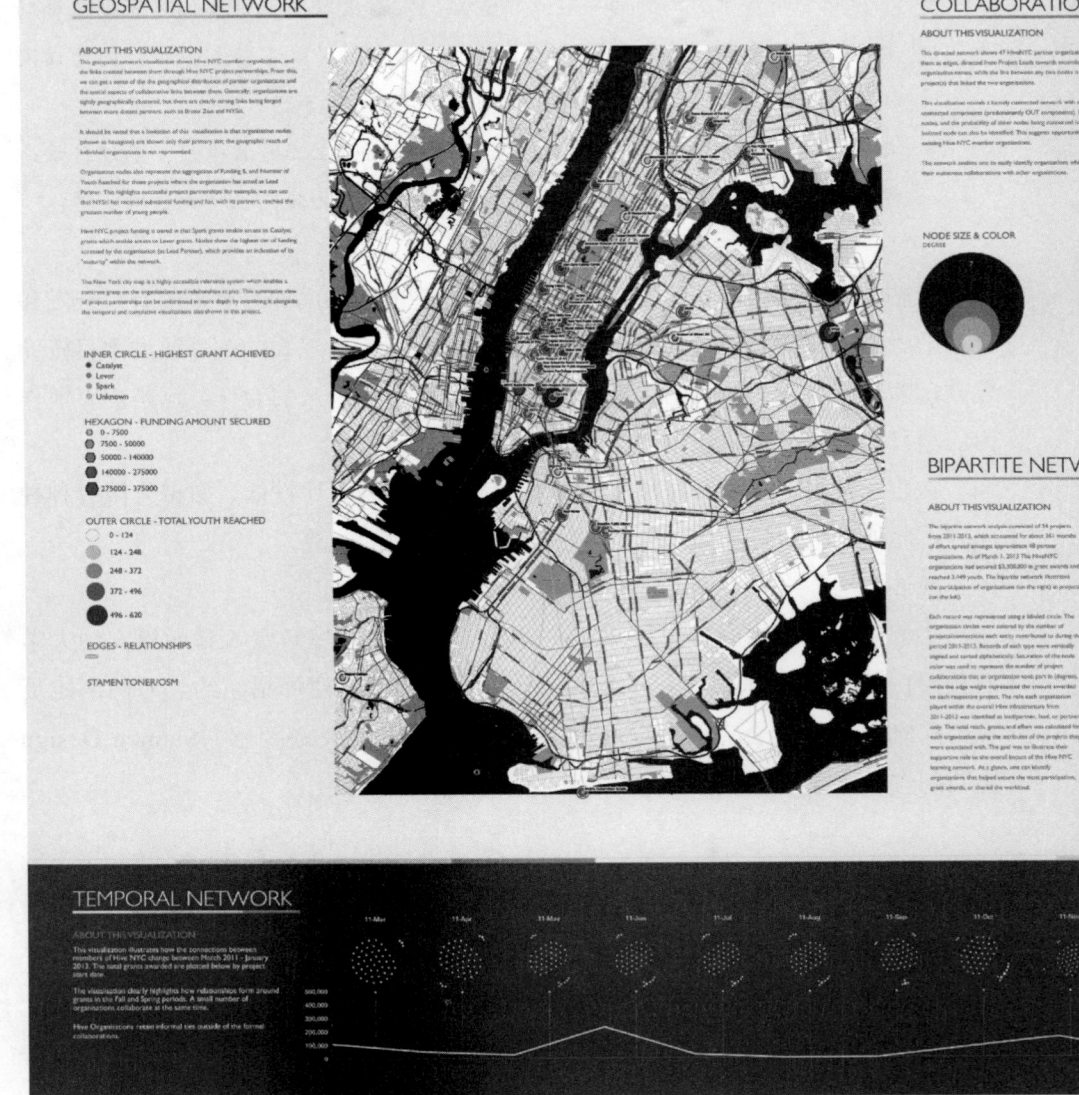

图8.6　蜂巢纽约地理空间图(上方)，合作网络(右上)，对分网络(中)，投资回报率泡泡图(中右)，
时间网络演变(下方)(http://cns.iu.edu/ivmoocbook14/8.6.jpg)

下面这幅可视化地图运用多种视角，将纽约城市蜂巢成员和社区项目之间的联系呈现出来。该数据集是从2011—2013年间的蜂巢基金项目数据库获得的，此数据库包括53个项目和47个成员。

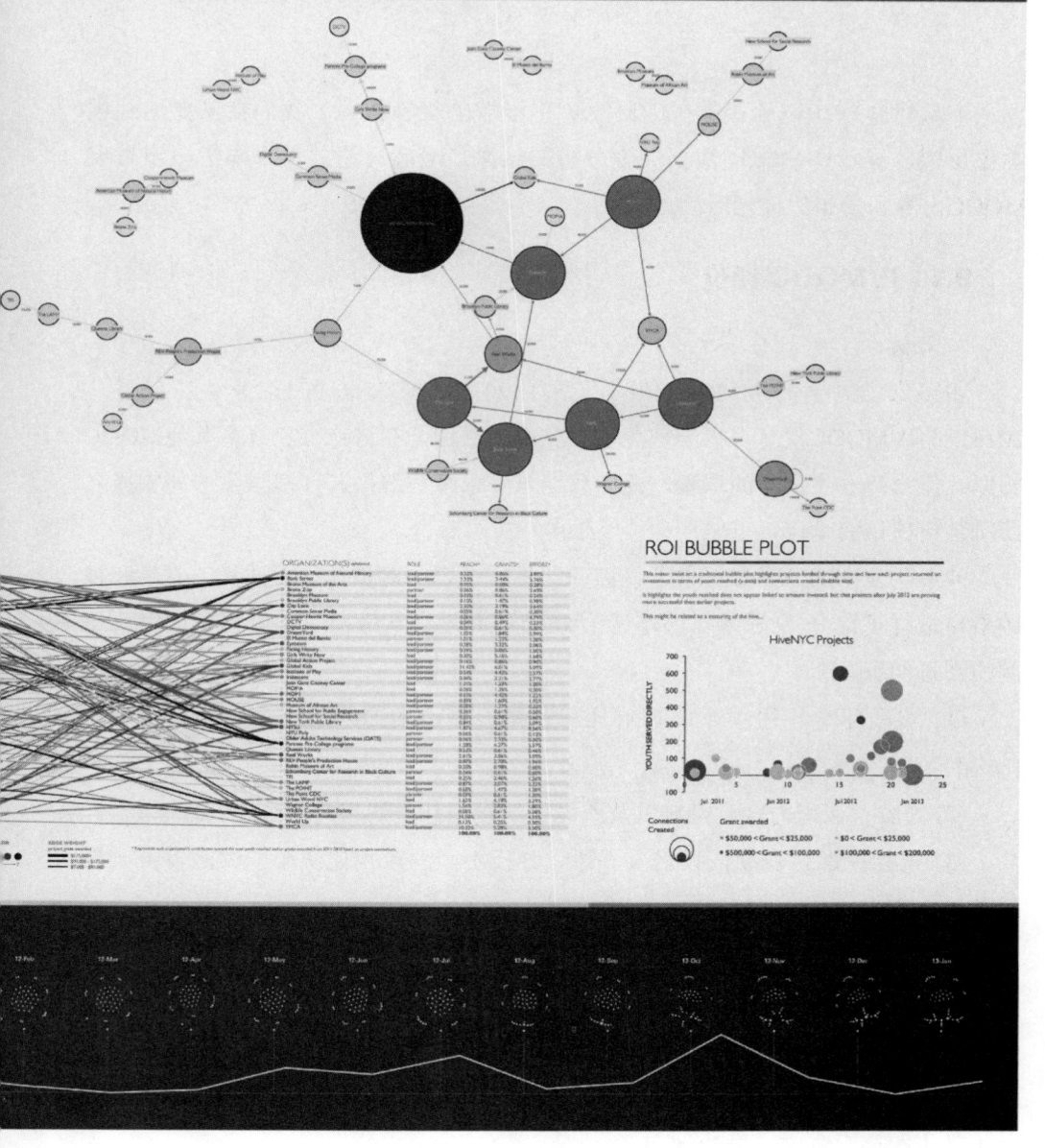

第9章

讨论与展望

本章将回顾2013年春季在IVMOOC中汲取的经验教训。我们会简要地回顾学生反馈，展示IVMOOC数据深度分析的结果，最后讨论关于未来进一步发展MOOC内容和发布的计划活动。

9.1 IVMOOC 评价

与米格尔·劳拉合著

印第安纳大学的IVMOOC吸引了来自90多个国家的1901名学生。但是，2013年的IVMOOC仅有很少一部分学生完成了课程，在这点上和许多其他MOOC相似。作为研究生水平的课程，期中和期末要求都很严格，许多学生未能完成之前对客户项目的承诺。

98名学生中的大多数提供了详细的课程反馈表，对整体课程质量、教学和视频素材进行了评分(良好或优秀)。当学生被问到最喜欢IVMOOC哪些方面时，得到的回答如下。

(1) 实践环节。视频非常有用且开发得很好。实践练习强化了课程内容。(26%)

(2) 内容。课程内容、材料以及所提供的资源都密切相关且有趣。(25%)

(3) 视频授课。视频很吸引人，通过分析不同的可视化例子能够激发批判性思考。(17%)

(4) 客户项目。提供解决现实问题的机会，既有趣又能激励人。(12%)

(5) 创制图像的能力。利用课程介绍的工具来创造自己的可视化作品让学生们深受鼓舞。(11%)

(6) 课程结构。课程安排合理，突出了数据可视化活动的连续性。课程结构易于学生跟得上教学进度。(8%)

学生不喜欢的地方有以下几点。

(1) 课程节奏。总的来说，在给定的时间内涵盖了太多的内容和练习，课程

的信息量较大。(22%)

(2) 网络论坛。网络论坛使用困难，需要很长时间来创建。学生已经开始用谷歌环聊(Google+ hangout)，有的学生很困惑要用什么通信工具。(22%)

(3) 技术支持。参与者在许多技术和内容相关问题上需要支持，但他们的问题没收到及时回复。部分原因可能是参与者发布问题的途径多样(Twitter、网络论坛和 Google+)。(16%)

(4) 客户项目时限。课程中的客户项目引入太晚。没有足够的时间和团队成员协调并有效地完成客户项目任务。(14%)

(5) 期末考核。和期中相比，期末考核时间更长，也更困难。需要提前告知期末考核的预计时间长度。(7%)

(6) Sci2问题。在特定平台上安装和使用Sci2的时候有一些问题。参与者解决这些问题所需的时间比完成课程内容耗时还长。(5%)

(7) 以组为单位的客户项目。有些学生无法加入现有的团队，而另一些已加入团队的人觉得队友缺乏完成任务的决心。(5%)

学生还列举了完成课程的原因，具体如下。

(1) 对主题感兴趣(57%)

(2) 客户项目的体验(22%)

(3) 结课证书和/或数字勋章(21%)

未能完成课程的原因具体如下。

(1) 缺乏时间。各种个人和工作活动与义务使得参与者无法跟上课程节奏。(70%)

(2) 无法完成客户项目。有些学生选择不参加客户项目。参加项目太耗时、太困难，参与后和同一项目内的其他队员交流也很费时、困难。(10%)

(3) 客户项目的工作量。没有足够的时间来完成客户项目。(6%)

(4) 软件问题。使用课程指定工具存在技术困难或缺乏技术支持。(6%)

(5) 网络论坛问题。无法注册使用网络论坛。无法添加个人资料图片。缺少技术支持。(4%)

(6) 忘记截止日期。无法牢记重要截止日期。(4%)

尽管现在还未开课(2013年9月)，每天都会有大约5名学生注册课程。学生在注册时提供的信息(例如他们想要学习什么，为什么；当他们使用工具进行新颖的分析时提交的问题)对于优化信息可视化研究、教学和工具发展，都十分宝贵。

9.2　IVMOOC数据分析

与罗伯特·莱特合著

我们把2013年IVMOOC中教师和学生活动分别输入到4个拥有不同需求和问题的用户组中。

- 让教师了解：如何弄清数千位学生的活动？如何指导他们？
- 对学生的支持：怎样浏览材料，怎样成功建立跨学科、跨时区的学习合作关系？
- 告知MOOC平台设计者：什么科技有利？什么科技有弊？
- 开展研究：MOOC中什么样的教学和学习方式效果比较理想？

具体来说，我们特地从多个层面获取数据：用于传达课程内容，执行评估的谷歌课程建设者(Google Course Builder)(GCB)1.0版；托管课程主页、客户项目说明、FAQ和Drupal论坛的CNS网络服务器；用来记录与MOOC相关的视频下载的YouTube和TinCan API；Twitter和Flickr，用以计算评论数和包含IVMOOC标签的可视化分享。我们将学生登录、课程活动、期中和期末成绩的信息收集到IVMOOC数据库，用以计算最后成绩，但也是为了帮助教师了解学生统计资料(例如，专业知识水平)和上千学生的学业进展(Twitter、Flickr活动或测试提交)。

举个例子，在课前问卷里，我们询问学生想要参与课程的哪些部分。在1901名学生中(截至2013年5月)，有85%的人回答了该问题。其中，98%的人表示计划观看视频，67%的人计划参加考核，32%的人希望参与客户项目。在注册课程时，要求学生汇报他们的工作类别。IVMOOC参与者中包括教师(21%)，政府工作人员(4%)，行业专业人士(15%)，非营利专业人士(5%)，学生(10%)以及在其他领域工作的人(8%)。有较大一部分的参与者没有透露工作类别(35%)。除此之外，我们还要求参与者说明他们在相关学科方面的一些经验，925位参与者给予了反馈，结果呈现为图9.1的词云。

课前问卷中还要求学生按照李克特量表(Likert scale)对他们现在具有的信息可视化知识进行5级排序，从非常低到非常高。76%的人回答了这个问题，其中

1%的学生认为现有信息可视化知识水平非常高，5%选择高，36%选择中，37%选择低，21%选择非常低。此外，我们还进行了一系列时间的、地理空间的、主题的和网络的分析，并将最初结果公布于此。

图9.1　IVMOOC学生的经验领域

时间：随时间进展的教师-学生活动

IVMOOC在2013年1月22日开放注册。截至2013年5月11日，共有1901名学生注册。图9.2展示了时间变化(x轴)，并在纵轴上将注册情况按注册时间进行分类。红色方块表示某学生的注册时间，绿色方块表示学生在YouTube上观看视频的时间，紫色三角形表示参加期中或期末考核，橙色菱形表示在Twitter上的活动。

何处：学生的国籍

图9.3是一幅比例符号图，其中的圆圈大小是根据每个国家的学生数调整的。来自美国的学生人数最多(33%)，接下来依次是印度(6%)，英国(5%)，加拿大(4%)和荷兰(3%)。有253名学生没有提供国籍信息。

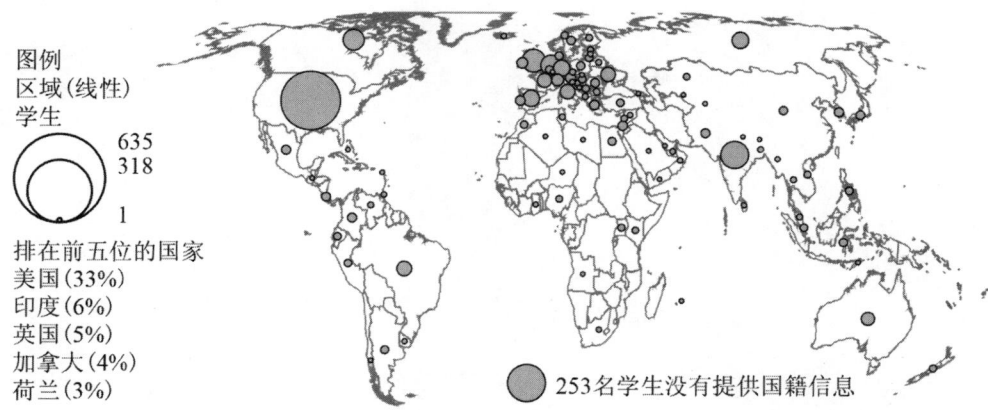

图9.3　展示IVMOOC学生国籍的世界地图(http://cns.iu.edu/ivmoocbook14/9.3.pdf)

什么：哪些材料使用频繁？频率如何？

图9.4展示了七周时间内访问课堂视频的频率。纵向来看，视频先按周排序，然后根据展示顺序排序。图中条形是按照理论授课或实践指导视频进行着色。从图中可知，随着时间推移，预期下降，视频访问在第5周，也就是期中考核后大体稳定下来。

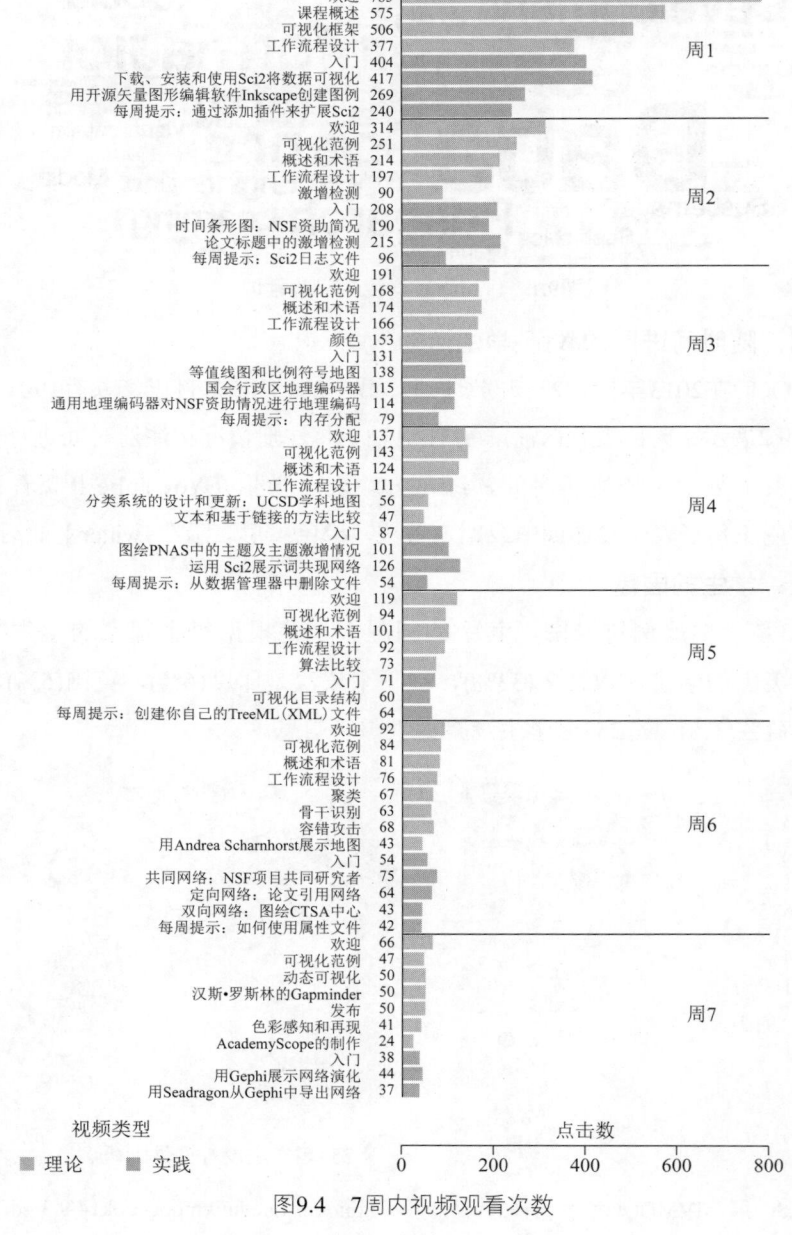

图9.4　7周内视频观看次数

与谁：学生互动网络

作为课程的一部分，我们要求学生形成4~5人小组处理客户项目。总共有15组，77名学生参与。小组形成和交流都是通过Drupal课程论坛进行。另外，学生还通过Twitter进行互动。在193名使用Twitter的学生中，仅有28人创建了Drupal课程论坛账号，并把他们的Google ID和TwitterID链接起来。

图9.5为学生互动网络。网络包含两类不同的互动：组内成员间互动和学生之间通过Twitter直接交流(一个学生给另一个发Twitter)。

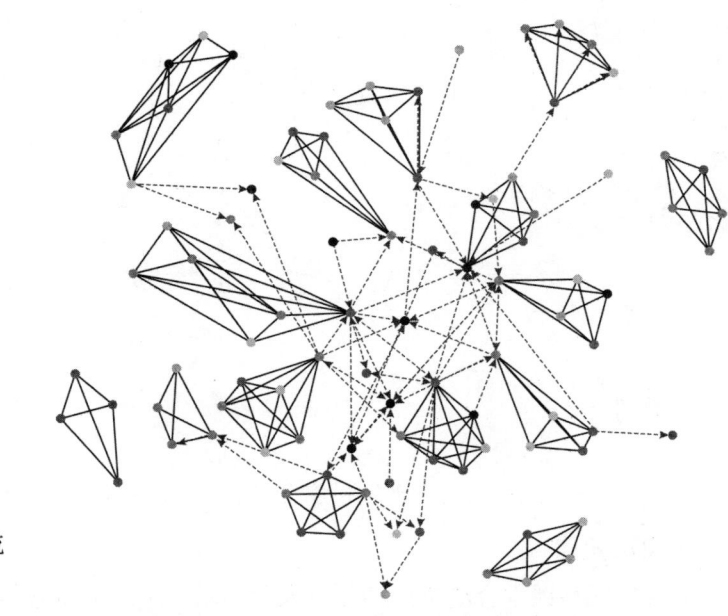

节点
之前的信息可视化经验
■ 没有回应
■ 非常低
■ 低
■ 中等
■ 高
■ 教师

边
┈┈▶ 通过Twitter直接交流
── 组员间交流

图9.5 学生互动网络(按照先前信息可视化经验给节点进行颜色编码)

为了生成该网络，我们从IVMOOC数据库中提取了一份CSV文件，里面包含所有拥有Twitter账户或与客户合作活动的学生。我们还提取了一个所有学生互动的同现网络。之后我们在GUESS中采用Fruchterman-Reingold算法对网络进行可视化布局，并保存节点位置。下一步，我们从学生小组成员数据中提取网络，在GUESS中可视化，再使用总互动网络中的节点位置来布局。接下来，从Twitter交流数据中提取定向网络，用GUESS可视化，再次利用互动网络中的节点位置进行布局。随后，我们可以把Twitter交流网络和学生小组成员数据叠加在彼此顶部。最后，按照"信息可视化经验程度"和"专业知识领域"对节点进行颜色编码。导出图像，保存为PDF，之后可以在Adobe Illustrator软件中进行处理。注

意，Twitter网络是定向的，体现了交流的方向性，即推文从一个用户(来源)发给
另一个用户(目的地)。图9.6显示了具有相同布局的学生互动网络，但此网络是根
据学生专业知识领域对节点进行的编码。

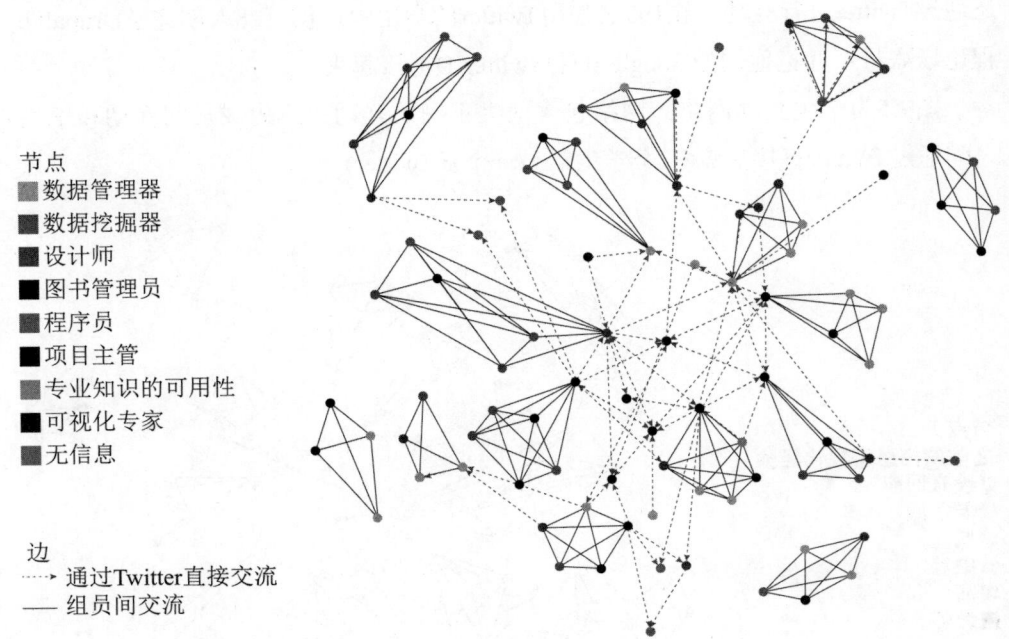

图9.6　学生互动网络(按照专业知识领域给节点进行颜色编码)

知识获得

参加网络课程会给学生和专业人士的联系带来全新的体验，并激发讨论。我
们的兴趣在于了解学生是否在课程专题领域中收获知识。

IVMOOC注册表格就要求学生提供他们在信息可视化领域的专业知识程
度。我们把自我报告的专业知识和三项成绩相联系，即期中、期末考核成绩和完
成客户项目(见图9.7)。

最初专业知识和完成客户项目成绩间有明显的相关性(斯皮尔曼等级相关系
数=0.44，p=0.007)，而期中成绩在这方面的相关性并不显著。这可能是由于期中
考核挑战较小，或因为学生自己认为和课程相关的知识直到后半期才涉及，期中
并没有涵盖到。具有专业水平的学生数很少，部分学生没有提供专业知识水平信
息，参加期中和/或期末考核以及客户项目的学生是少数。

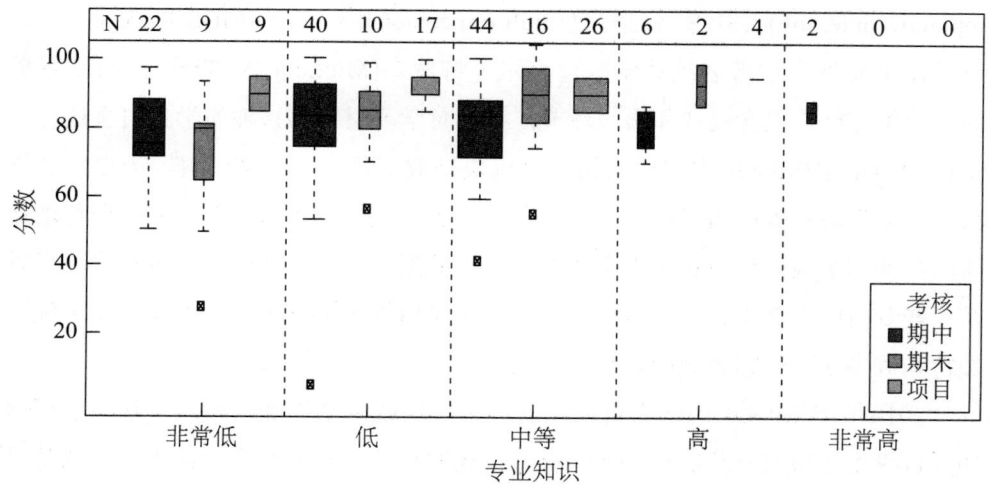

图9.7　自我报告专业知识与考核成绩

9.3　IVMOOC 拓展计划

与斯科特·魏因加特合著

对于2014年的IVMOOC，我们将继续加强最吸引学生的部分——理论内容和实践环节，同时改善妨碍参与者完成课程的问题。2014年的IVMOOC，总体上将致力于改进网站和与论坛合作方面的软件文档，并通过RSS和电子邮件集成，提供更简单的获取课程更新和检测的方式。学生将通过论坛和教师进行持续互动，并从上一年学生的例子中获益(例如，本书第8章中的案例研究)。

为了给学生更多处理客户项目的时间，我们除了最初的7周课程和考核周外，额外增加4周课程时间以供学生及其团队处理客户项目。原计划将基本保持不变，但会用与本周专题相适应的作业来代替客户项目。与2013年的 IVMOOC 一样，学生应尽早成立团队，并通过团队内部子论坛积极交流作业。学生在课程第4周需要选择团队项目，并在前8周结束时提交一份供教师和其他团队查看的报告草稿。最后4周将致力于验证、重新设计和完善方案。

除了延长时间外，我们还将引入新的内容和实践环节，以吸引参与者的不同兴趣。此外，我们还增加了两个新模块。为了让参与者更好地掌握从处理数据到给出卓越见解这一流程，我们增加了一个统计学模块，其中将包括有关各种统计主题的会话，诸如基本的文本分析(textual analyses)，特别是潜在语义索引(latent semantic indexing)(LSI)和多维标度(multidimensional scaling)(MDS)的统计知识，这是印第安纳大学著名统计学家迈克尔·特罗塞(Michael W. Trosset)着重强调的。该统计模块包含授课和实践环节，可供对学习材料感兴趣的学生自主选择。将在2014年 IVMOOC中引进的第二个模块是数字艺术与人文学科，为更广泛学科领域的学习者提供指导，而不是仅限于信息可视化。我们将在课程中全程增加新的授课和实践环节，包括人文资源的原始数据准备，数据清洗，可视化阐释以及一些专门的人文学科工具。课程将由担任2014年IVMOOC教学的斯科特·魏因加特和数字人文研究领域的领头人讲授。

2014年 IVMOOC的学生可以注册一个模块或两个附加的模块，这也包括增加的自我测评和期中及期末附加的材料。我们相信，新增内容、课程结构调整以及新增的课程导航和支持将提升参与者的学习体验，让他们享受更广阔的教育。

附　录

创建可视化图例

在绘制用符号类型(如颜色和大小)表示数据变量的图形时，需要有图例。没有图例就无法阐释可视化成果，这会让可视化结果变得华而不实。

在这里，我们会介绍怎样在Adobe Illustrator或一些开放源代码的软件，如Inkscape中编辑矢量文件。下一节将介绍如何把可视化保存为矢量格式。我们将以佛罗伦萨家族网络(见第6章图6.33)为例介绍图例设计。在这个网络中，数据变量按不同图形符号绘制如下：节点按照财富确定大小，并按照在公民议会中的席位数进行颜色编码。边则基于连接家族的关系类型，是商业的还是婚姻关系，还是二者兼具进行颜色编码。图例(见图A.1)中包括了这三种示意图和数据值范围。要注意的是，为了便于读解，我们将图例放大了。在原始展示图中，图例中的节点符号大小和图表中的节点大小是一致的。

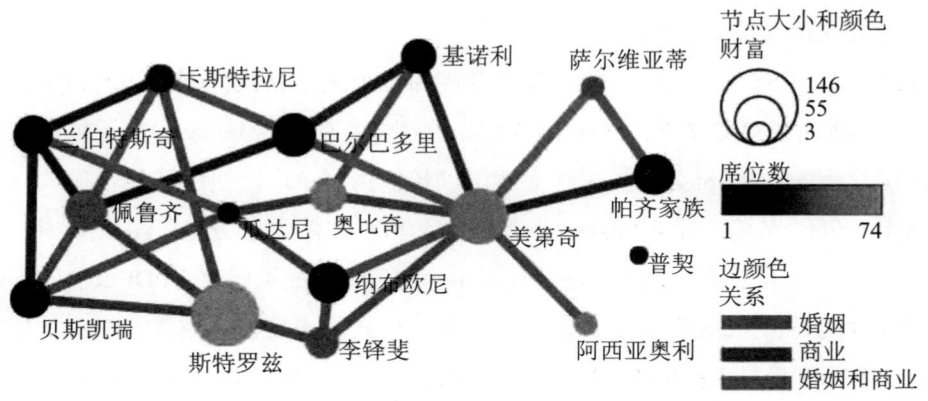

图A.1　放大了图例的佛罗伦萨家族网络的可视化

为了呈现"财富"的图例，先确定最小、中等和最大的节点以及它们所代表的值。在佛罗伦萨网络中，最大的节点对应的是斯特罗齐家族(the Strozzi)，该家族拥有14.6万里拉的财富。要获得财富的值可按以下操作：在GUESS中有一个"信息窗口"(Information Window)，提供此网络的元数据(metadata)。如果用户将鼠标悬于某一特定节点上，所有的节点属性都会呈现在窗口中。在Gephi中有"数据实验室"(Data Laboratory)，能让用户以表格格式查看网络背后的数据。假设所有可视化的属性都已存在，我们能从原始的NET数据中提取这些信息。在Notepad++中打开网络文件，搜索特定节点或边，使用"Ctrl+F"组合键是获得属性值的另一种方法。在Adobe Illustrator或Inkscape软件中打开矢量文件后，可以识别你感兴趣的节点，并复制其边界作为图例中的符号。

就创建**职位数**的图例而言，先明确最小和最大的值，以及对其编码所使用的颜色。大部分的图像编辑程序都由"滴管"工具来提取颜色样例，以便下次使用更简单。Adobe Illustrator[1]和Inkscape[2]都有创建两种或更多种颜色间渐变的功能，参见脚注的网络链接。

关系是一个定性变量。一条边可以代表婚姻关系、商业关系或者两者兼具的关系。因此，我们需要三种色调。呈现两种关系兼具的颜色，最好选择两种分别表示单一关系的颜色的混合。在Adobe Illustrator或Inkscape软件中，只需要画出3个矩形，用你选择的三种颜色填充这三个矩形，然后在其旁边添加正确的数据值即可。

在图例中，还需要提供描述性文本来突出关键见解，描述数据及其来源，以及可视化是如何生成的，包括所用的工具。添加创建者的姓名、联系方式和附属机构，以方便他人作出评论和提出建议。

将可视化保存为矢量格式

Sci2、GUESS和Gephi中的可视化都能保存为矢量格式(vector format)(例如，保存为PDF或SVG文件)。Sci2的"数据管理器"(Data Manager)中还可以选择直接保存为PostScript文件。这些文件可以转换为PDF，以便用其他程序软件查看/编辑。下一节将介绍把PostScript文件转为PDF文件的方法。在GUESS中，选择"文件 > 导出图像"(*File > Export Image*)将可视化成果保存为PDF或SVG。Gephi中，可以从"预览"(Preview)窗口以矢量格式导出可视化成果。在左下角落处有一个标有"导出：SVG/PDF/PNG"(Export: SVG/PDF/PNG)的按钮，用户可以导出图像供其他程序软件查看和编辑。

把PostScript文件转为PDF

有些Sci2的可视化，例如时间柱状图、对分网络图、科学地图和地区分布图

---

[1] http://helpx.adobe.com/illustrator/using/apply-or-edit-gradient.html
[2] http://inkscape.org/doc/basic/tutorial-basic.html

和比例符号图可在"数据管理器"中以PostScript文件输出。要查看这些文件，右键单击并选择"保存"，将PostScript文件保存到计算机中的某个位置。

　　Adobe PostScript文件可用Adobe Distiller转为PDF文件，并在Adobe Acrobat中查看。还可以自由地选择Ghostscript[1]或Zamzar[2]，将文件转为PDF。GSview[3]是一款免费的PostScript和PDF阅读器。另外，Ghostscript还有在线的版本，叫做PS 到 PDF 转换器。[4]

Sci2 使用提示

　　本节将介绍一些使用Sci2的小贴士：例如，如何增加Sci2的内存以处理较大数据集；如何有效使用日志文件(log file)和属性文件(property files)；如何添加新插件以扩展Sci2功能。

内存分配

　　必须在应用程序启动之前就确定Sci2可用的内存量(RAM)。目前的默认内存为350兆(MB)，既要保证有足够使用的内存，还要保证不会因内存过多而导致Sci2崩溃。若要处理较大数据集，应增加内存以充分利用系统的可用内存。要做到这点，先打开Sci2的文本编辑器(text editor)中的配置来设置文件(见图A.2左)。

　　该文件包括3个命令(见图A.2右)。第二行表示当工具初次启动时，给Sci2分配了15MB内存。不要修改这个数字。第三行表示可分给Sci2的最大内存量是350MB。这个数字可以增加到机器总可用内存的大约75%，但不能再调高了，否则无法启动Sci2。确认好命令格式与图A.2完全一致，因为文件对命令行中的多余空格或参数十分敏感。在调整完后，保存文件，下次打开Sci2的时候，这些设置就能应用了。

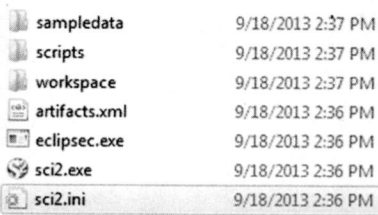 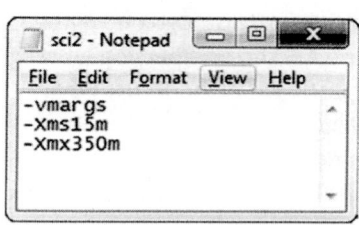

图A.2　在配置中设置文件

---

① 　http://pages.cs.wisc.edu/~ghost/doc/GPL/gpl901.htm
② 　http://www.zamzar.com/convert/ps-to-pdf/
③ 　http://pages.cs.wisc.edu/~ghost/gsview/get49.htm
④ 　http://ps2pdf.com

日志文件

所有Sci2的操作信息都记录于日志文件中。用户每次开始启动时，该工具都会在Sci2目录的日志文件夹下建立一个新的日志文件。日志文件能够为用户提供更多的算法信息，包括算法的执行者和集成者，算法执行的时间及日期信息和算法输入的参数(input parameters)。日志文件还能提供Sci2操作中可能发生错误的信息。想查看Sci2的日志文件，先打开Sci2目录(见图A.3)下的日志文件夹。每个日志文件都有一个文件名，其中包括创建的日期和时间，且日志文件体积很小。可以通过任何文字编辑器(如Notepad)来查看日志文件(见图A.4)。

cishell-user-06-19-2013-09-10-AM.0.0.log	6/19/2013 9:11 AM	Text Document	2 KB
cishell-user-06-26-2013-02-30-PM.0.0.log	6/27/2013 12:29 AM	Text Document	2 KB
cishell-user-06-27-2013-09-17-AM.0.0.log	6/27/2013 10:03 AM	Text Document	26 KB
cishell-user-06-27-2013-10-02-AM.0.0.log	6/28/2013 2:03 PM	Text Document	82 KB
cishell-user-07-15-2013-03-47-AM.0.0.log	7/15/2013 7:44 AM	Text Document	61 KB
cishell-user-08-16-2013-03-09-PM.0.0.log	8/16/2013 3:15 PM	Text Document	3 KB
cishell-user-09-20-2013-09-00-AM.0.0.log	9/22/2013 10:08 AM	Text Document	8 KB
cishell-user-09-22-2013-10-24-AM.0.0.log	9/22/2013 3:21 PM	Text Document	28 KB

图A.3　8个不同Sci2会话的日志文件

```
Oct 17, 2013 11:36:29 AM org.cishell.reference.gui.
log.LogToFile logged
INFO: Loaded: D:\Users\dapolley\Desktop\
sci2-N-1.0.0.201206130117NGT-win32.win32.
x86(2)\sci2\sampledata\scientometrics\isi\
FourNetSciResearchers.isi
Oct 17, 2013 11:36:46 AM org.cishell.reference.gui.
log.LogToFile logged
INFO: .........
Extract Directed Network was selected.
Author(s): Timothy Kelley
Implementer(s): Timothy Kelley
Integrator(s): Timothy Kelley
Documentation: [url]http://wiki.cns.iu.edu/display/
CISHELL/Extract+Directed+Network[/url]
Oct 17, 2013 11:36:54 AM org.cishell.reference.gui.
log.LogToFile logged
INFO:
Input Parameters:
Source Column: Authors
Text Delimiter: |
Target Column: Journal Title (Full)
Oct 17, 2013 11:37:07 AM org.cishell.reference.gui.
log.LogToFile logged
INFO: .........
Gephi was selected.
Author(s): The Gephi Consortium
Integrator(s): David M. Coe
Documentation: [url]http://wiki.cns.iu.edu/display/
CISHELL/Gephi[/url]
```

图A.4　从载入文件、提取定向网络到用Gephi进行可视化的完整的工作流程

日志文件对于确保结果复制至关重要。许多工作流程涉及10种算法甚至更多，且参数设置各有不同。日志文件能方便跟踪参数设置。如果采用某一特定算

法，用户可能需要知道应该引用什么论文，日志文件能提供Sci2工作期间所有执行算法的完整引用信息和相关URLs。图A.4显示了从载入数据、提取定向网络，用Gephi将网络可视化的完整的工作流程。要注意的是，为方便阅读，我们去除了日志文件捕捉的一些算法加工进程方面的信息。

另外，日志文件还能提供详细的出错信息(error messages)。图A.5是某一出错信息的解析。这个错误发生在用户试图用对分网络图来可视化合著者(同现网络)网络的时候。这个算法要求每个节点都有一个二分的属性，否则无法在对分网络图中进行解析和展示。

```
Oct 17, 2013 11:48:34 AM org.cishell.reference.gui.
log.LogToFile logged
SEVERE: An error occurred when creating the
algorithm "Bipartite Network Graph" with the data
you provided.  (Reason: edu.iu.nwb.util.nwbfile.
ParsingException: org.cishell.framework.algorithm.
AlgorithmCreationFailedException: Bipartite Graph
algorithm requires the 'bipartitetype' node
attribute.)
Exception:
org.cishell.framework.algorithm.
AlgorithmCreationFailedException: edu.iu.nwb.util.
nwbfile.ParsingException: org.cishell.framework.
algorithm.AlgorithmCreationFailedException:
Bipartite Graph algorithm requires the
'bipartitetype' node attribute.
```

图A.5　日志文件中展示的出错信息

未来版本的Sci2可能会提供重新运行工作流程的功能，例如，用新数据复制现有工作流程，用稍有调整的工作流程分析旧数据或者运行参数扫描(即在用户定义的范围内调整参数值)。

属性文件

属性文件，在Sci2界面中也指聚合函数文件(Aggregate Function Files)。它能给节点或边添加数据集的附加属性。例如，假设我们要创建一个国家科学基金会指向研究者的定向网络，并按照研究者收到的资助基金额调整节点大小。增加这类信息到网络的最好办法就是在网络提取过程中使用属性文件。

所有的属性文件都遵循以下相同的模式：

```
{node|edge}.new _ attribute = table _ column _ name.
[{target|source}].function
```

第一部分明确了这个操作是针对节点还是边的。下一部分，*new_ attribute*，是用户选择的属性名称。*table_column_name*是数据表中将用于生成最终节点或边属性值的列的名称。要注意的是，新的属性名称不能和列的名称一样，否则无法创建新属性。下一部分操作执行的是目标节点还是来源节点，这仅应用于定向网络。最后的*function*确定数据的聚合方式。Sci2有如下众多功能。

- **算术平均数**(Arithmetic mean)：找出独立节点属性的平均值。
- **几何平均数**(Geometric mean)：找出非独立节点属性的平均值。
- **计算**：计算节点属性。
- **求和**：每个节点属性值的和。
- **最大值**：每个节点属性值的最大值。
- **最小值**：每个节点属性值的最小值。
- **模式**：报告属性的最常见值。

图A.6中，属性文件位于数据旁边，有助于阐释属性文件与数据的相互影响。这个属性文件用于计算作者数，作者共同出现的次数以及每个作者被引用的总次数。所得出的结果是有两个附加节点属性的网络："作品数"(number Of Works)和"引用次数"(times Cited)，以及一个边属性"合著作品数"(number Of CoAuthored Works)。

Abstract	Authors	Authors (F	Beginning	Book Seri	Book Seri	Times Cited	Cited Pate	Cited Refe	Cited Refe
Backgrour	Wuchty, S|Barabasi, AL|Ferdig, MT					7		42	ALBERT R,
	Balazsi, G|Barabasi, AL|Oltvai,	103				0		0	
	Barabasi, AL	433				0		0	
	Barabasi, AL	68				2		22	*NAT RES
A complet	Macdonald, PJ|Almaas, E|Barat	308				14		35	ABDELWA
	Oliveira, JG|Barabasi, AL	1251				15		10	1984, COR
Recent ev	Balazsi, G|Barabasi, AL|Oltvai,	7841				29		37	ALLEN TE,
The dynar	Barabasi, AL	207				32		28	ANDERSO
	Barabasi, AL	639				7		14	ALBERT R,
Subgraphs	Vazquez, A|Oliveira, JG|Barabasi, AL					5		21	ALBERT R,
Conventic	Makeev, MA|Derenyi, I|Barabasi, AL					2		24	AJDARI A,
For many	Eisler, Z|Kertesz, J|Yook, SH|Ba	664				10		22	2003, TRAI
Recent ev	Vazquez, A|Dobrin, R|Sergi, D	17940				44		38	ALBERT R,
We provic	Palla, G|Farkas, I|Derenyi, I|Barabasi, AL	Vicsek, T				0		26	ALBERT R,
The obser	de Menezes, MA|Barabasi, AL					19		25	ABARBAN
As extens	Makeev, MA|Barabasi, AL	316				3		77	ALANISSIL
Off-norma	Makeev, MA|Barabasi, AL	335				4		47	BARBER D.
Most com	Barabasi, AL|de Menezes, MA	169				3		48	ALBERT R,
The elucic	Yook, SH|Oltvai, ZN|Barabasi, A	928				94		45	ALBERT R,
Backgrour	Dobrin, R|Beg, QK|Barabasi, AL|Oltvai, ZN					41		26	ALBERT R,

图A.6　计算作者数，作者共同出现次数以及每个作者被引用总次数的属性文件

```
node.numberOfWorks = Authors.count
```

```
edge.numberOfCoAuthoredWorks = Authors.count
node.timesCited = Times Cited.sum
```

添加插件

通过下载额外的插件可以扩展Sci2的功能。这些插件有的体积太大，无法与官方版本同时发布，例如Cytoscape插件，有的是在Sci2发布版本期间可以执行新的算法。可以从Sci2的文档百科(Sci2 documentation wiki)中下载这些插件(见第3.2节)。[①]有些插件是JAR文件，另一些插件被压缩到文件夹中，我们需要从JAR文件中提取。要使用插件的话，先下载，如有需要再进行解压，然后把JAR文件(不是包含JAR文件的文件夹)复制到Sci2目录的插件文件夹中。图A.7就是添加了Cytoscape插件后的插件文件夹。Cytoscape[②]是一款开源软件，用于可视化网络，并与各类型的属性数据结合。[③]

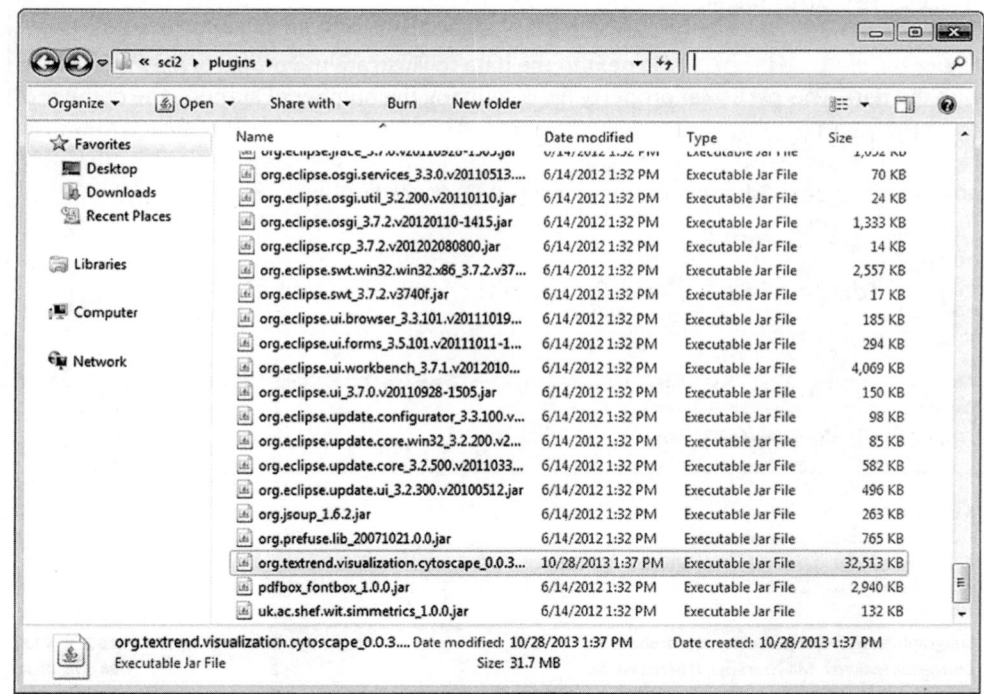

图A.7　Sci2插件目录中的Cytoscape插件

① http://wiki.cns.iu.edu/display/SCI2TUTORIAL/3.2+Additional+Plugins
② http://www.cytoscape.org
③ Saito，Rintaro，Michael E. Smoot，Keiichiro Ono，Johannes Ruscheinski，Peng-Liang Wang，Samad Lotia，Alexander R. Pico，Gary D. Bader，and Trey Ideker. 2012. "A Travel Guide to Cytoscape Plugins." *Nature Methods* 9，11: 1069–1076.

要查看Cytoscape插件的大小，可以看出和其他插件相比，它的体积有多大。Cytoscape插件的体积也是其作为可添加插件而不是与软件工具捆绑的主要原因。

🏠 **自我测评答案**

第1章：理论部分

　1a；2b；3b，c，d

第1章：实践部分

　"NetWorkBench"：大型生物医学，社会科学和物理研究网络分析、建模和可视化工具"，资助金额为1 120 926美元

第2章：理论部分

　1a；2d；3a；4a

第3章：理论部分

　1a；2b；3b；4a

第4章：理论部分

　1a；2c；3d；4d

第5章：理论部分

　1c；2a；3c；4a：1，2，1；4b：6，2，是，是，否

第6章：理论部分

　1a：4，3；1b：I；2a：9，8，2；2b：否，否，否，是，否；3a：$9/8(8-1)/2 = 9/28 = 0.32$，4

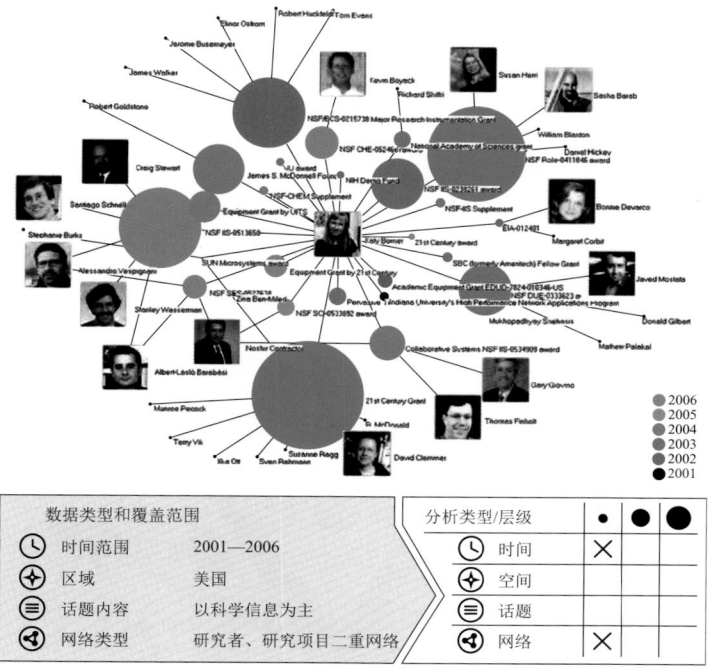

数据类型和覆盖范围		分析类型/层级	•	⬤	⬤
🕐 时间范围	2001—2006	🕐 时间	✕		
✦ 区域	美国	✦ 空间			
☰ 话题内容	以科学信息为主	☰ 话题			
◔ 网络类型	研究者、研究项目二重网络	◔ 网络	✕		

图1.6　伯尔纳受美国国家科学基金资助的合作研究者与研究项目的二重网络

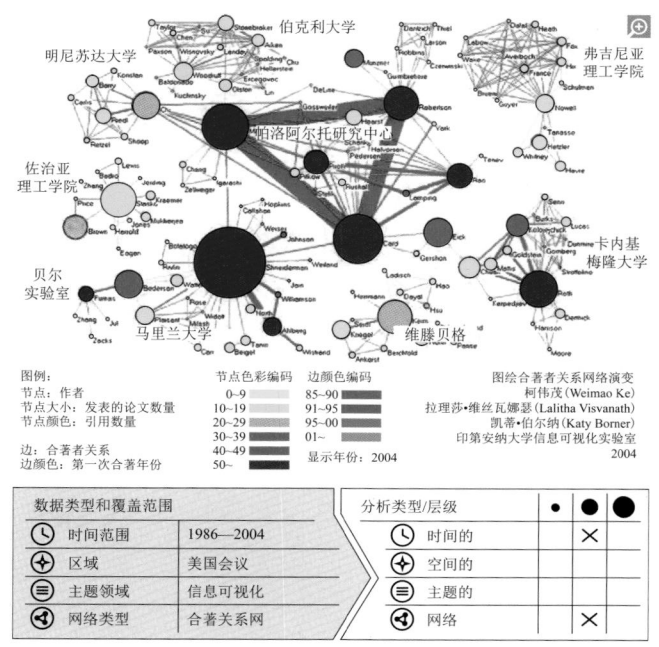

数据类型和覆盖范围		分析类型/层级	•	⬤	⬤
🕐 时间范围	1986—2004	🕐 时间的		✕	
✦ 区域	美国会议	✦ 空间的			
☰ 主题领域	信息可视化	☰ 主题的			
◔ 网络类型	合著关系网	◔ 网络		✕	

图1.7　图绘合著者关系网络演变，1986—2004 (http://cns.iu.edu/vmoocbook14/1.7.html)

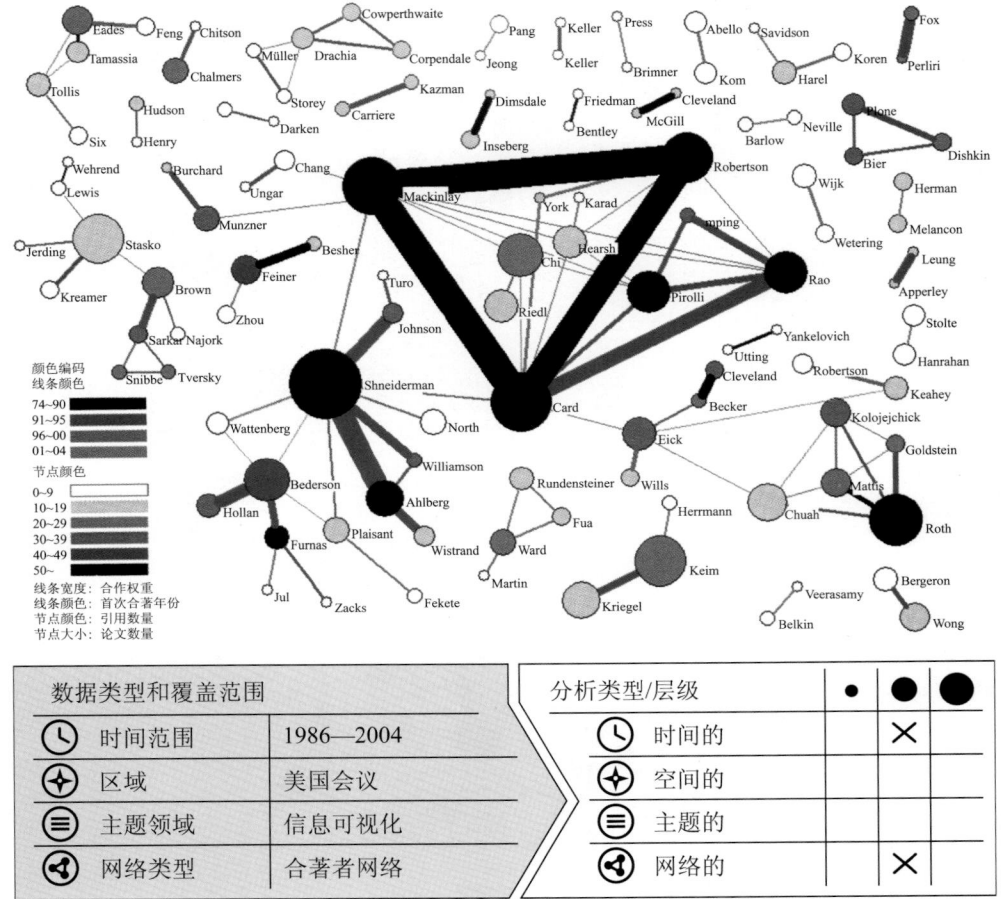

图1.8　研究新兴的全球智库：分析和可视化合著团队的影响，1986–2004

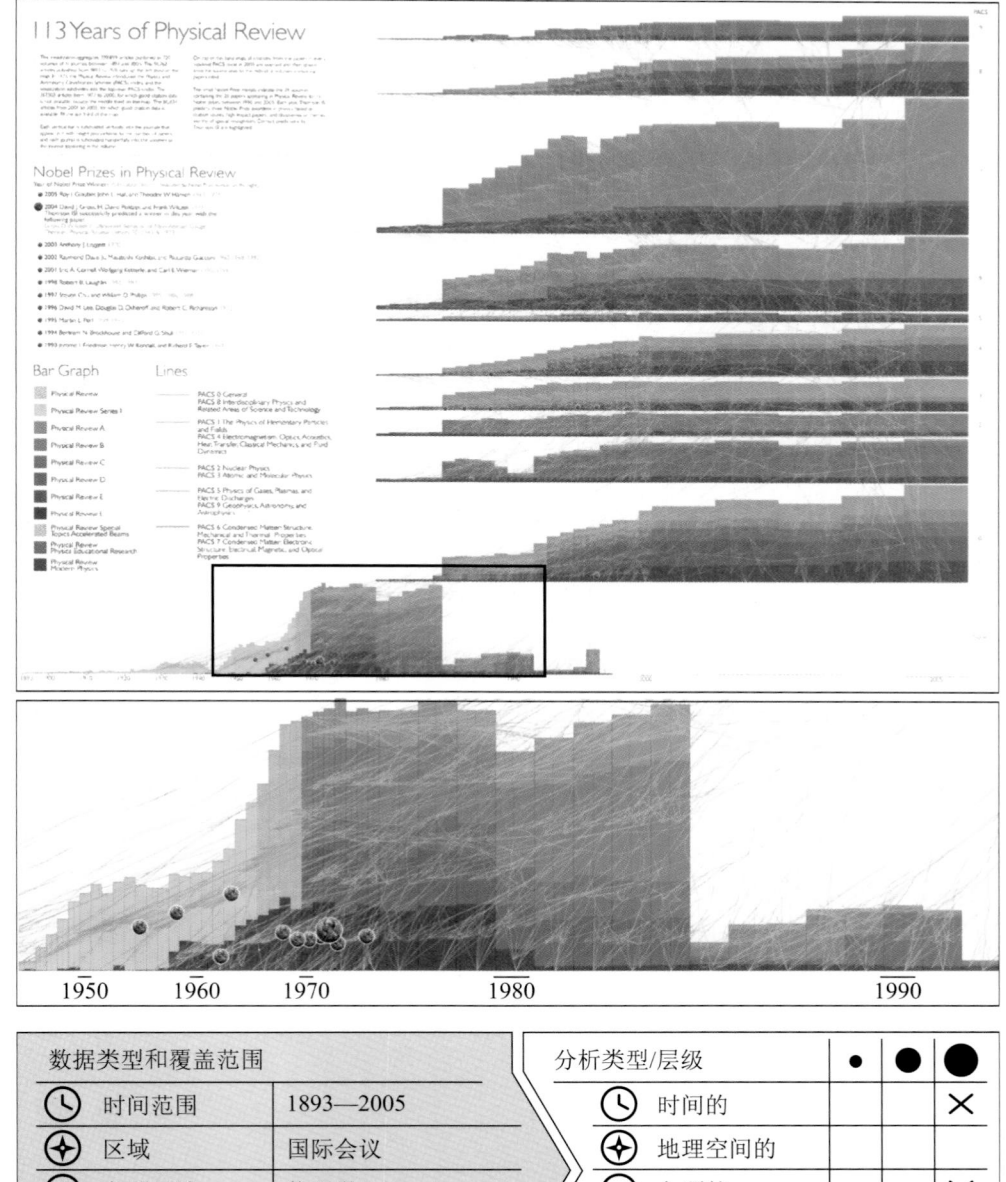

图1.9 《113年物理学评论》(2006)，由布鲁斯·W. 赫尔二世、拉塞尔·J. 杜洪、以利沙·F. 哈迪、夏溪·蓬玛赛和凯蒂·伯尔纳合作(http://scimaps.org/III.6)

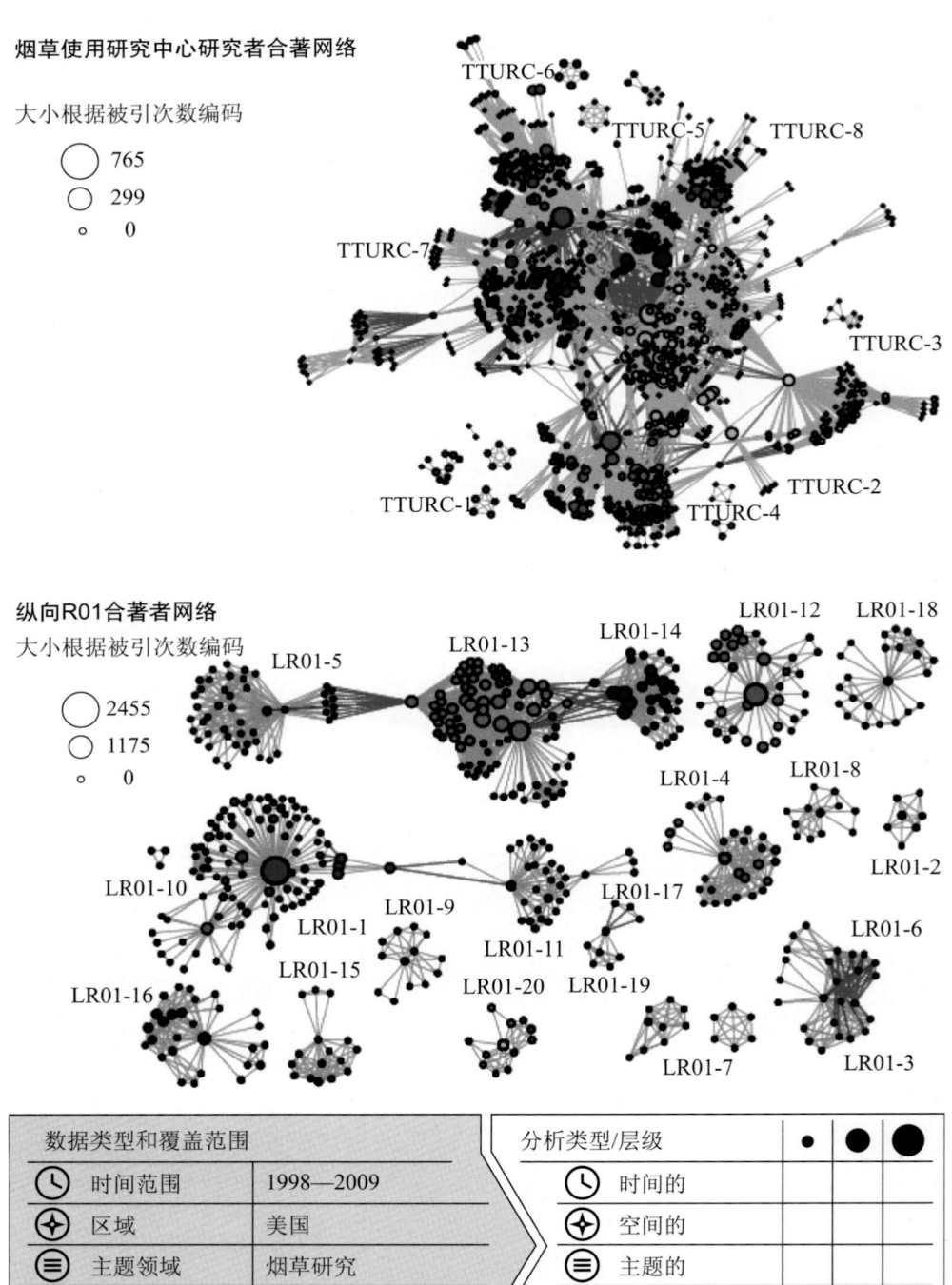

图1.10　图绘烟草使用跨学科研究的论文情况

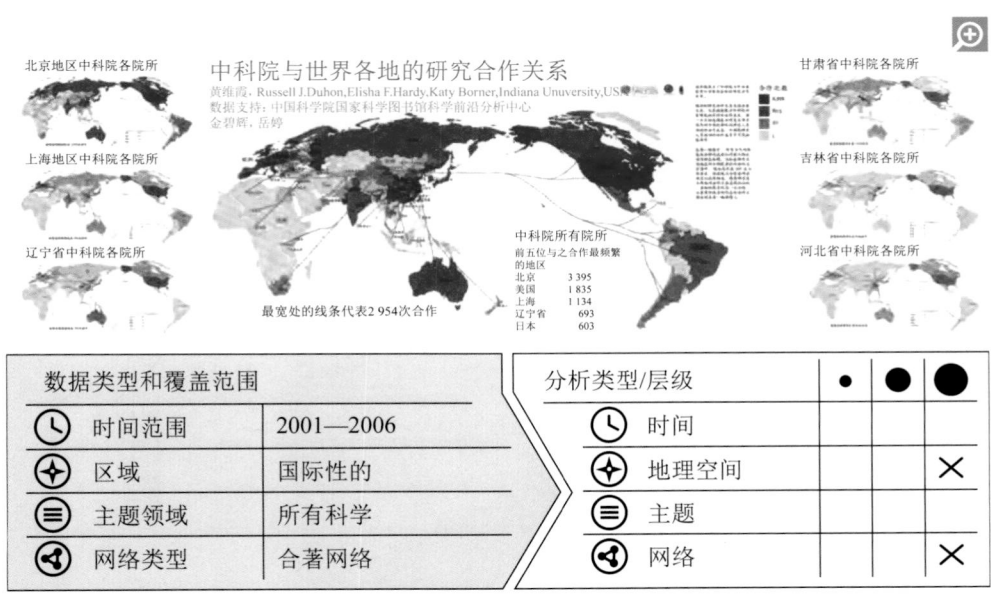

图1.11 中国科学院研究全球合作情况(http://cns.iu.edu/ivmoocbook14/1.11.jpg)

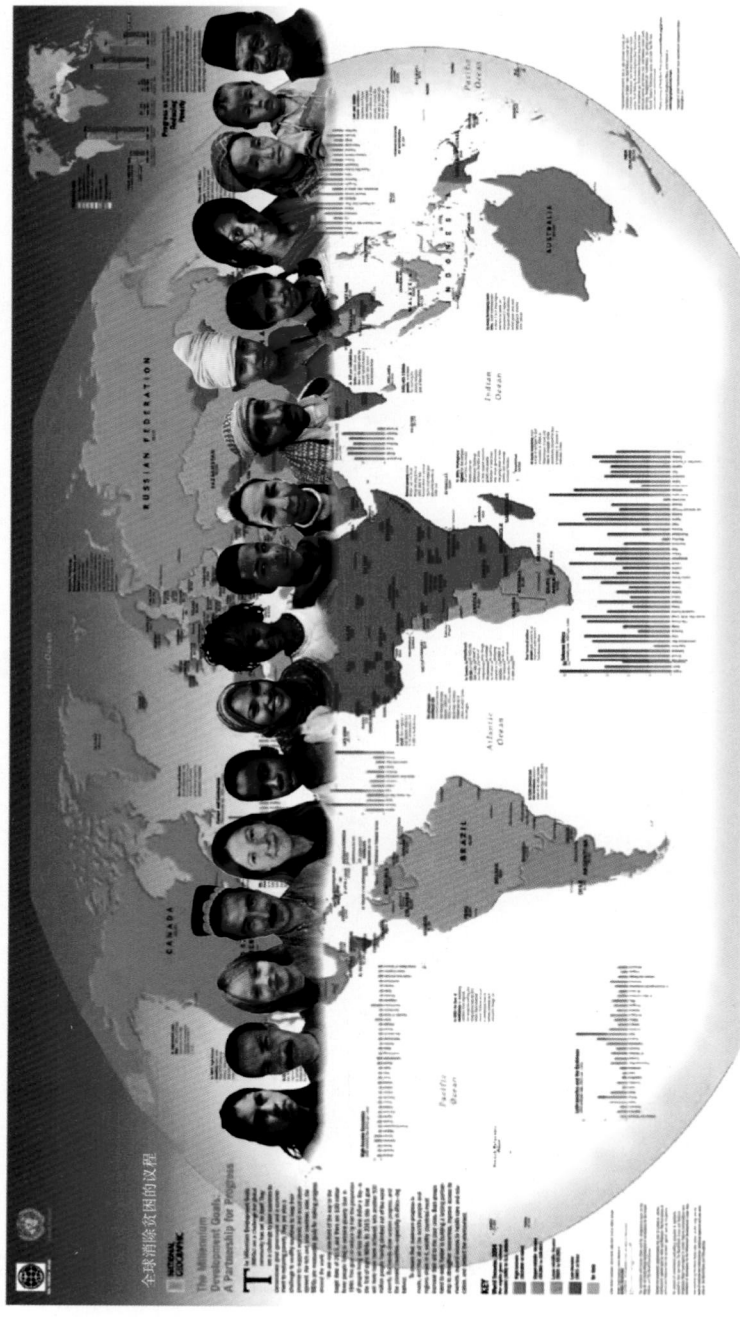

千年发展目标及其人类影响

1 消除贫困和饥饿　　2 全民教育　　3 男女平等　　4 降低儿童死亡率　　5 改善妇女保健　　6 转机遇感染病、疟疾、和其他疾病　　7 保护环境　　8 全球合作促进发展

图1.15　《千年发展目标》（2006），出自世界银行和国家地理（http://scimaps.org/V.10）

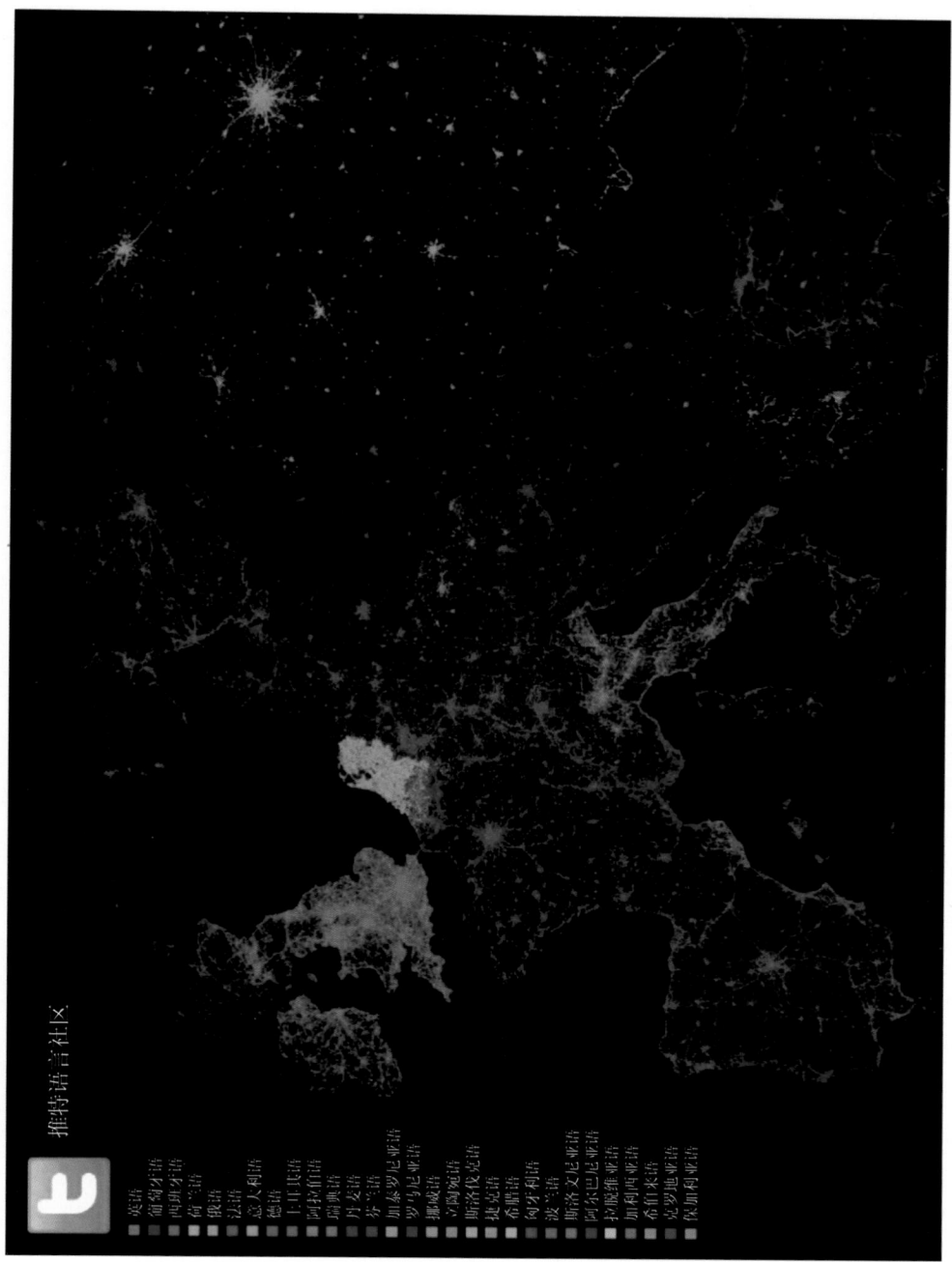

图1.16　埃里克·菲舍尔创制的推特语言社区图(http://scimaps.org/VIII.9)

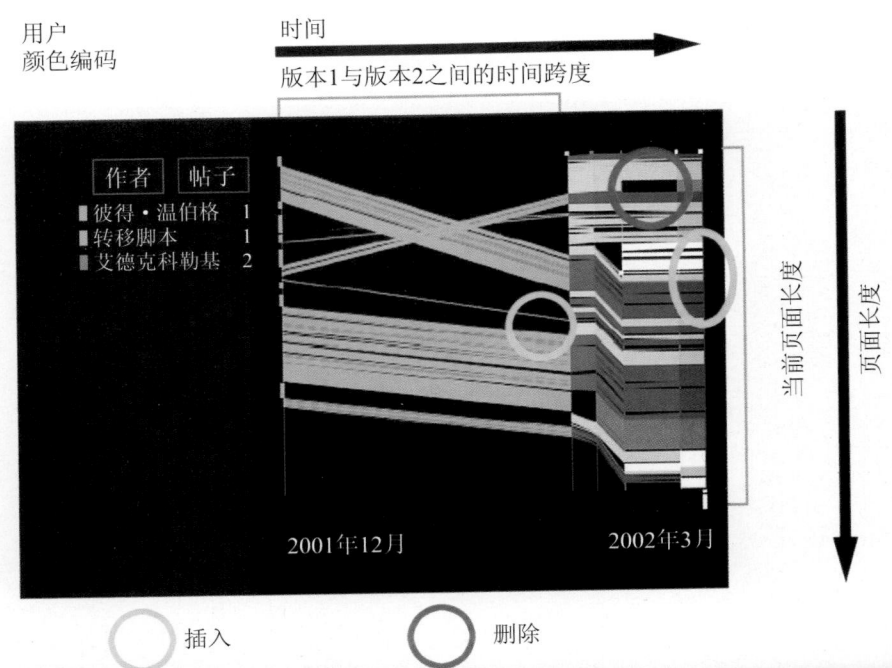

用户
颜色编码

时间

版本1与版本2之间的时间跨度

作者　帖子

彼得·温伯格　1
转移脚本　1
艾德克科勒基　2

当前页面长度

页面长度

2001年12月　　　　　　　　2002年3月

插入　　　　　　　　　　删除

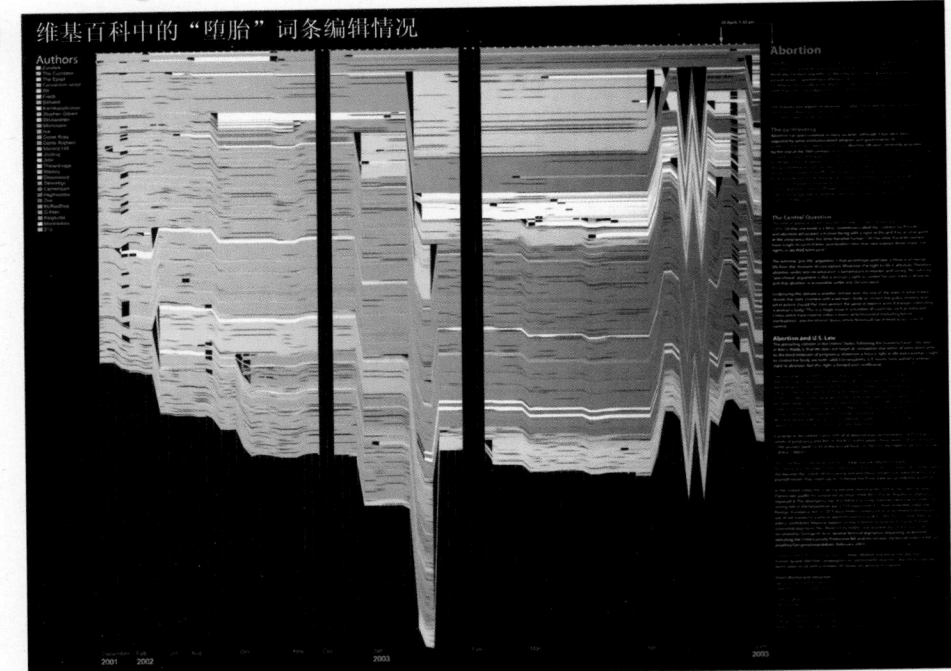

维基百科中的"堕胎"词条编辑情况

图2.4　维基百科"堕胎"词条编辑历史流程的可视化(2006)，由马丁·沃登博格(Martin Wattenberg)和费尔兰达·维埃加斯(Fernanda Viégas)绘制

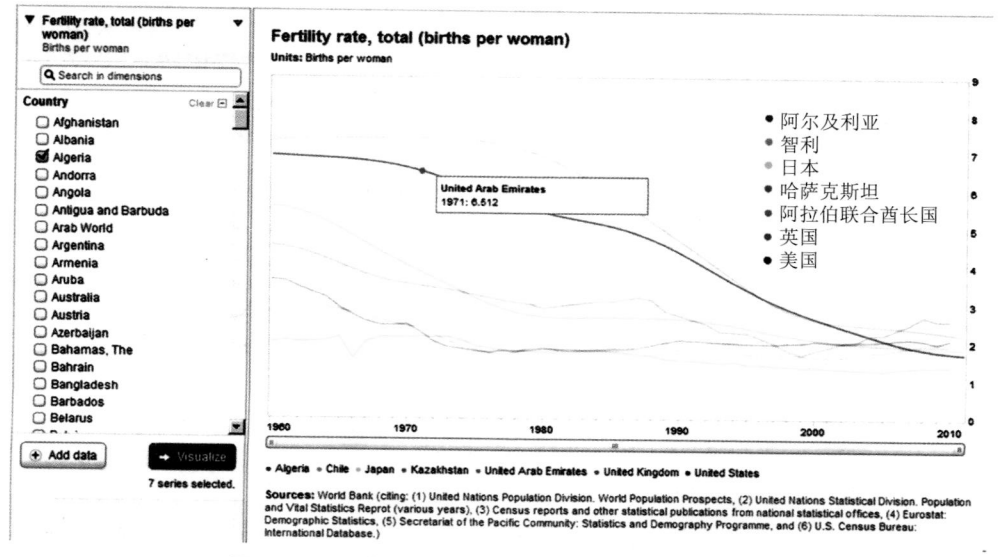

图2.11　1960年到2011年不同国家每个妇女的生育率

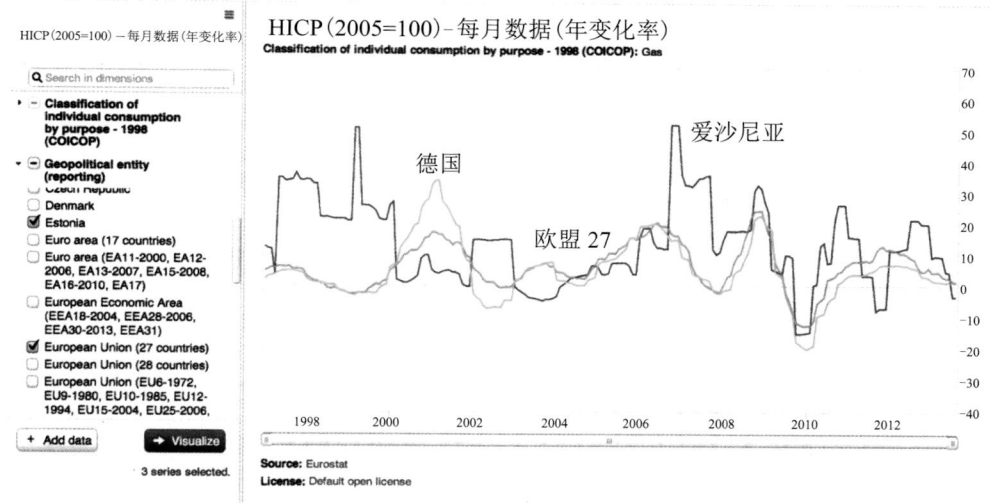

图2.17　德国(黄色)、爱沙尼亚(蓝色)和欧盟(橙色)①天然气价格的相关性

①　Explore interactive chart at http://datamarket.com/en/data/set/1a6e/ #!ds=1a6e!qvc=4b:qvd=10.m.e&display=line

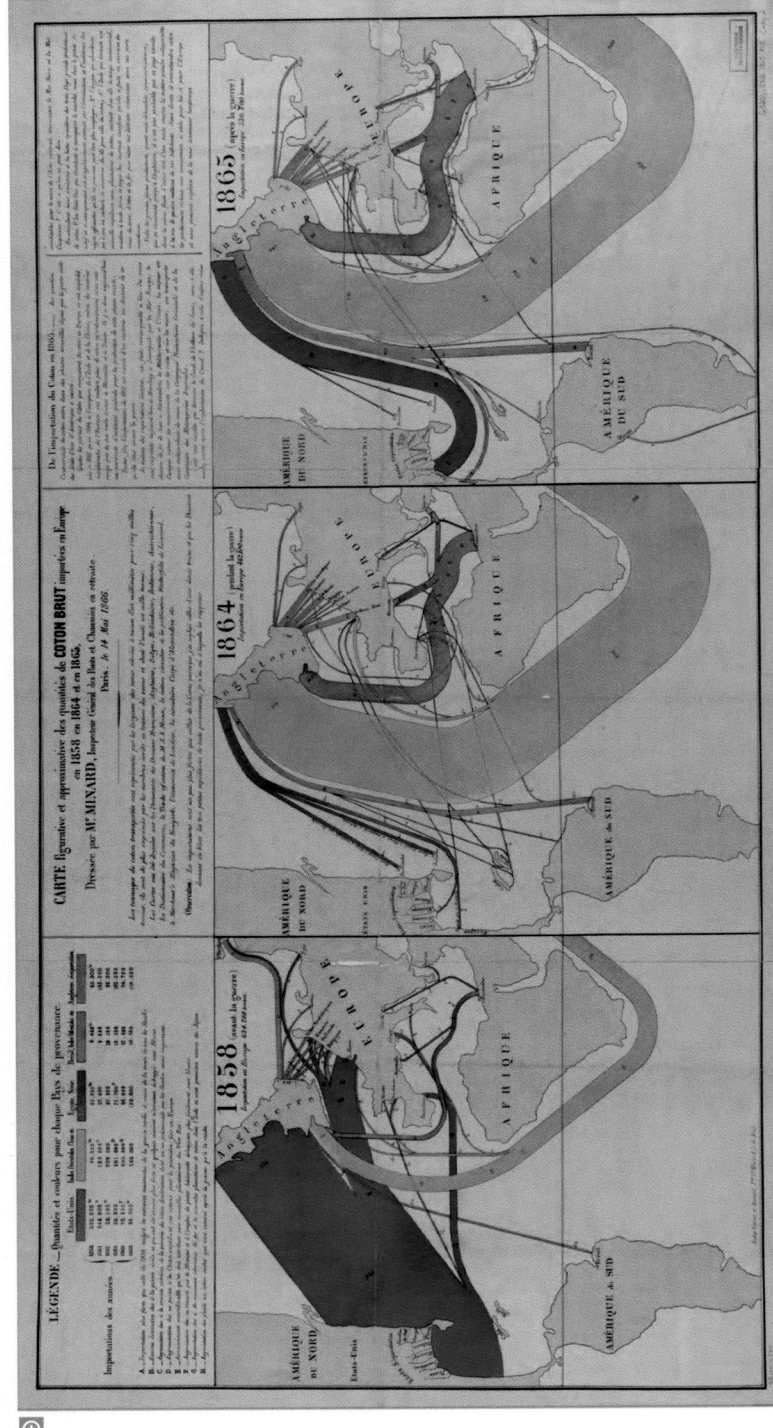

图3.2 查尔斯·约瑟夫·米纳尔绘制的1858、1864、1865(1866)年欧洲原棉进口示意图(http://scimaps.org/IV.1)

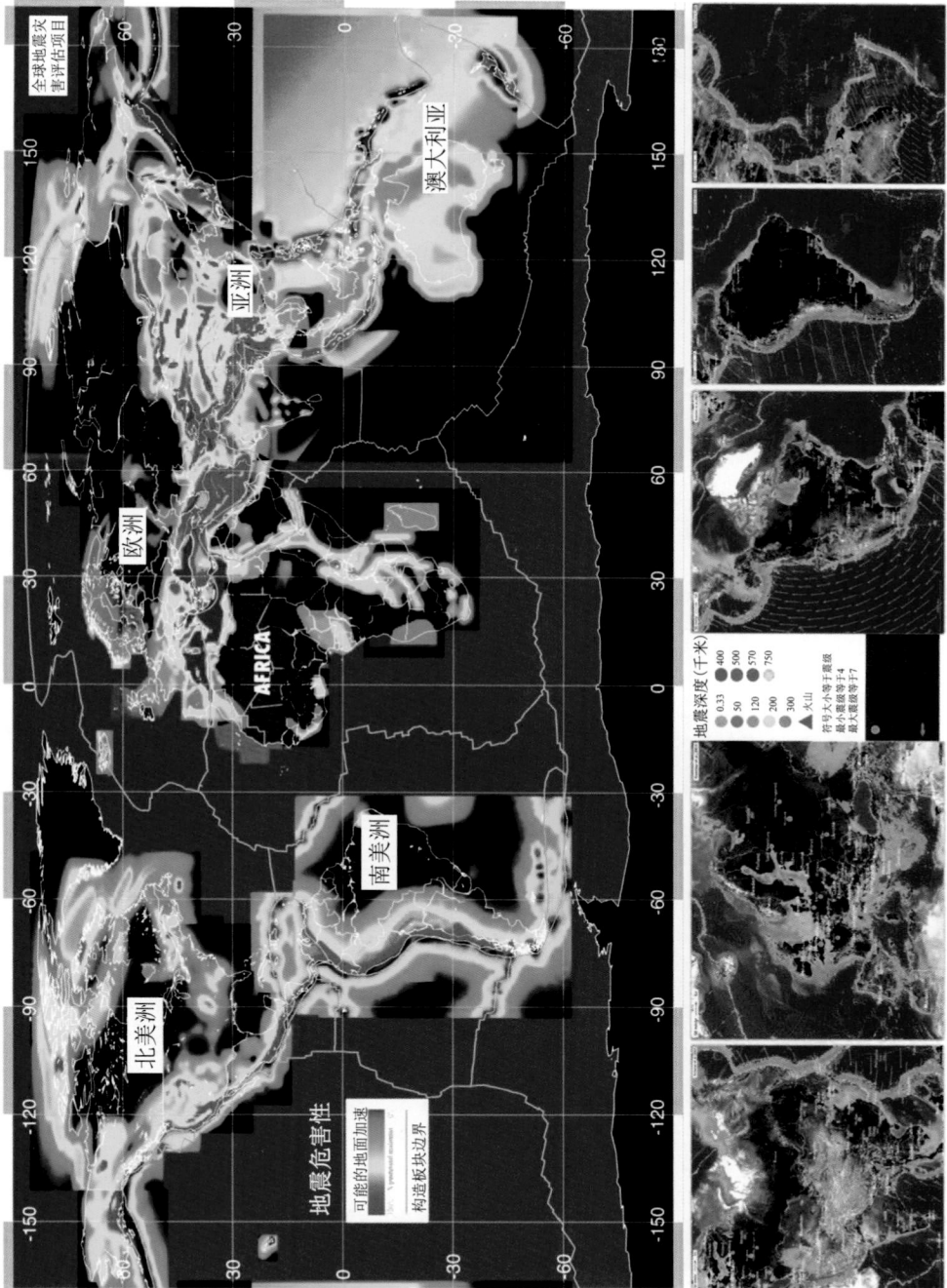

图3.3 地质运动和地震危险预测(2007)，由迈克尔·W.汉堡、查克·米腾思、以利沙·F.哈迪沙绘制

全球地震灾害评估项目

澳大利亚

亚洲

欧洲

北美洲

南美洲

AFRICA

地震危害性

可能的地面加速

构造板块边界

地震深度(千米)

400
500
570
750

0.33
50
120
200
300

▲ 火山

符号大小等于震级
最小震级等于4
最大震级等于7

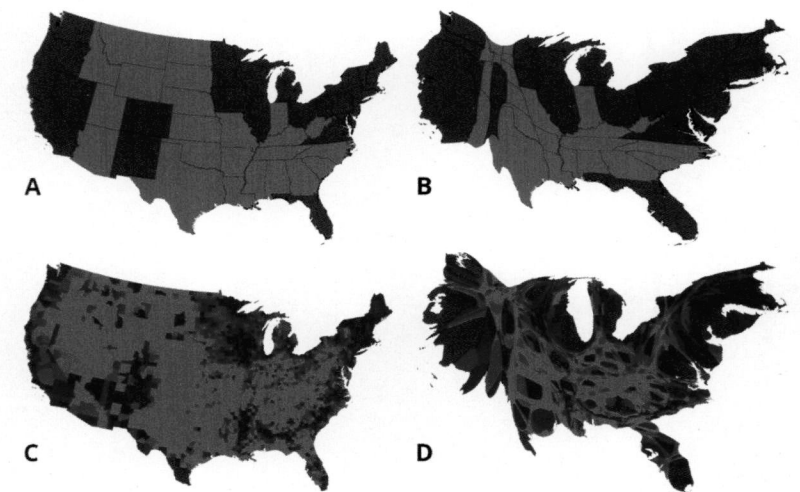

图3.9 马克·纽曼绘制的2012年美国总统大选结果比较统计地图

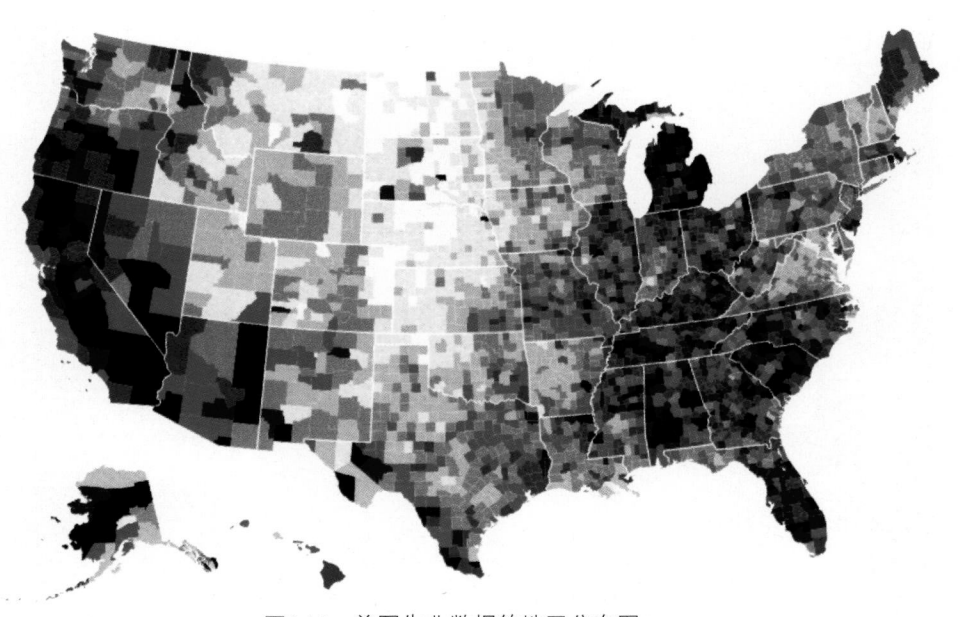

图3.12 美国失业数据的地区分布图

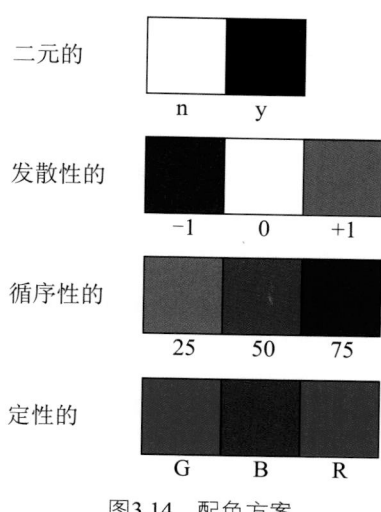

二元的

            n   y

发散性的

      -1   0   +1

循序性的

      25   50   75

定性的

      G   B   R

图3.14 配色方案

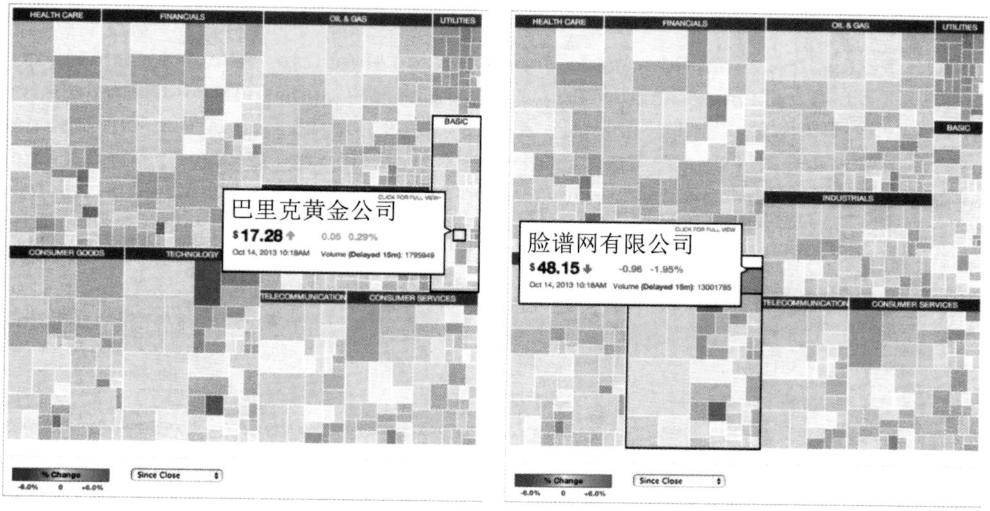

巴里克黄金公司

$17.28 ↑ 0.05 0.29%
Oct 14, 2013 10:18AM Volume (Delayed 15m): 1795849

脸谱网有限公司

$48.15 ↓ -0.96 -1.95%
Oct 14, 2013 10:18AM Volume (Delayed 15m): 13001795

图3.15 以发散性配色方案显示货币市场股市变化

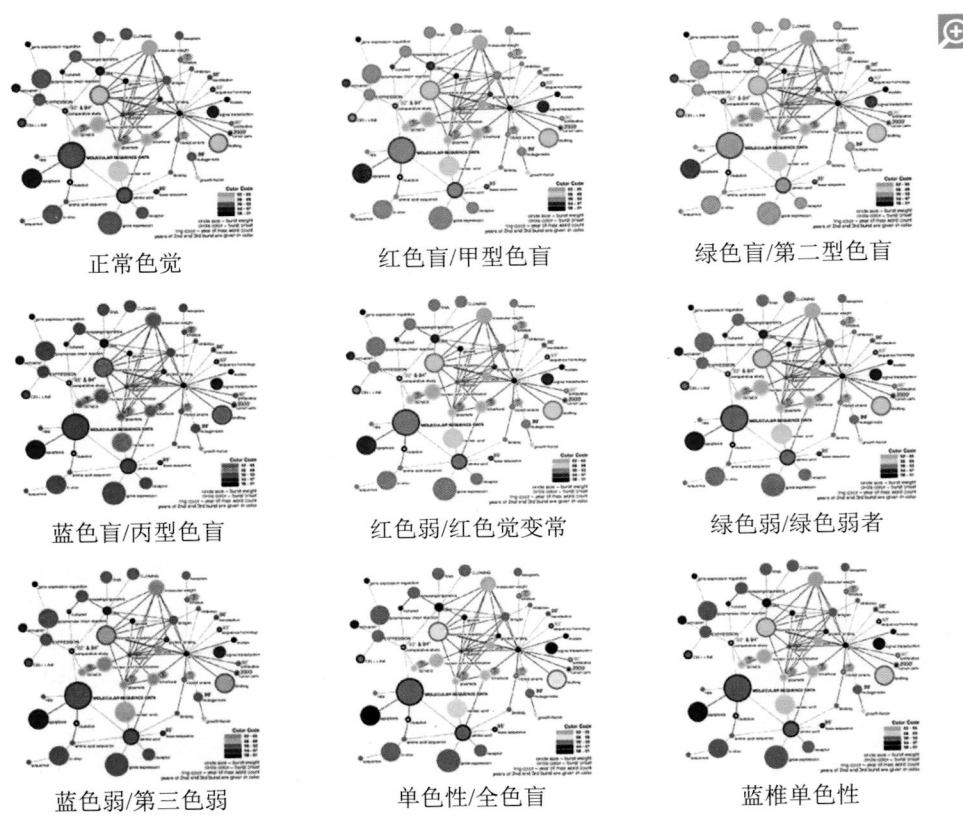

正常色觉　　　　　　红色盲/甲型色盲　　　　　绿色盲/第二型色盲

蓝色盲/丙型色盲　　　红色弱/红色觉变常　　　　绿色弱/绿色弱者

蓝色弱/第三色弱　　　单色性/全色盲　　　　　蓝椎单色性

图3.17　原始可视化图(左上)和8个模拟不同色盲类型的修改版
(http://cns.iu.edu/ivmoocbook14/3.17.jpg)

空间可视化(比例符号图)

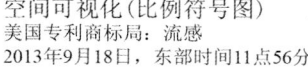

美国专利商标局：流感

2013年9月18日，东部时间11点56分

图例

外观颜色(线状)
被引频次

1   110   220

面积(线状)
专利

73.998
37.041

0.083

如何阅读此地图

这一比例符号图显示了使用等面积爱埃克特IV投影的209个国家或地区。每个数据集记录是以其地理位置为中心的圆加以表示的。每个圆的面积、内部颜色和外部颜色表示的是数字的属性值。图例中给出了最小和最大数据值。

图3.20　美国专利商标局(USPTO)关于流感研究的比例符号世界地图(http://cns.iu.edu/ivmoocbook14/3.20.pdf)

地理空间可视化(地区分布图)

美国专利商标局：流感

2013年9月18日，东部时间下午12:41:39

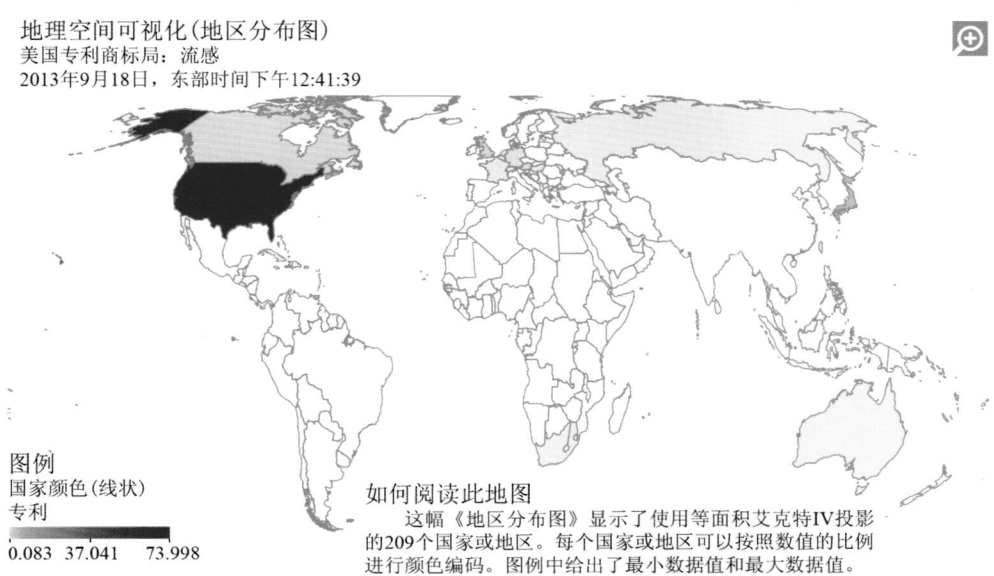

图例

国家颜色(线状)
专利

0.083 37.041 73.998

如何阅读此地图

这幅《地区分布图》显示了使用等面积艾克特IV投影的209个国家或地区。每个国家或地区可以按照数值的比例进行颜色编码。图例中给出了最小数据值和最大数据值。

图3.22　美国专利商标局专利关于流感研究的地区分布世界地图

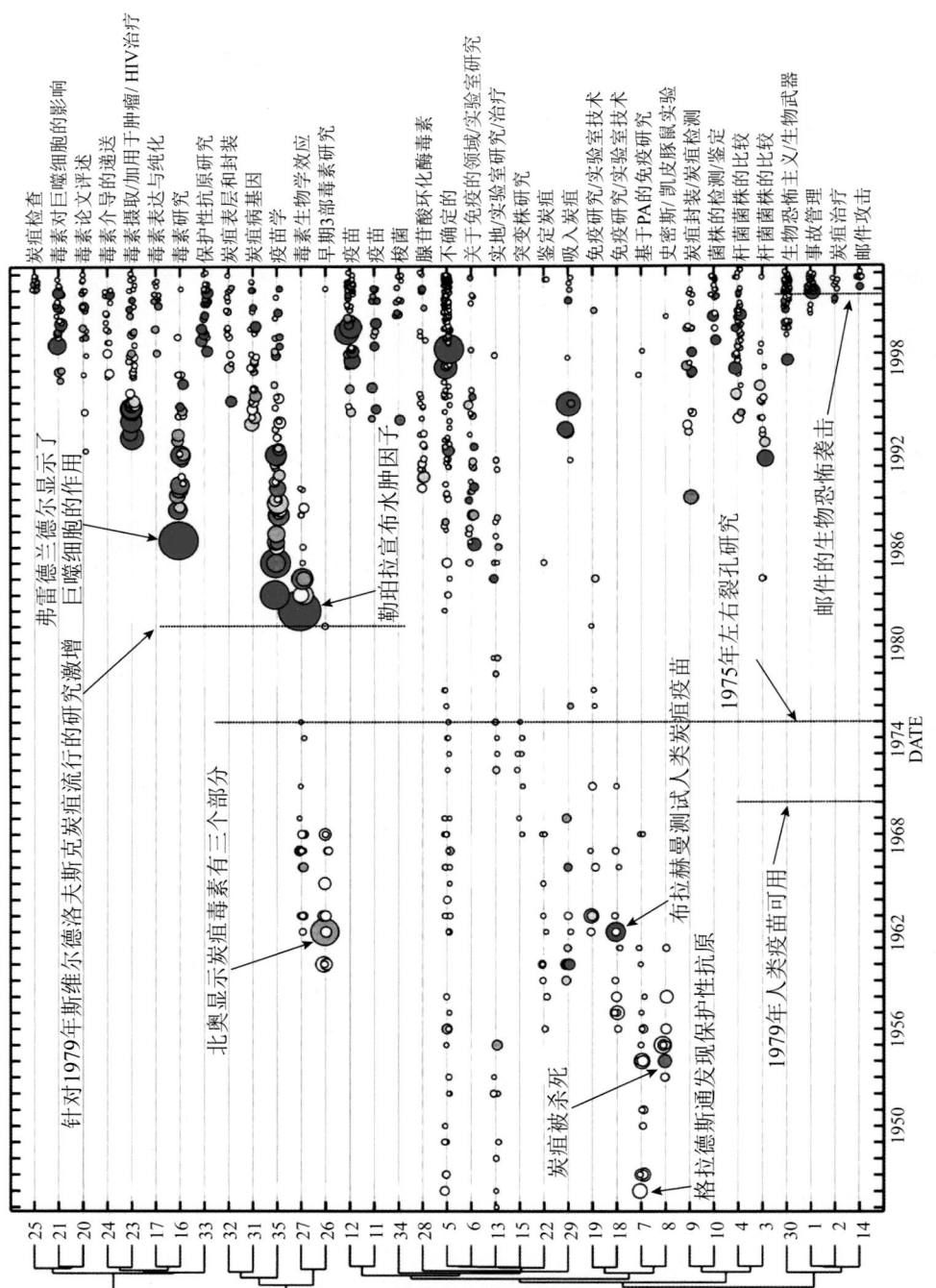

图4.2 史蒂夫·莫里斯创建的60年来炭疽病的研究文献(2005)可视化 (http://scimaps.org/I.7)

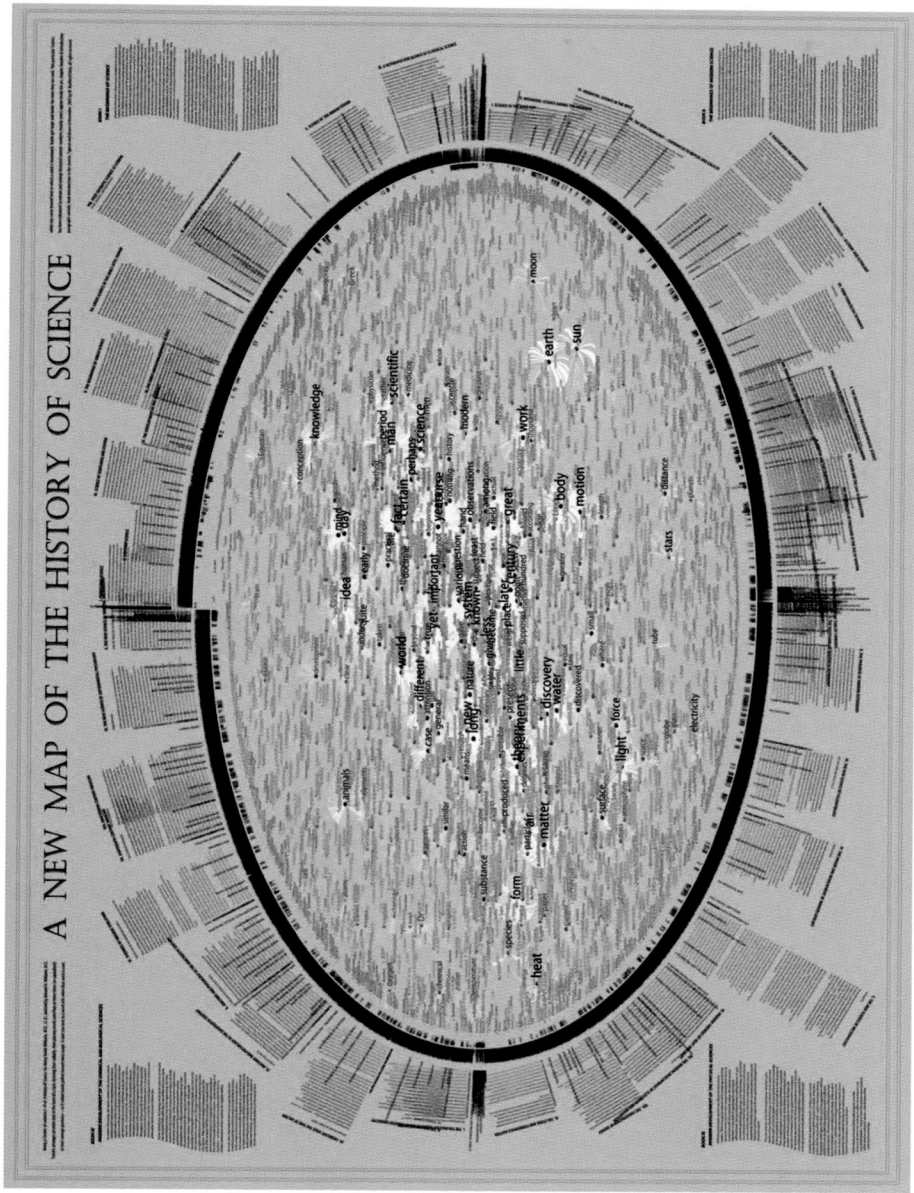

图4.3　布拉德福德·佩利创建的《科学史》的文本弧形可视化图(2006)(http://scimaps.org/II.7)

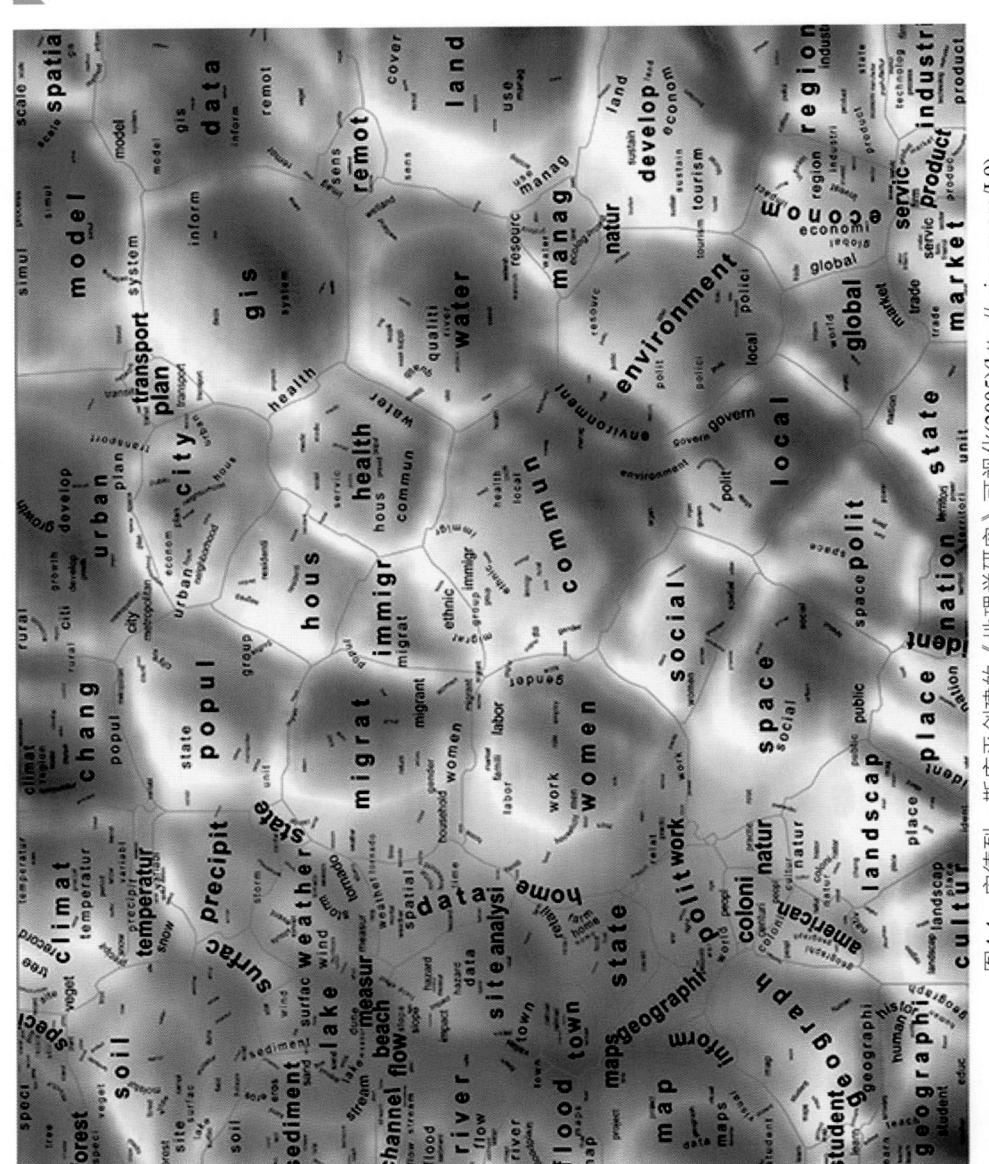

图4.4 安德烈・斯库平创建的《地理学研究》可视化(2005)(http://scimaps.org/1.9)

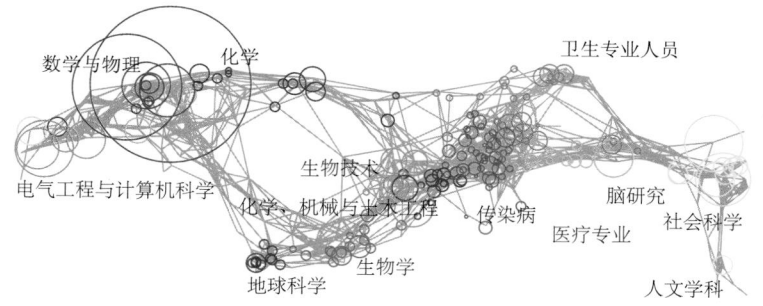

2008年加利福尼亚大学董事会和科技战略
地图由科技战略、科学技术局(Office of Science and Technology)和神经外科医师大会
(Congress of Neurological Surgeons)于2011年更新

图例

圆面积：部分记录数值
未分类的=22
最小值=0
最大值=98
颜色：学科
颜色图例请参见PDF的结尾部分

面积

29.09
16.19

2.8

如何阅读本地图

《UCSD科学地图》描绘了554个子学科节点形成的网络，这些子学科被汇总为13个主要学科。每一种学科都采用不同颜色表示且都加了标注。叠加的圆圈，分别代表每一种独特子学科的所有记录。圆圈大小与所分配的记录部分的数量成正比。图例中给出了最小数据值和最大数据值。

CNS(cns.iu.edu)

图4.12　UCSD地图叠加了4个网络科学研究人员出版物的示意图

主题可视化
生成于361独特的ISI记录
采用112个记录的中90个来描绘182个子学科和13个学科
2013年9月19日东部时间午夜零点32分

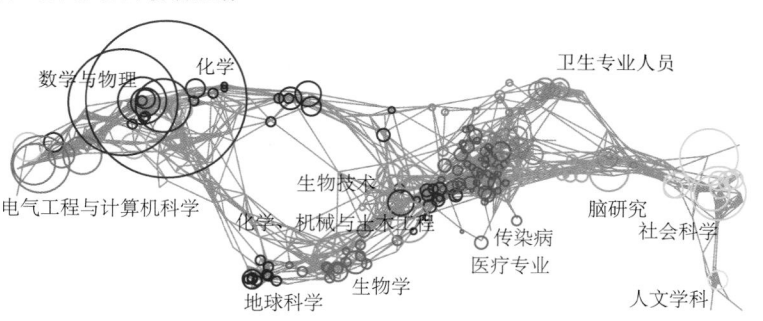

2008年加利福尼亚大学董事会和科技战略
地图由科技战略、科学技术局(Office of Science and Technology)和神经外科医师大会
(Congress of Neurological Surgeons)于2011年更新

图例

圆面积：部分记录数值
未分类的=22
最小值=0
最大值=98
颜色：学科
颜色图例请参见PDF的结尾部分

面积

29.09
16.19

2.8

如何阅读本地图

《UCSD科学地图》描绘了554个子学科节点形成的网络，这些子学科被汇总为13个主要学科。每一种学科都采用不同颜色表示且都加了标注。叠加的圆圈，分别代表每一种独特子学科的所有记录。圆圈大小与所分配的记录部分的数量成正比。图例中给出了最小数据值和最大数据值。

CNS(cns.iu.edu)

图4.17　科学地图上的FourNetSciResearchers.isi (http://cns.iu.edu/ivmoocbook14/4.17.pdf)

检视专利分类的演变和分布

应对越来越多的专利组合

组织、企业和个人依靠专利保护其知识产权和应对越来越复杂的模式。随着市场竞争的加剧，专利创新的价值也变得越来越重要。

管理数量惊人的专利是一种理想的解决方案，可以更好地了解随着时间的变化，知识如何建立在各种技术之上以及改变业界的。

分组提供了一种理想的解决方案，需要创新的工具和方法。根据分类为专利知识如何建立在各种技术之上以及改变业界的。

下面图显示了1976年1月1日至2002年12月31日在美国专利商标局专利授予者的专利数量。增长速度是如何建立并立于各种专利类别，还有所有专利子类别的专利组合。

专利组合分析

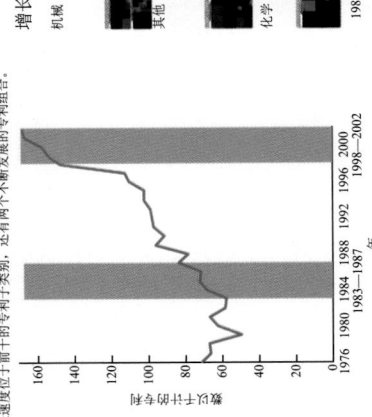

专利组合分析倾向分析概述了不同的专利策略，专利组合的纵向以及占专利组合的百分比显示一种非常不同的活跃模式，自1976年开始，他每年获得20来项专利。然而，占优势的黄色表示，他每年没有连续。没有新类别也不是占据主导地位。相反，他在近来越来越多的新知识空间可同里期待有专利。

苹果电脑公司

苹果计算机公司的专利组合始于1960年代。随着时间的推移，其规模大大增加，在大多数年份中，超过一半的苹果计算机的专利申请都有清楚这几个类别。"395信息处理系统、"345种专利组合表示计算机和选择性观念显示和"382种图像分析"和"707种数据处理：数据库和文件管理或数据结构"这四个类别是苹果计算机公司专利组合的组成部分。分类授予每部会授予该专利。

杰罗姆·莱梅尔逊

专利空间的结构与演变

美国专利商标局将每一种专利图分配在覆盖范围超过450种类别的应用领域之中。例如，514类涵盖涉及"药物、生物影响和身体治疗合成物"的所有专利。大类进一步细分为具有层次关联的子类。例子之一是，495455类出门了图为"车辆"的子类。

列出了1998—2002年授予专利的专利数以及增长速度位于前10种类别，大多数是日"电脑与通信"类别。

专利空间大小和颜色

专利类别及其规模的演变层次结构采用树形图呈现。空间填充可视化技术是由马赛里层次结构体系开发的。树形图拖层层次结构以嵌套矩形的集合——通过在父代元素内嵌入子元素来呈现类别划分为节点之间的父子关系。每个矩形的大小和颜色表示节点的某些属性。

此图中，每个矩形表示一个类，面积大小表示该类中的专利数。矩形的颜色表示对应于该类别前目专利数量的增的或减（绿色或减色的成减色（红色）的百分比。

前10子类别

类别	标题	专利数
514	药物、生物影响和身体治疗合成物	18 778
438	半导体器件制造：工艺	17 775
435	化学：分子生物学和微生物学	17 474
424	药物、生物影响和身体治疗合成物	13 637
428	库存物资或其他五花八门的文章	13 314
257	活跃的固态设备（如二极体、晶体管、固态二极管）	12 924
395	信息处理系统架构	9 955
345	计算机图形处理、操作界面处理和视觉选择性观念显示系统	9 510
359	光学：系统和元素	9 151
365	静态信息存储和检索	8 392
	总计	13 0910

增长缓慢的类别

机械

其他

化学

1983—1987　　1998—2002

快速增长的类别

电气与电子

电脑与通信

药物与医疗

1983—1987　　1998—2002

1980—2002

1976—2002

图5.4　由丹尼尔·O. 库茨、凯蒂·伯尔纳和以利沙·F. 哈迪绘制的《检视专利分类的演变和分布》(2004)(http://scimaps.org/IV.5)

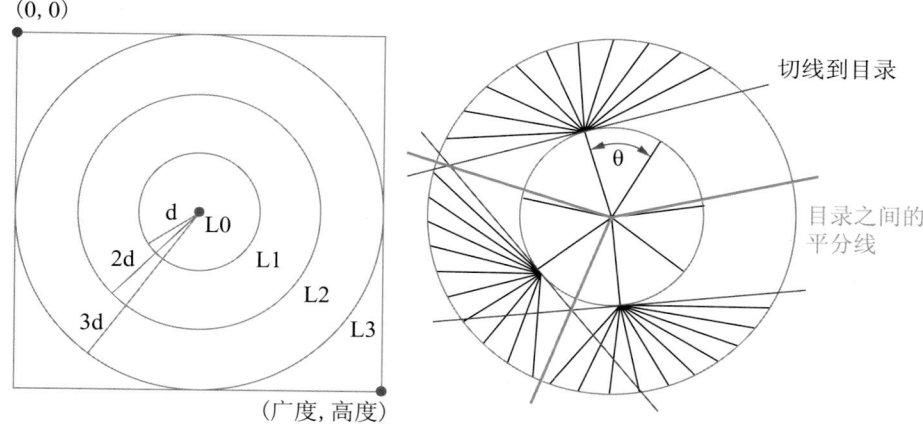

图5.8　放置同心圆、切线和平分线

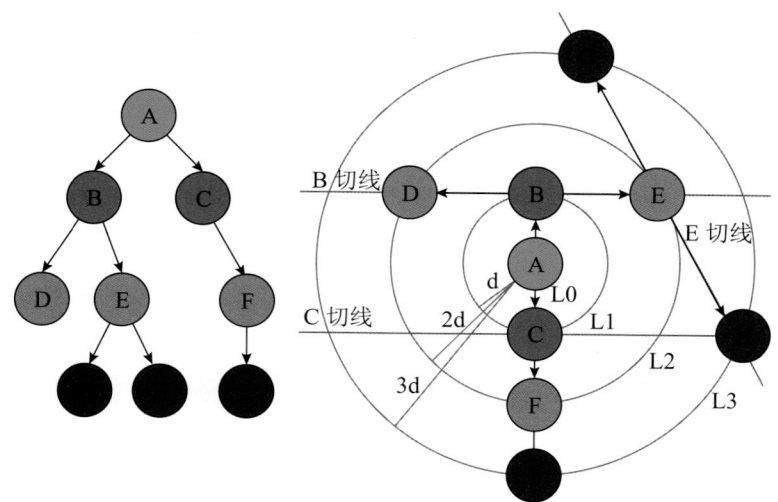

图5.9　径向树形图布局样例

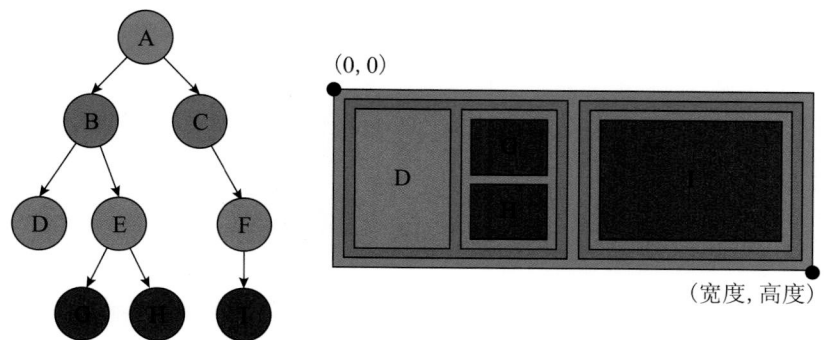

图 5.10　树形图与包含同样数据的树视图的比较

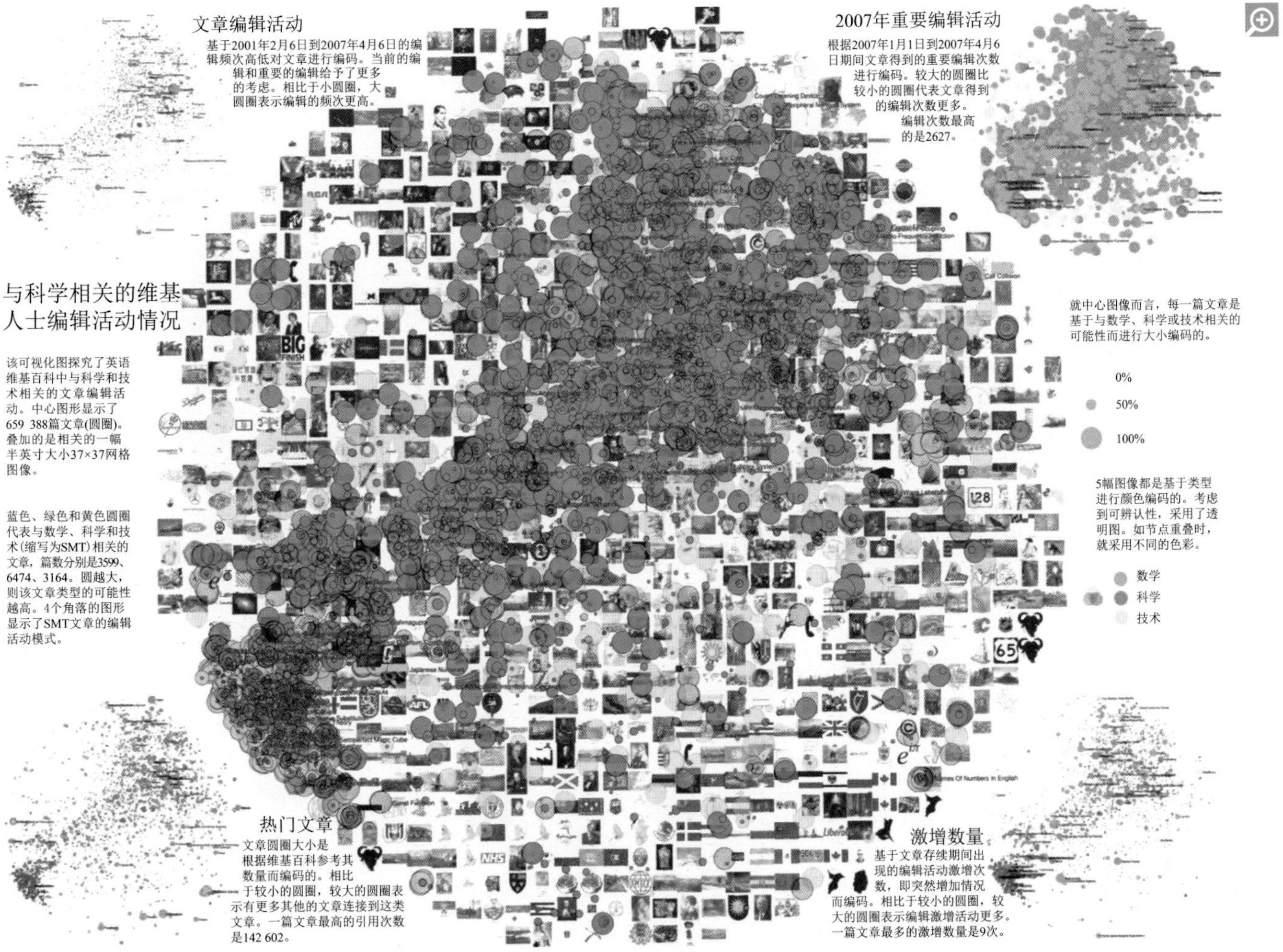

図6.2 由布鲁斯・W. 赫尔二世、托德・M. 霍洛韦、以利沙・F. 哈迪、凯文・W. 博亚克和凯蒂・伯尔纳绘制的与科学相关的维基百科活动

(2007) (http://scimaps.org/III.8)

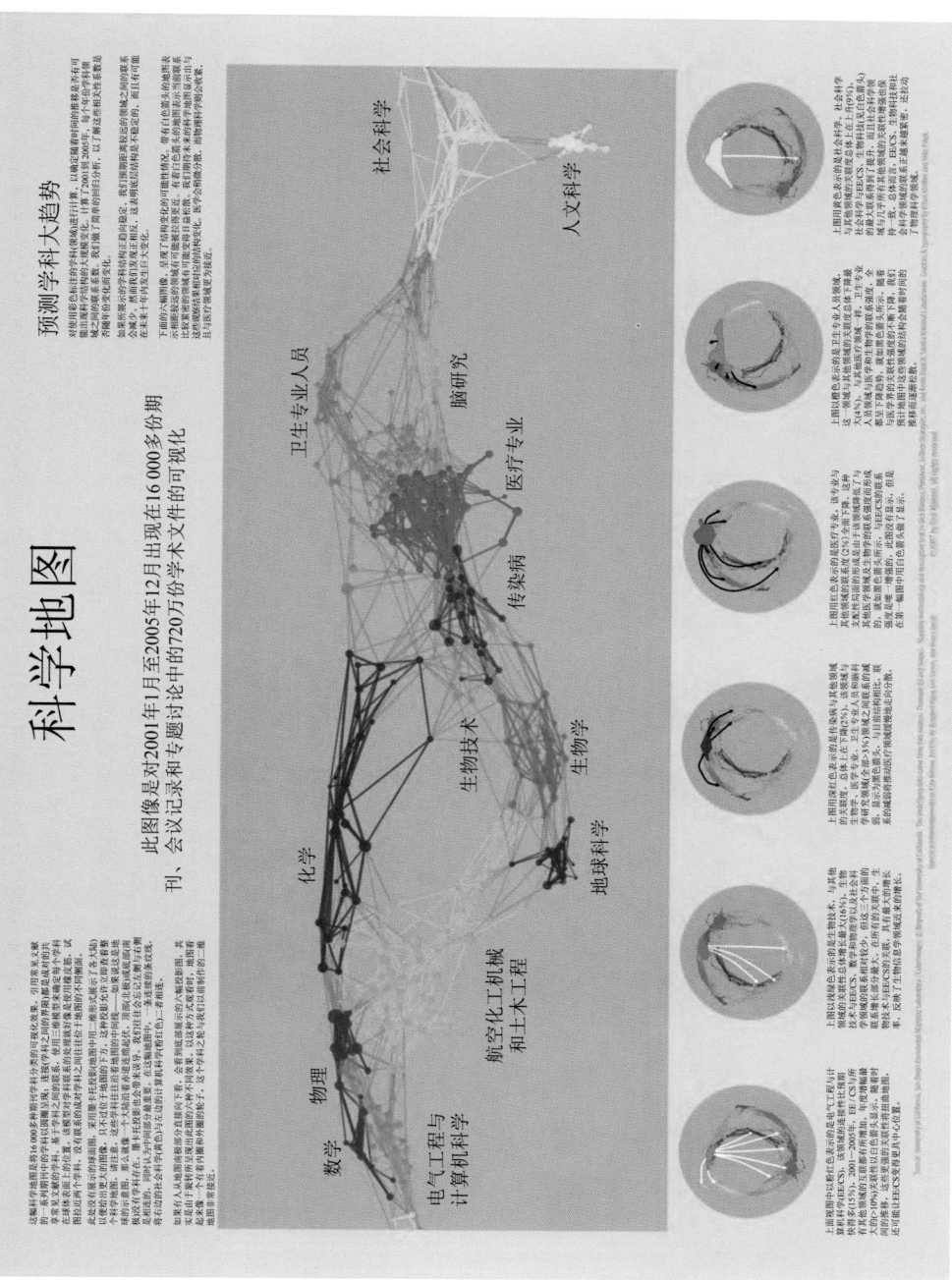

图6.3　由理查德·克拉文斯和凯文·W.博亚克绘制的《学科地图：预测学科大趋势》(2007)(http://scimaps.org/III.9)

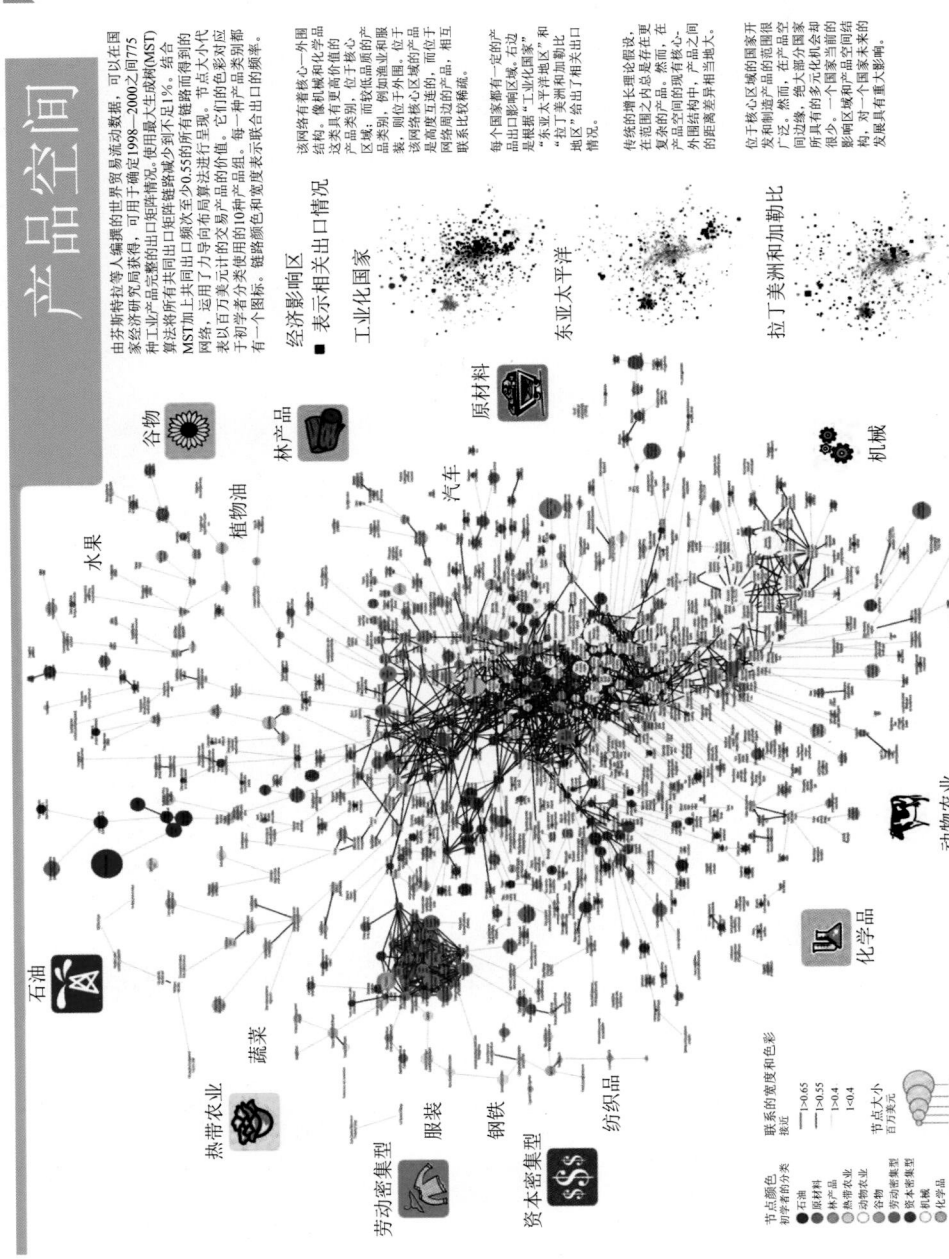

产品空间

由芬斯特拉等人编撰的世界贸易流动数据，可以在国家经济研究局获得。可用于确定1998—2000之间775种工业产品之间的出口矩阵情况。使用最大生成树(MST)算法将所有这些同出口链路都减少到1%。结合MST加工上共同出口频次至少0.55的所有链路而得到的网络。运用了力导向布局算法进行呈现。节点大小代表以百万美元计的交易产品的价值。它们的色彩对应于初等分类使用的10种产品组。每一种产品类别都有一个图标。链路颜色和宽度表示关联合出口频率。

该网络有着核心—外围结构。像机械和化学品这类具有较高价值的产品区域，而较低质量的产品类别，例如纺织品和服装，则位于外围。位于该网络核心区域的产品是高度互连的，而位于网络周边的产品，相互联系比较稀疏。

每个国家都有一定的产品出口组成区域。右边是根据"工业化国家"、"东亚太平洋地区"和"拉丁美洲和加勒比地区"的台计相关出口情况。

位于核心区域的国家展开发制造产品的范围更广泛。然而，在多元化国家却很少。一个国家当前的影响区域和产品空间结构，对一个国家未来的发展具有重大影响。

经济影响区
■ 表示相关出口情况

工业化国家

东亚太平洋

拉丁美洲和加勒比

地图标签：石油、水果、谷物、植物油、林产品、原材料、汽车、机械、热带农业、蔬菜、服装、钢铁、纺织品、动物农业、化学品、劳动密集型、资本密集型

节点颜色
初等分类的分类：
石油、原材料、林产品、热带农业、谷物、动物农业、劳动密集型、资本密集型、机械、化学品

联系的宽度和色彩
指标：
t>0.65
t>0.55
t>0.4

节点大小
百万美元
0.32 至 40 2000

图6.5 由塞萨尔·A.伊达尔戈、贝利·科林格、艾伯特拉斯洛·巴拉巴西和里卡多·豪斯曼绘制的产品空间可视化图像(2007)(http://scimaps.org/IV.7)

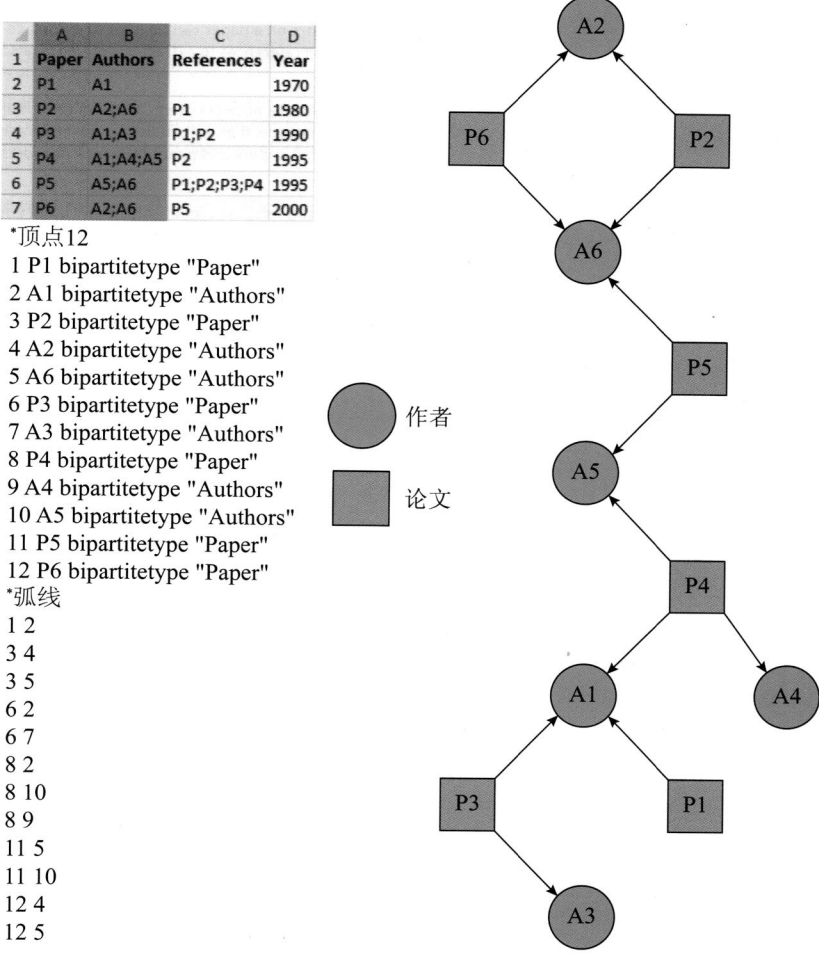

	A	B	C	D
1	Paper	Authors	References	Year
2	P1	A1		1970
3	P2	A2;A6	P1	1980
4	P3	A1;A3	P1;P2	1990
5	P4	A1;A4;A5	P2	1995
6	P5	A5;A6	P1;P2;P3;P4	1995
7	P6	A2;A6	P5	2000

*顶点12
1 P1 bipartitetype "Paper"
2 A1 bipartitetype "Authors"
3 P2 bipartitetype "Paper"
4 A2 bipartitetype "Authors"
5 A6 bipartitetype "Authors"
6 P3 bipartitetype "Paper"
7 A3 bipartitetype "Authors"
8 P4 bipartitetype "Paper"
9 A4 bipartitetype "Authors"
10 A5 bipartitetype "Authors"
11 P5 bipartitetype "Paper"
12 P6 bipartitetype "Paper"
*弧线
1 2
3 4
3 5
6 2
6 7
8 2
8 10
8 9
11 5
11 10
12 4
12 5

作者

论文

图6.12 具有二分类型节点属性的未加权的、定向二分作者-论文网络

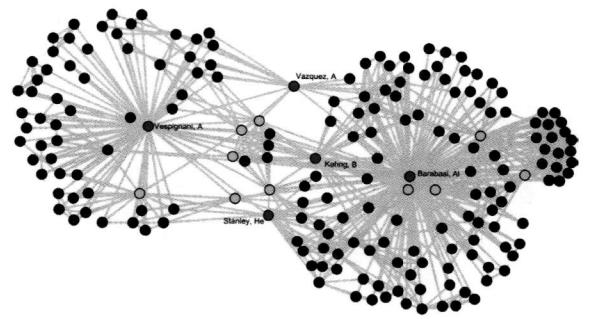

图6.21 以颜色展示节点中介中心性，红色表示最小，蓝色表示最大

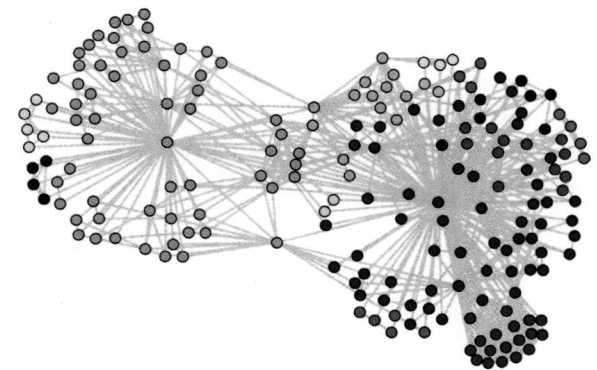

图6.22　基于社区成员资格用颜色编码节点后，根据勃朗德尔社区发现算法，识别出的合著者网络

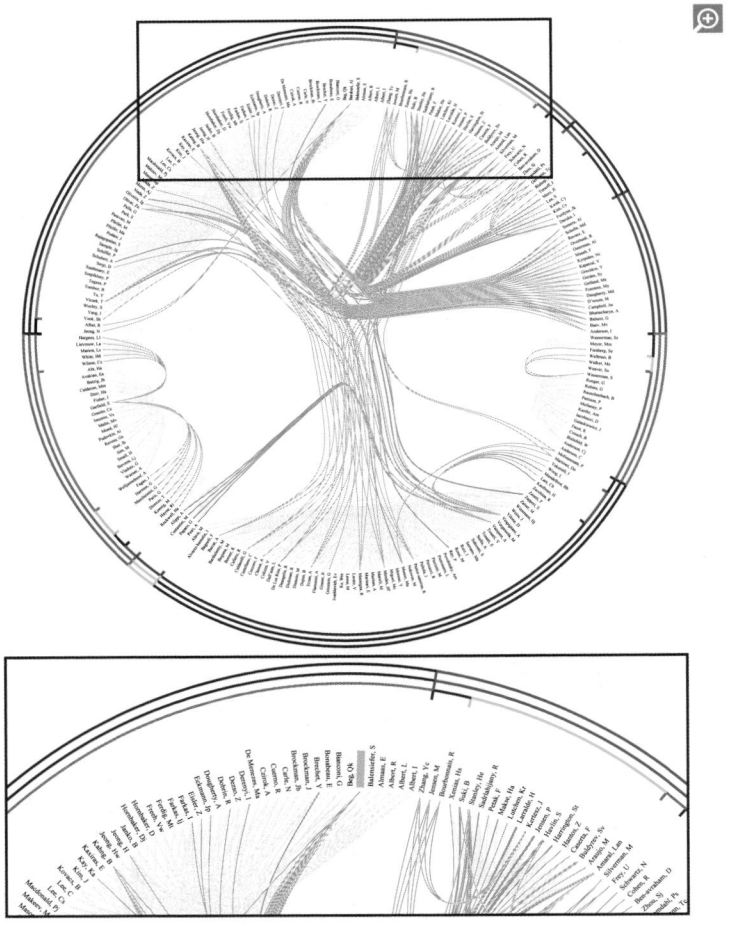

图6.41　四位网络学研究者合著网络(http://cns.iu.edu/ivmoocbook14/6.41.pdf)

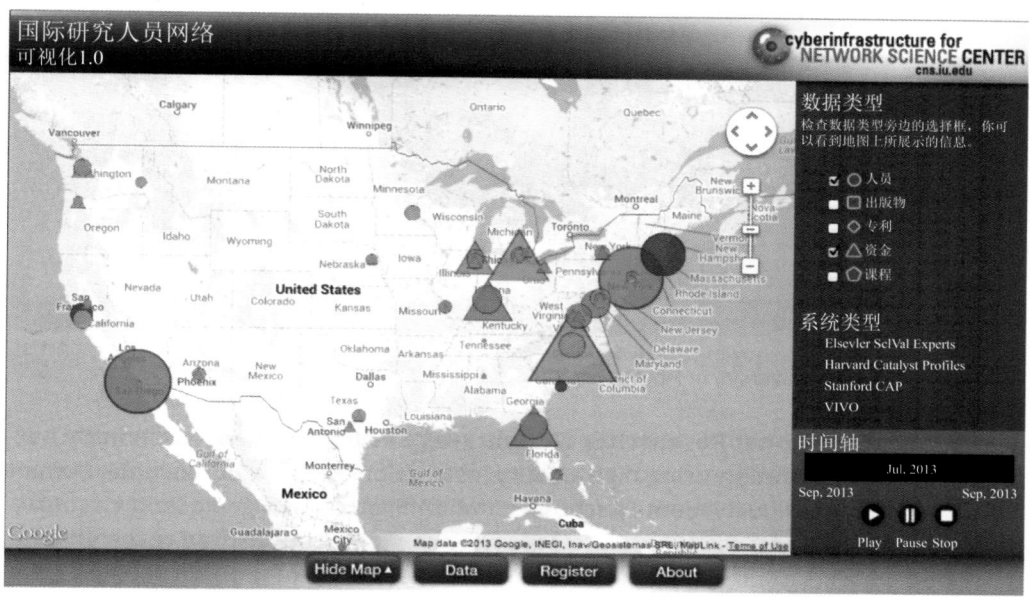

图7.6 美国地图显示不同研究人员网络服务的类型和数据覆盖面

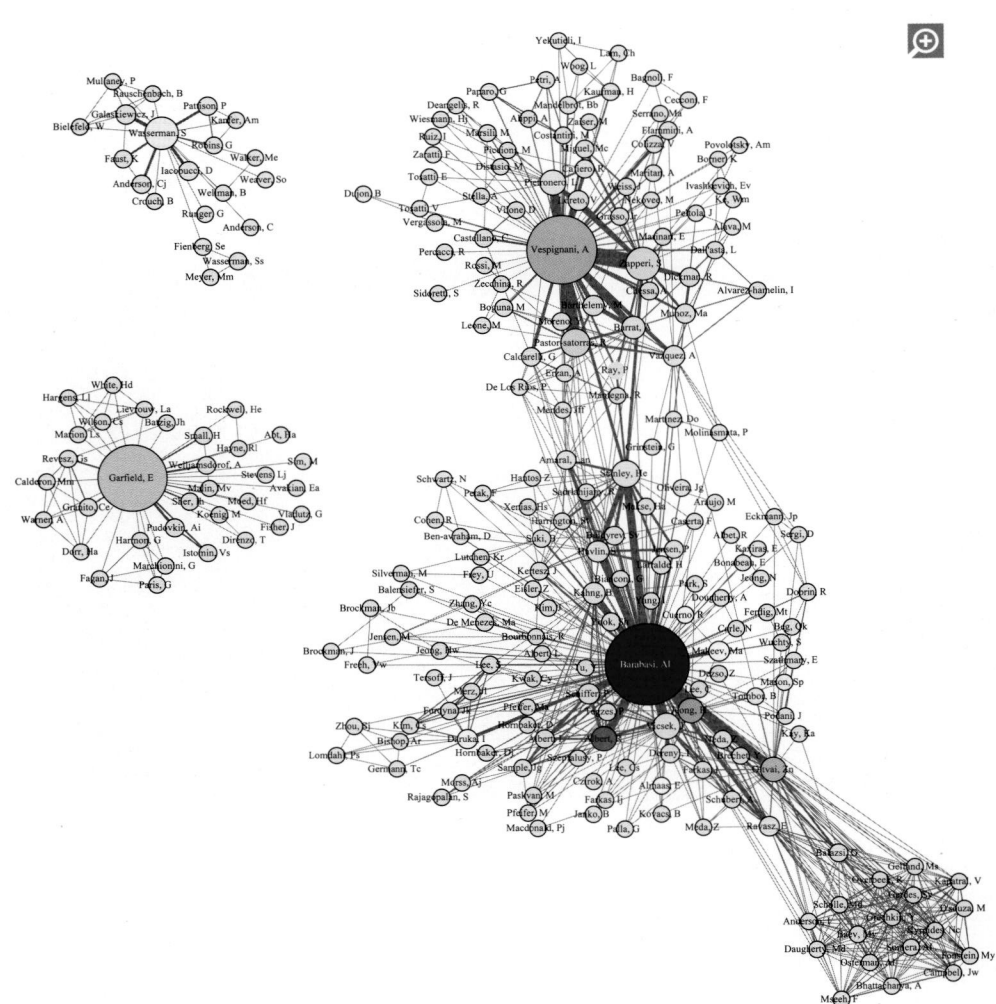

图7.20 合著者网络的交互在线可视化(http://cns.iu.edu/ivmoocbook14/7.20.pdf)

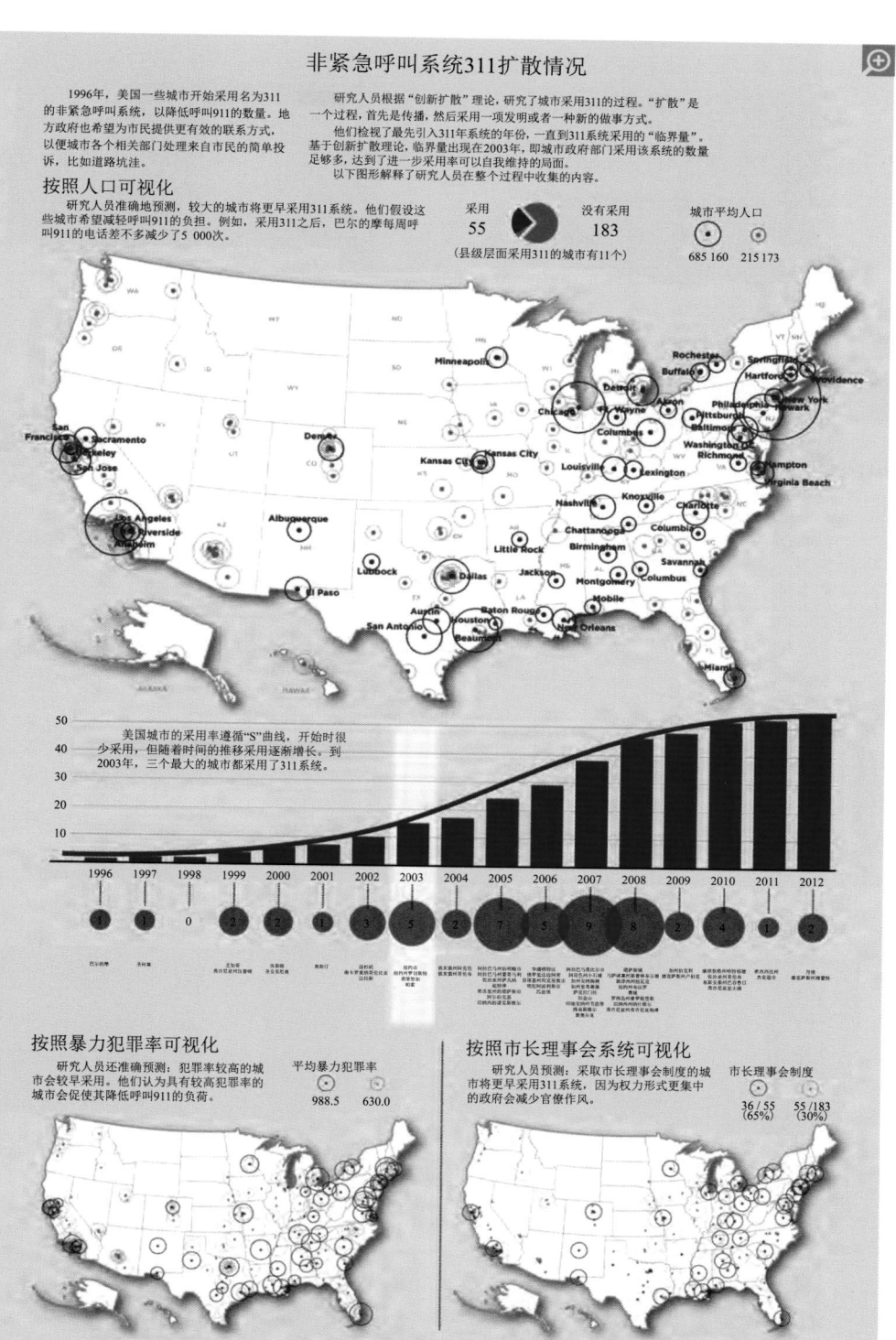

图8.1 311系统的扩散(http://cns.iu.edu/ivmoocbook14/8.1.jpg)

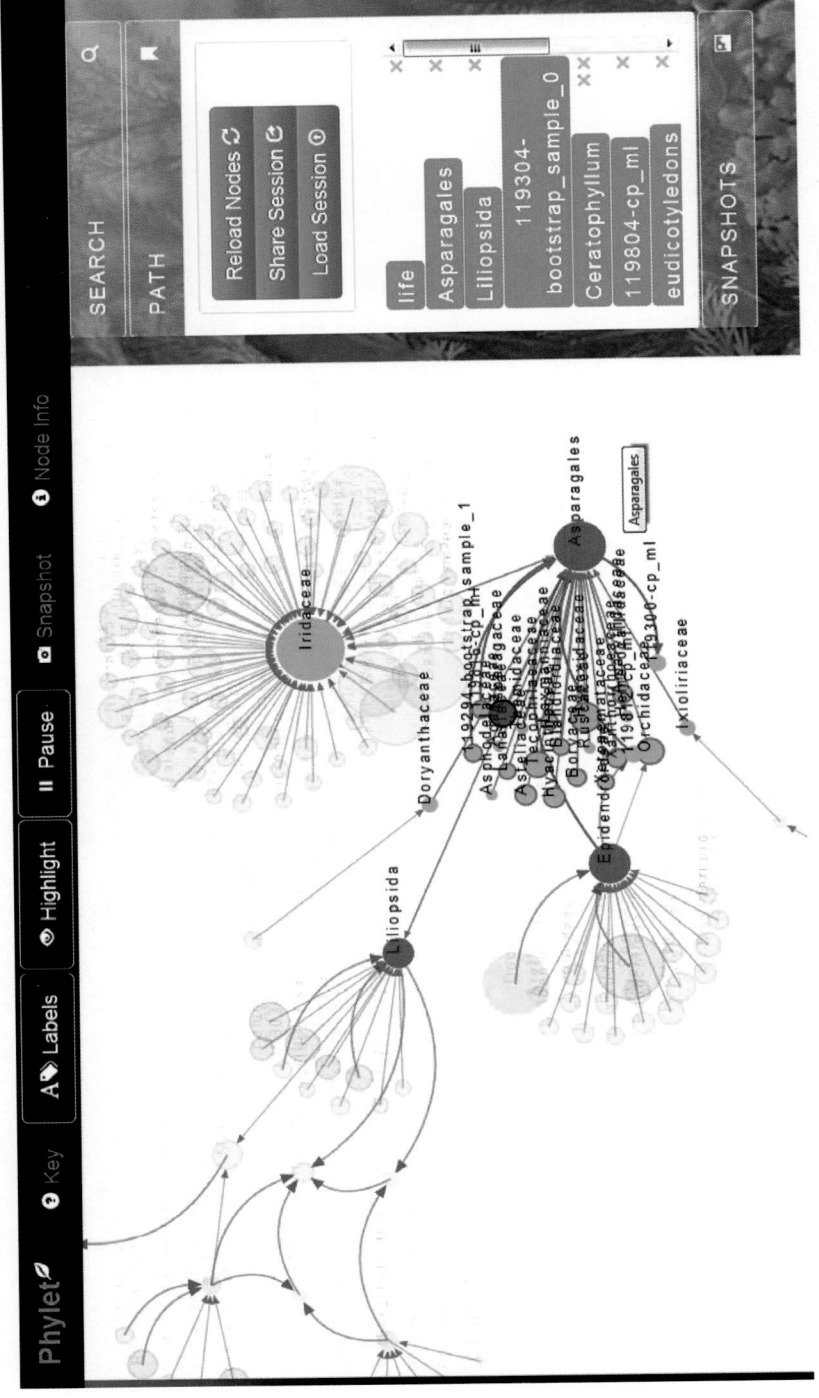

图8.4 带有可视化网络图形(左)、会话工具(右)和信息切换(上方导航)的Phylet网络应用(http://cns.iu.edu/ivmoocbook14/8.4.jpg)

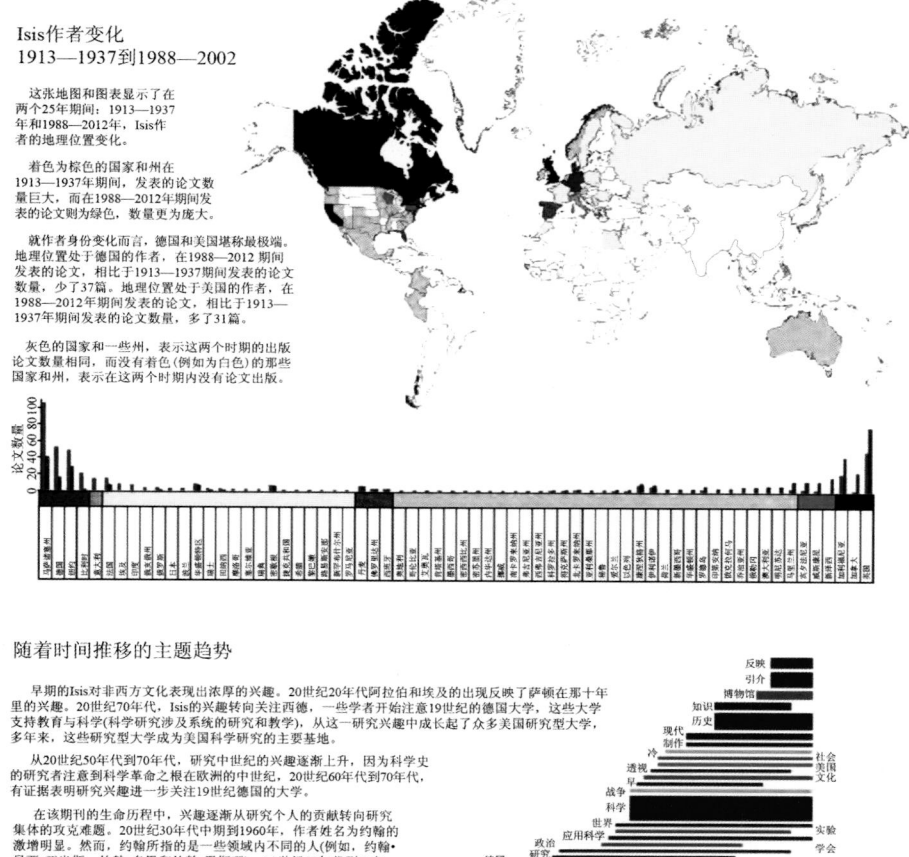

Isis100年出版情况

大卫•哈伯德(德州农工大学)，阿努克•朗(斯特拉斯克莱德大学)，凯瑟琳•里德(温哥华岛大学)，安纳利斯•汉森•施罗特(戴维森学院)，林赛•泰勒(科罗拉多州立大学)

图8.5　最终可视化：Isis地理空间和主题的分析(http://cns.iu.edu/ivmoocbook14/8.5.jpg)

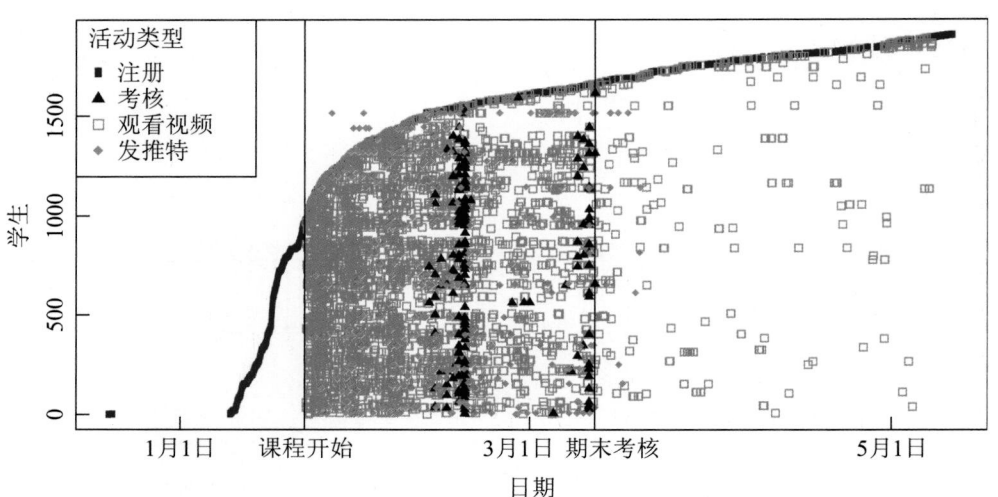

图9.2　学生注册、参加考核以及YouTube和Twitter活动随时间变化的情况